酶 化 学

杨文超　郝格非　主编

科学出版社

北　京

内 容 简 介

　　本书是一本全面涵盖酶化学领域的著作，共 11 章。首先，介绍了酶的发展简史、分类及酶结构的化学本质，深入解析了酶发挥功能的化学基础，包括酶促反应动力学和酶抑制动力学等关键内容。其次，重点讨论了酶在有机合成、药物发现和生物分析等领域的应用。最后，还涵盖了酶的从头设计及应用、仿生化学与模拟酶、纳米酶等前沿课题，展示了酶化学领域的最新进展和未来应用领域。

　　本书适合作为综合大学、师范大学、理工大学、农业大学等相关专业的研究生教材，也适合相关专业的本科生参考。此外，本书还可供科技工作者参考。不论是作为学习教材还是研究指南，本书都将成为该领域重要的参考书，帮助读者在酶化学领域获得更深入的理解和更广泛的应用。

图书在版编目（CIP）数据

酶化学 / 杨文超，郝格非主编. —— 北京：科学出版社，2024. 11.
ISBN 978-7-03-079232-7

Ⅰ. Q55

中国国家版本馆 CIP 数据核字第 2024C97J69 号

责任编辑：李　迪　高璐佳 / 责任校对：杨　赛
责任印制：肖　兴 / 封面设计：无极书装

科 学 出 版 社 出版
北京东黄城根北街 16 号
邮政编码：100717
http://www.sciencep.com

北京中科印刷有限公司印刷
科学出版社发行　各地新华书店经销
*
2024 年 11 月第 一 版　开本：720×1000 1/16
2024 年 11 月第一次印刷　印张：13 1/2
字数：272 000
定价：158.00 元
（如有印装质量问题，我社负责调换）

前　　言

　　酶,作为生命的物质基础之一,具有巨大的生物催化能力。酶通过精确的空间构型和特定的化学反应机制,参与和调控诸多重要的生命活动,如新陈代谢、营养合成和能量转运等。酶的结构与功能一直都是研究的前沿和热点,交叉渗透到生物学、农学、医学、化学等学科的许多分支学科。

　　在 2010 年左右,我们加入了华中师范大学化学学院,并承担了化学和生物学两个专业本科生的“生物化学”和“化学生物学”课程的教学工作。这些课程涉及酶学的相关内容。然而,在随后的研究生培养中,我们发现学生对酶结构组成与催化功能的认知仅停留在生物催化剂分子的层面,而对其化学本质的认识严重不足,更不要提实践与应用了。这就严重制约了他们在专业理论与科研实践中的发展。因此,我们在 2014 年申请并在学校首次开设了酶化学课程,旨在提高学生对酶结构与功能化学本质的认知,加强其对酶催化机理及其调控机制的理解。但遗憾的是,当时国内还没有一本专门的酶化学教材,我们主要还是参考了《酶工程》等书籍。几经思考,我们决定以化学生物学课程中酶学部分的内容为基础,强化对酶结构与功能化学本质的阐述,补充酶的定向进化和纳米酶等前沿进展,最终形成一本兼顾科学性、知识性和普及性的简明教材。

　　本书的编写遵循了“结构决定性质、性质决定功能”的逻辑原则。首先,书中介绍了酶的发展简史、分类及酶结构的化学本质,深入解析了酶发挥功能的化学基础,包括酶促反应动力学和酶抑制动力学等关键内容。其次,书中重点讨论了酶在有机合成、药物发现和生物分析等领域的应用。最后,书中还涵盖了酶的从头设计及应用、仿生化学与模拟酶、纳米酶等前沿课题,展示了酶化学领域的最新进展和未来应用领域。在编写本书的过程中,笔者深刻认识到自身的知识水平和理解存在不足之处,请读者多多包涵。同时,也意识到许多重要的实例和技术没有包含在本书中,希望教师们在具体的教学实践中能够予以补充,以丰富学生的知识,拓展其视野。

　　值此书稿付梓之际,我们要衷心感谢贵州大学及其绿色农药全国重点实验室,没有他们的大力支持,本书是不可能完成的。同时,也要感谢我们的家人以及众多良师益友,他们的宝贵建议和帮助使得本书得以顺利完成。此外,还要感谢那些在酶化学领域做出杰出贡献的研究者们,他们的工作不仅推动了酶化学的发展,也为我们提供了许多研究案例和实验数据,为本书的编写提供了重要的素材和支撑材料。

希望本书能够为教育工作者和学生提供有益的知识和指导,激发学生对酶化学的兴趣,培养学生的科学思维和实践能力。同时,也希望本书能够促进酶化学领域的研究和教学进一步发展,为我们深入理解生命活动的化学基础作出更多贡献。

最后,我们衷心希望读者在阅读本书的过程中能够获得启发和收获,并能够将所学知识应用于实际问题的解决。如果本书能够为您提供一些新的视角和思考方式,我们将感到非常荣幸。

谨以此书献给那些对酶化学充满好奇和热爱的学生、教育工作者和研究者们。愿我们共同探索酶化学的奥秘,为人类的发展和健康作出更大的贡献。

杨文超　郝格非

2023 年 7 月

目　录

第一章　绪论……………………………………………………1

第一节　酶的发展史………………………………………1

（一）人类对酶的认识历程……………………………1

（二）分子水平的酶化学研究…………………………2

（三）原子水平的酶化学研究…………………………3

（四）酶化学研究的新阶段……………………………4

第二节　酶的分类…………………………………………4

（一）蛋白质类酶………………………………………4

（二）核酸类酶…………………………………………6

（三）人工模拟酶………………………………………6

第三节　酶促化学反应的特点……………………………7

（一）酶和化学催化剂的区别与共性…………………7

（二）酶促反应的特点…………………………………8

参考文献……………………………………………………9

第二章　酶结构的化学本质……………………………………10

第一节　酶的化学组成……………………………………10

（一）蛋白质类酶………………………………………10

（二）核酶………………………………………………11

（三）人工模拟酶………………………………………13

第二节　酶的结构与分类…………………………………14

（一）酶的空间结构……………………………………14

（二）酶结构中的化学键………………………………14

（三）酶的种类…………………………………………17

第三节　酶的结构与功能之间的关系……………………18

（一）酶的活性中心与必需基团………………………19

（二）同工酶……………………………………………21

（三）研究酶活性中心的方法 ·· 23

第四节　辅因子化学本质及功能 ··· 26

（一）催化型辅因子——磷酸吡哆醛类 ······································ 28

（二）载体型辅因子——辅酶 NAD 类 ·· 30

（三）底物型辅因子——S-腺苷甲硫氨酸类 ······························ 32

参考文献 ··· 34

第三章　酶功能的化学基础 ··· 35

第一节　酶催化的结构基础 ··· 35

（一）酶催化的高效性 ··· 35

（二）酶催化的特异性 ··· 37

（三）酶专一性的三种学说 ·· 39

第二节　邻近效应和定向效应 ··· 40

（一）邻近效应 ··· 40

（二）定向效应 ··· 41

第三节　酶的催化机制及案例 ··· 42

（一）酶的催化机制 ·· 42

（二）酶催化机制的研究实例 ·· 45

第四节　酶催化过渡态理论及其在药物设计中的应用 ····················· 49

（一）过渡态理论 ··· 50

（二）基于酶催化过渡态的农药设计 ·· 50

（三）基于酶催化过渡态的医药设计 ·· 52

（四）展望 ··· 53

参考文献 ··· 54

第四章　酶促反应动力学 ··· 56

第一节　酶活性测试方法 ·· 56

（一）基于光信号的酶活性测试方法 ·· 57

（二）基于电信号的酶活性测试方法 ·· 60

（三）基于热信号的酶活性测试方法 ·· 61

（四）其他方法 ··· 61

第二节　影响酶促反应的因素 ··· 62

（一）温度对酶促反应的影响 ·· 62

（二）pH 对酶促反应的影响 ·· 63

（三）抑制剂对酶促反应的影响 ··64

（四）激活剂对酶促反应的影响 ··65

（五）底物浓度对酶促反应的影响 ···66

第三节　简单体系的酶促反应动力学 ··67

（一）米氏方程 ··67

（二）米氏动力学参数的含义 ···67

（三）K_m 和 V_{max} 的测定 ··68

第四节　复杂体系的酶促反应动力学 ··70

（一）序列反应 ··70

（二）乒乓反应 ··71

（三）双底物反应的酶催化动力学 ···71

参考文献 ···73

第五章　酶抑制动力学 ···74

第一节　抑制剂的分类 ···74

（一）不可逆抑制剂 ··74

（二）可逆抑制剂 ···75

第二节　酶的不可逆抑制的动力学 ···78

（一）简单的不可逆抑制 ··79

（二）底物存在下的简单不可逆抑制 ··80

（三）时间依赖性的简单不可逆抑制 ··82

（四）在底物存在下时间依赖性的简单不可逆抑制 ·························83

第三节　经典可逆抑制的动力学表征 ···85

（一）竞争性抑制 ···85

（二）反竞争性抑制 ··86

（三）混合型抑制 ···87

第四节　慢结合抑制剂的动力学表征 ···88

（一）慢结合抑制剂的反应曲线 ··91

（二）慢结合反应式的区分 ···94

（三）抑制剂与酶的相互作用类型 ···97

（四）可逆抑制剂的鉴定 ··98

（五）慢结合抑制剂的实例 ···99

参考文献 ···100

第六章 酶在合成中的应用················102

第一节 酶在生物合成中的应用················102

（一）硫肽类抗生素药物的生物合成················102

（二）脂肪酶在生物合成中的应用················103

（三）β-胡萝卜素的生物合成················105

第二节 酶在有机合成中的应用················105

（一）有机合成中常见的酶的类型················106

（二）酶在有机合成中的应用实例················112

参考文献················116

第七章 酶在药物发现中的应用················117

第一节 酶是重要的医药和农药靶标················117

（一）酶是一类重要的药物················117

（二）酶是重要的医药靶标················117

（三）酶是重要的农药靶标················121

第二节 靶向酶的药物分子设计及实例················122

（一）药物分子设计的发展················122

（二）基于靶酶的药物设计················125

（三）药物靶标在药物开发及疾病治疗中的实例················125

第三节 靶向酶的农药研发················126

（一）农药的重要性简介················126

（二）农药的分类················127

（三）农药靶酶的分类················127

（四）靶向酶的农药研发实例················128

（五）展望················132

参考文献················133

第八章 靶向酶的探针及其应用················136

第一节 酶在疾病诊断中的重要作用················136

（一）体液中酶含量的变化是疾病的重要诊断指标················136

（二）基于酶测定重要标志物含量的变化是疾病诊断的重要手段·········138

（三）基于酶的癌症成像与诊断················138

第二节 酶的小分子荧光探针的设计策略················139

（一）底物型小分子酶荧光探针················140

（二）抑制剂型荧光探针 ·· 141

（三）荧光信号机制 ··· 142

第三节　水解酶探针 ··· 145

（一）靶向羧酸酯酶的小分子荧光探针 ······································· 145

（二）靶向胆碱酯酶的小分子荧光探针 ······································· 146

（三）人中性粒细胞弹性蛋白酶的小分子荧光探针 ··················· 149

第四节　氧化还原酶探针 ··· 151

第五节　转移酶探针 ··· 152

参考文献 ··· 155

第九章　酶的从头设计及应用 ··· 159

第一节　酶的理性设计——从头设计 ·· 159

（一）从头设计方法类型 ··· 161

（二）酶蛋白结构的从头设计 ·· 163

（三）酶蛋白功能的从头设计 ·· 165

第二节　酶的从头设计应用 ··· 165

（一）Kemp 消除酶 ·· 167

（二）Diels-Alderase ··· 167

（三）逆醛醇反应的酶 ··· 168

参考文献 ··· 169

第十章　仿生化学与模拟酶 ··· 171

第一节　仿生化学 ··· 171

第二节　模拟酶 ··· 172

（一）模拟酶的概念 ··· 172

（二）模拟酶的分类 ··· 175

参考文献 ··· 184

第十一章　纳米酶 ··· 186

第一节　纳米酶的类型 ··· 186

（一）水解酶样纳米酶 ··· 186

（二）过氧化物酶样纳米酶 ·· 187

（三）超氧化物歧化酶模拟物 ·· 187

（四）氧化酶样纳米酶 ··· 188

（五）多酶模拟纳米酶/多功能纳米酶 ·· 188

第二节　工程纳米酶的活性和选择性 ·································189
（一）大小 ··189
（二）形状和形态 ··189
（三）组成 ··190
（四）其他 ··190
第三节　应用 ··190
（一）体外传感 ··190
（二）体内传感 ··193
（三）成像 ··194
（四）抗炎/抗菌/抗病毒 ····································195
（五）神经疾病治疗及细胞保护 ·························196
（六）癌症治疗 ··197
（七）环境保护及其他 ······································198
参考文献 ··199

第一章 绪 论

第一节 酶的发展史

酶是一类具有催化功能的生物大分子，故又称为生物催化剂。除某些具有催化活性的脱氧核糖核酸（deoxyribonucleic acid，DNA）和核糖核酸（ribonucleic acid，RNA）外，绝大多数的酶是蛋白质。在酶的催化作用下，生物化学反应可以在温和的条件下（如室温、常压和水溶液中）高效、专一地进行。酶是自然界维持生命体内营养合成、新陈代谢和能量转运等正常生理活动的物质基础和功能元素之一。因此，一旦离开了酶，生物体生理活动就无法正常进行。从逻辑上讲，酶的发展史其实就是科学家对酶的认识、模拟、改造和应用这几方面的研究史。酶与人类社会的发展，以及文明的进步息息相关。按照时间顺序，酶学研究的发展大致可以分为表 1-1 中所述的三个阶段[1]。

表 1-1 酶学的发展历程

时期	新石器时代~公元 18 世纪初	18 世纪中叶~19 世纪初	19 世纪中叶至今
发展阶段	早期经验积累	酶的性质及机理研究	解析酶的三维结构并阐释机理，在分子水平改造和利用酶

（一）人类对酶的认识历程

酶在人们的日常生活中无处不在。从古至今，人类对酶的认识经历了一个从无意识的利用，到科学的认知，再到用于生产实践的一个漫长而久远的过程。公元前 7000 多年的新石器时代，中国人已经开始利用发酵技术酿酒和制醋。1810年，盖吕萨克（Gay-Lussac）发现利用酵母可将糖转化为乙醇。随后，人们通过不断研究逐渐加深对酶的认识和了解。到 19 世纪 30 年代，人们才真正认识到酶这种物质的存在和作用。1833 年，法国化学家帕扬（Payen）和佩索兹（Persoz）首次发现一种对热敏感的麦芽提取物可催化淀粉自然水解为可溶性糖。他们将这种提取物称为"diastase"，最初意为"分离"，后来被命名为"淀粉酶"[2]。1839年，德国化学家利比希（Liebig）提出在发酵过程中酵母起着机械作用，而酶是未知化学催化剂的观点。这一观点引起了人们对发酵过程的研究兴趣。但受当时"活力论"的束缚，人们还未意识到生物催化剂的存在。1858 年，手性有机化合物研究的先驱者巴斯德（Pasteur）发现在微生物发酵过程中酒石酸铵会发生不对称分解，并提出发酵是酵母细胞活动的结果。他认为活酵母细胞内存在一种活力物质，将其命名为"ferment"，也就是"酵素"。直到 1878 年库内（Kühne）才采用"enzyme"表示酶，这个词来自希腊文词根，意思是"在酵母中"[3]。1897年，德国科学家布赫纳（Buchner）开始对不含细胞的酵母提取液进行发酵研究，最终证明发酵过程并不需要完整的活细胞存在。这一发现打开了通向现代酶学与现代生物化学的大门，其本人也因"发现无细胞发酵及相应的生化研究"而获得了 1907 年的诺贝尔化学奖。从此，酶学的研究进入了蓬勃发展的新时期。

酶是生命功能的执行者。酶的研究推动着人类认识生命、研究生命活动过程和逐步利用自然的进程。自 20 世纪初以来，诺贝尔奖多次授予在酶学研究中有重大突破的科学家（表 1-2）。

表 1-2　因有关酶的重要突破被授予诺贝尔奖的科学家

诺贝尔奖	获奖人	重要突破
1907 年化学奖	布赫纳	发现无细胞发酵及相应的生化研究
1929 年化学奖	奥伊勒-切尔平；哈登	有关糖的发酵及酶在发酵中作用研究
1931 年生理学或医学奖	瓦尔堡	发现呼吸酶的性质和作用方式
1946 年化学奖	斯坦利；诺思罗普；萨姆纳	分离提纯酶和病毒蛋白质，并制得脲酶结晶
1947 年生理学或医学奖	科里夫妇；奥赛	发现糖代谢过程中垂体激素对糖原的催化作用
1953 年生理学或医学奖	李普曼	发现辅酶 A 及其中间代谢作用
1955 年生理学或医学奖	特奥雷尔	发现氧化酶的性质和作用
1957 年化学奖	托德	研究核苷酸和核苷酸辅酶
1972 年化学奖	安芬森；摩尔；斯坦	研究核糖核酸酶的分子结构
1974 年生理学或医学奖	德·迪夫	发现溶酶体
1975 年化学奖	康福思	研究有机分子和酶催化反应的立体化学
1978 年生理学或医学奖	阿尔伯；史密斯；那森斯	发现并应用脱氧核糖核酸的限制酶
1989 年化学奖	切赫；奥尔特曼	发现核糖核酸催化功能
1992 年生理学或医学奖	费希尔；克雷布斯	发现可逆蛋白磷酸化作为生物调节机制
1993 年化学奖	穆利斯	发明"聚合酶链反应"法
1997 年化学奖	博耶；沃克；斯科	发现人体细胞内负责储藏转移能量的离子转运酶
2009 年生理学或医学奖	布莱克本；格雷德	发现由染色体根冠产生的端粒酶
2018 年化学奖	阿诺德	首次进行了酶的定向进化研究

（二）分子水平的酶化学研究

通过对酶分子水平的研究，人们对酶的性质及功能的理解得到了迅速的发展。19 世纪末，费歇尔（Fischer）率先从细胞提取液中制得糖苷酶，于 1894 年发表了有关酶催化立体选择性的论文，并用锁钥学说（图 1-1A）来描述酶对底物的专一性[4]。前面也提到了，1897 年，布赫纳（Buchner）发现酵母细胞萃取物可以催化发酵过程，通过实验证明了发酵是一种酶催化反应[5]。一系列的研究证实了酶是一种具有底物专一性和立体选择性并能在细胞内外起作用的生理活性物质。20 世纪初开始，酶化学的研究逐步从细胞水平进入分子水平。20世纪中叶美国科学家科什兰（Koshland）在锁钥模型基础上发展出一种诱导契合学说（图 1-1B）[6]。1903 年亨利（Henri）提出酶与底物作用的中间复合物学说。1913 年，米夏埃利斯（Michaelis）和门藤（Menten）根据中间复合物学说研究水溶液中单底物酶促反应动力学，提出了反应速率与底物浓度关系的数学方程式，即米氏方程[7]。1925 年，布里格斯（Briggs）和霍尔丹（Haldane）进一步修改了米氏方程并提出稳态（也称恒态）学说，一直沿用至今。1961年，雅各布（Jacob）和莫诺（Monod）提出操纵子学说，阐述了酶生物合成的基本调节机制[8]。上述理论大大推动了人们在分子水平上对酶的认识，为后续更加深入的研究奠定了坚实的基础。

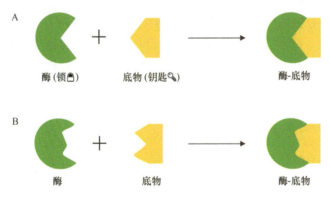

图 1-1　酶催化专一性的两种学说

A. 锁钥学说；B. 诱导契合学说

（三）原子水平的酶化学研究

生物物理技术的发展大大促进了酶的结构研究。1926 年，美国康奈尔大学的萨姆纳（Sumner）从刀豆中提取出第一个脲酶的结晶，并通过化学实验证实脲酶是一种蛋白质。1930～1935 年，诺思罗普（Northrop）等获得了胃蛋白酶、胰蛋白酶等一系列蛋白晶体，证实了酶是蛋白质的化学本质。受惠于蛋白质测序技术的发展，1963 年第一例蛋白酶的氨基酸序列得到测定。1965 年，菲利普斯（Phillips）首次用 X 射线衍射技术阐明了鸡蛋清溶菌酶的三维结构[6]。至此，对酶的研究从二级结构升级到了三级结构。此后，人们开始从结构方面来研究酶的作用机制。2013 年，Kiss 等发现异柠檬酸脱氢酶（isocitrate dehydrogenase，IDH）在有无底物结合时构象不同，当与底物结合时该酶的构象发生明显的变化。由于与底物相互作用的影响，部分氨基酸形成了一个 α 螺旋[9]。

（四）酶化学研究的新阶段

自 20 世纪中期开始，酶化学在基础研究和应用研究中都得到了广泛的关注，发展了分子酶学和酶工程两个分支。酶化学参与的交叉领域也从样品分离、生物分析和有机化学逐步拓展到物理化学、结构化学、药物化学、生物无机化学和医学等各个学科。同时，酶的固定化、非酶蛋白质、催化抗体和模拟酶等新兴领域的研究也拓宽了酶化学的应用范围。

第二节　酶　的　分　类

迄今为止，人们已发现 4000 多种酶，而在自然界生物体中的酶远远超过这个数量。随着生物化学、分子生物学等生命科学的发展，越来越多的酶不断被发现和鉴定。结构决定性质，性质决定功能。从酶的化学本质出发，现有的酶可分为三类：物质基础是蛋白质的酶、物质基础是核酸的酶，以及人工模拟酶。

（一）蛋白质类酶

1926 年，美国科学家萨姆纳（Sumner）从刀豆种子中提取了脲酶的结晶并证实其为蛋白质，实现了人们对酶的化学本质认识的第一次飞跃。随后，人们又陆续发现了各种各样的蛋白质类酶。为了方便研究和使用，就需要对蛋白质类酶进行分类和命名。目前，酶的命名方法分为两种：习惯命名法和系统命名法。

1. 习惯命名法

1961 年以前使用的酶的名称都是发现者按照习惯命名并沿用的，统称为习惯命名法。这种命名方法主要依据两个原则：一是根据酶作用的底物命名，如催化水解淀粉的酶称为淀粉酶、催化水解蛋白质的酶称为蛋白酶，有时还会加上来源以区别来源不同的同一类酶，如胃蛋白酶、胰蛋白酶；二是根据酶催化反应的性质及类型命名，如水解酶、转移酶、氧化酶等。有的酶结合上述两个原则来命名，如琥珀酸脱氢酶是催化琥珀酸脱氢反应的酶。习惯命名法比较简单，应用历史较长，尽管缺乏系统性，但现在仍然被人们广泛使用。

2. 系统命名法

由于习惯命名法缺乏系统的规则，经常不能说明酶的特定来源、性质以及酶促反应的本质，容易出现混乱。比如，习惯命名法有时导致一酶数名或一名数酶的现象。1961 年国际酶学委员会（International Enzyme Commission，IEC）推荐了一套新的系统命名方案及分类方法，该方法也被国际生物化学与分子生物学联合会（IUBMB）所接受。系统命名法原则是以酶催化的整体反应为基础，规定每种酶的名称应当明确标明酶的底物名称及催化反应的性质。如果一种酶催化两个底物反应时，它们的系统名称中应包括两种底物的名称，并以冒号将它们隔开。若底物之一是水时，可将水略去不写。两种命名法的具体实例，如表 1-3 所示。

表 1-3　酶的两种命名方法对照表

习惯名称	系统名称	催化的反应
乙醇脱氢酶	乙醇：NAD 氧化还原酶	乙醇+NAD^+→乙醛+NADH
谷丙转氨酶	丙氨酸：α-酮戊二酸氨基转移酶	丙氨酸+α-酮戊二酸→谷氨酸+丙酮酸
脂肪酶	脂肪水解酶	脂肪+H_2O→脂肪酸+甘油

注：NAD^+为烟酰胺腺嘌呤二核苷酸；NADH 为还原型辅酶 I

3. 分类及酶编号

根据 IEC 的规定，按照酶促化学反应的类型，化学本质是蛋白质的酶可分为六大类[10]：氧化还原酶（oxidoreductase）、转移酶（transferase）、水解酶（hydrolase）、裂合酶（lyase）、异构酶（isomerase）、连接酶（ligase）。这六大类酶分别用 1、2、3、4、5、6 来表示。再根据底物中被作用的基团或键的特点将每一大类分为若干个亚类，每一个亚类又按顺序编成 1、2、3、4 等数字。每一个亚类可再分为亚亚类，仍用 1、2、3、4 等编号。每一个酶的分类编号由 4 个数字组成，数字之间由"."隔开。第一个数字指明该酶属于六大类中的哪一类；第二个数字指出该酶属于哪一个亚类；第三个数字指出该酶属于哪一个亚亚类；第四个数字则表明该酶在亚亚类中的序号。编号之前冠以 EC［酶学委员会（Enzyme Commission）的缩写］。例如：EC1.1.1 表示氧化还原酶，作用于 CHOH 基团，受体是 NAD^+或 $NADP^+$；EC1.1.2 表示氧化还原酶，作用于 CHOH 基团，受体是细胞色素；EC1.1.3 表示氧化还原酶，作用于 CHOH 基团，受体是分子氧；编号中第四个数字仅表示该酶在亚亚类中的位置。这种系统命名原则及系统编号是相当严格的，一种酶只可能有一个名称和一个编号。一切新发现的酶，都能按此系统命名法得到适当的名称和编号。系统命名法中，从酶的编号可了解到该酶的类型和反应性质。

（二）核酸类酶

20 世纪末期，研究者逐渐发现一些核酸具有催化功能，包括核糖核酸（RNA）和脱氧核糖核酸（DNA）。其中，具有催化功能的 DNA 称为脱氧核酶（deoxyribozyme，DRz），具有催化功能的 RNA 称为核酶（ribozyme）[11]。

1. 以 RNA 为化学本质的酶

自 1982 年以来，被发现化学本质为 RNA 的酶（R-酶）越来越多，对它们的研究也越来越深入，但是由于研究历史不长，对于其分类与命名还没有统一的原则和规定。

2. 以 DNA 为化学本质的酶

1994 年乔伊斯（Joyce）等的研究证实了具有酶活性的 DNA 的存在[11]，研究发现最小的 DNA 催化剂是由 47 个核苷酸组成的单链 DNA——E47，用于连接两段底物 DNA S1 和 S2，得到预期的连接产物，该产物的形成还需要 S1 的 3'-磷酸基团被活化。有 E47 催化 S1 和 S2 的连接反应速率比无 E47 催化的反应速率至少快 10^{15} 倍。据此，人们认识到除了蛋白质和 RNA 具有酶的功能，某些 DNA 也具有酶的功能，实现了人类对酶的化学本质认识的第三次飞跃。脱氧核酶的发现，还提示 DNA 可能是最先起源的生命物质（先于 RNA 和蛋白质），这对生命起源的认识也是一项重要进展。

（三）人工模拟酶

人工模拟酶，又称人工合成酶，一般是指在尽量接近生物条件下人工模拟自然酶的结构而得到的模型化合物或高分子化合物。如前所述，天然酶对化学反应的催化具有高效、专一、条件温和等特点，广泛应用于社会生活和工农业生产实践中。然而，天然酶也存在纯化难、稳定性有限和成本高等不足之处。因而，人们一直探索稳定性好且成本低的人工模拟酶来满足实际生产的需要。受益于酶学基础理论和现代生物物理手段的快速发展，人们对酶的结构和功能以及催化作用的机理进行了深入研究。在此基础上，人们采用有机化学或生物方法合成比天然蛋白简单的非肽分子，利用这些高分子模拟天然酶的结构、特性、作用模式以及生物催化功能，开发了不同类型和不同材料的模拟酶。截至目前，典型的人工模拟酶主要包括两类。一类是根据主-客体化学和超分子理论开发的基于大环分子的模拟酶，如环糊精模拟酶、卟啉类模拟酶、环芳烃类模拟酶、冠醚类模拟酶、分子印迹聚合物模拟酶等。另一类是对各种纳米材料（如碳纳米管、贵金属纳米、金属框架和磁性纳米等）进行改性和修饰使其具有酶的活性。

第三节　酶促化学反应的特点

（一）酶和化学催化剂的区别与共性

一般认为，在化学反应里能改变反应速率而不改变化学平衡，且本身的质量和化学性质在化学反应前后都没有发生改变的物质称为催化剂。常用的催化剂包括化学催化剂和生物催化剂。化学工程中常用的酸、碱、可溶性过渡金属化合物以及过氧化物等，都属于化学催化剂。生物催化剂一般是指具有催化功能的生物大分子，如酶分子等。酶促化学反应指的是酶作为催化剂进行催化的化学反应。酶是支持生物体内进行各种化学反应最重要的物质之一，生物体内的化学反应绝大多数属于酶促化学反应。作为一种典型的生物催化剂，酶与化学催化剂具有如下共性。

（1）核心都是通过改变化学反应的活化能来改变化学反应速率，基本的理论依据都是阿伦尼乌斯方程（Arrhenius equation）：

$$k = Ae^{-\frac{E_a}{RT}}$$

式中，k 为酶促反应速率常数，单位通常为时间的倒数（如 s^{-1}）；A 为指前因子，也称为频率因子，单位与反应速率常数的单位相同；e 为自然对数的底；E_a 为活化能，单位为 J/mol；R 为气体常数，其值约为 8.314 J/(mol·K)；T 为绝对温度，单位为 K。

（2）两种催化剂本身在反应前后均没有结构和性质上的改变，故可用极少量催化剂来催化大量反应。

（3）两种催化剂均只能催化热力学上允许进行的化学反应，而不能实现那些热力学上不能进行的反应。即酶只能缩短反应达到平衡所需的时间，而不能改变反应平衡点，其具体原理如图 1-2 所示。在不添加催化剂的情况下，反应需要跨

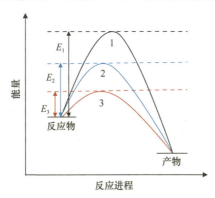

图 1-2　酶和化学催化剂的区别
1. 无催化剂状态；2. 添加化学催化剂状态；3. 酶催化状态；E 为活化能

过能垒（E_1）才能进行；添加化学催化剂时，能垒降低（E_2）；当以酶为催化剂时，能垒最低（E_3）。

（二）酶促反应的特点

1. 具有一般催化剂的性质

正如前面提到的，酶能加速化学反应的进行，而其本身在反应前后没有质和量的改变，不影响反应的方向，不改变反应的平衡常数。当其他条件恒定时，温度对反应速率的影响依然遵守阿伦尼乌斯方程。

2. 高效性

生物体内绝大多数反应需要酶，没有酶参与的生化反应几乎都不能进行。在体内，虽然有些反应可以自发进行，但是其效率无法满足新陈代谢等生命活动的需要。即使像 CO_2 水合作用这样简单的反应也需要通过碳酸酐酶催化（图 1-3）[12]。

A

$$CO_2 + H_2O \rightleftharpoons[\text{碳酸酐酶}] H_2CO_3$$

B

$$(NH_2)_2CO + H_2O \xrightarrow{\text{刀豆脲酶}} 2NH_3 + CO_2$$

图 1-3　碳酸酐酶催化反应（A）和刀豆脲酶催化尿素水解的反应（B）

酶具有很高的催化效率，如在 20℃，刀豆脲酶催化尿素水解反应的速率常数是 $3\times10^4\,s^{-1}$，而尿素非催化水解的速率常数为 $3\times10^{-10}\,s^{-1}$，也就是说脲酶催化反应的速率是非酶化学反应速率的 10^{14} 倍左右。据报道，如果没有各种酶在消化道参与催化作用，人在体温 37℃ 条件下，消化一顿午餐大约需要 50 年。而实验表明，食物在消化道内只需要几小时就可以完全消化分解。

3. 高特异性

一种酶只作用于一类化合物或特定的化学键，以催化特定的化学变化，并生成特定的产物，这种现象称为酶的特异性或专一性（specificity）。与酶结合并被催化的化合物称为该酶的底物或作用物（substrate）。酶对底物的专一性通常分为绝对专一性、相对专一性和立体专一性。所谓绝对专一性（absolute specificity），就是指一种酶只作用于一种底物发生特定的催化反应，如脲酶只能催化尿素水解成 NH_3 和 CO_2，而不能催化甲基尿素等其他尿素衍生物的水解。相对专一性（relative specificity）指一种酶可作用于一类化合物或一种化学键，其专一性不太严格。如脂肪酶不仅水解脂肪，也能水解简单的酯类；磷酸酶对一般的磷酸酯都有催化作用，无论是甘油的还是一元醇或酚的磷酸酯均可被其水解。酶对底物的立体构型的特异要求，称为立体专一性（stereospecificity）。例如，α-淀粉酶只能水解淀粉中的 α-1,4-糖苷键，不能水解纤维素中的 β-1,4-糖苷键；L-乳酸脱氢酶的底物只能是 L 型乳酸，而不能是 D 型乳酸。

4. 温和性

酶催化反应在温和的条件下进行。绝大部分酶是蛋白质，酶促反应要求 pH、温度等条件温和，强酸、强碱、有机溶剂、重金属盐、高温、紫外线、剧烈振荡等任何使蛋白质变性的理化因素都可能使酶变性而失去其催化活性。

5. 可调节性

酶是生物体的必要组成成分，和体内其他物质一样，不断进行新陈代谢。因此，体内酶的催化活性也受多方面的调控，如酶的生物合成的诱导和阻遏、酶的化学修饰、抑制物的调节作用、代谢物对酶的反馈调节、酶的别构调节及神经体液因素的调节等，这些调控保证酶在体内新陈代谢中发挥恰如其分的催化作用，使生命活动中的种种化学反应都能够有条不紊、协调一致地进行。

参 考 文 献

[1] 望舒, 郑积敏, 贾宗超. 从诺贝尔奖看酶学的发展. 化学教育, 2012, 33: 9-12.
[2] Payen A, Persoz J F. Mémoire sur la diastase, les principaux produits de ses réactions, et leurs applications aux arts industriels. Ann Chim Phys, 1833, 53(2): 73-92.
[3] Kühne W. On the stable colours of the retina. J Physiol, 1878, 1(2-3): 109.
[4] Fischer E. Influence of configuration on the action of enzyme. Reports of The German Chemical Society, 1894, 27(3): 2985-2993.
[5] Buchner E F. A study of Kant's psychology with reference to the critical philosophy. Psychol Rev: Monograph Supplements, 1897, 1(4): i-208.
[6] Blake C C F, Koenig D F, Mair G A, et al. Structure of hen egg-white lysozyme: a three-dimensional Fourier synthesis at 2Å resolution.Nature, 1965, 206(4986): 757-761.
[7] Michaelis L, Menten M L. Die kinetik der invertinwirkung. Biochem Z, 1913, 49: 333-369.
[8] Jacob F, Monod J. Genetic regulatory mechanisms in the synthesis of proteins. Journal of Molecular Biology, 1961, 3(3): 318-356.
[9] Kiss G, Çelebi-Ölçüm N, Moretti R, et al. Computational enzyme design. Angew Chem Int Ed Engl, 2013, 52(22): 5700-5725.
[10] 袁振远. 酶的命名法. 调味副食品科技, 1981, (3): 21-25.
[11] Breaker R R, Joyce G F. A DNA enzyme that cleaves RNA. Chem Biol, 1994, 1(4): 223-229.
[12] 张蓬, 李学军. 碳酸酐酶的生物学研究进展. 生理科学进展, 1997, 28: 359-361.

第二章 酶结构的化学本质

第一节 酶的化学组成

结构决定性质，性质决定功能。因此，理解酶的结构与组成是研究其催化功能的前提，更是开展结构修饰和功能改造的基础。20世纪以来，人们已经普遍接受"生物体内具有催化功能的大分子就是酶"这一观点，但是酶的结构和组成是什么呢？1926年，萨姆纳（Sumner）得到脲酶的结晶，并初步提出酶的化学结构本质是蛋白质。1930~1935年，诺思罗普（Northrop）等得到了胃蛋白酶、胰蛋白酶和胰凝乳蛋白酶的结晶，进一步证明了酶的化学本质是蛋白质[1]。直到20世纪80年代初期，切赫（Cech）和奥尔特曼（Altman）各自独立地发现了RNA的催化活性，并将这一类酶命名为"核酶"（ribozyme）。他们的这一发现使得"酶是蛋白质"这一传统概念受到冲击，改变了生物催化剂的传统概念。两人也因此共同获得1989年诺贝尔化学奖。随着科学的发展，人们逐步发现其他的一些RNA、抗体以及DNA也具有催化活性。这些发现完善了人们对酶的化学结构本质的认识。从广义上讲，酶的化学本质是蛋白质与核酸。

随着酶学基础理论研究的发展，人们对酶的结构和功能及其催化作用的机理有了进一步了解。在此基础上，研究者在尽量接近生理条件的情况下人工模拟自然酶的功能，得到相关的人工酶，如模型化合物和纳米酶等。

（一）蛋白质类酶

蛋白质类酶指具有催化活性的蛋白质分子，分子质量较大，一般为几千到几十万甚至百万Da以上。例如，牛胰核糖核酸酶分子质量为1.37×10^4 Da，大肠杆菌RNA聚合酶的分子质量为500 kDa，牛心谷氨酸脱氢酶的分子质量为380.20 kDa。

从化学组成的角度出发，蛋白质类酶可分为单纯酶和结合酶两大类。所谓单纯酶，顾名思义，其结构只是含有由氨基酸组成的蛋白质，而不含有其他的化学物质如金属离子。这类酶有很多，如脲酶、蛋白酶、淀粉酶、脂肪酶和核糖核酸酶等。对于结合酶来说，其结构除了由氨基酸组成的蛋白质外，还包括热稳定性较高的非氨基酸小分子物质或金属离子，前者称为脱辅酶，后者称为辅因子。脱辅酶与辅因子结合后形成的复合物称为全酶。值得说明的是，只有脱辅酶与辅因子同时存在才可发生酶催化反应，而两者各自单独存在时均无酶催化作用。辅因子按其与酶蛋白结合的紧密程度与作用特点不同可分为辅酶、辅基与金属离子。

从蛋白质类酶的结构特征来说，又可将其分为以下三类。

（1）单体酶。这类酶结构相对简单，一般是由一条肽链缠绕组成，如溶菌酶、羧肽酶 A 等。部分单体酶也可以由多条肽链组成，如胰凝乳蛋白酶是由 3 条肽链组成，肽链间由二硫键共价相连构成一个共价整体。在自然界中，单体酶种类相对较少，功能也很单一，一般多为催化水解反应的酶。

（2）寡聚酶。所谓寡聚酶，是由几个或多个亚基组成，亚基之间靠次级键结合，彼此容易分开，单个亚基没有催化活性。这种四级结构决定了寡聚酶的更高级的功能。因此，许多寡聚酶是调节酶，在代谢调控中起重要作用。

（3）多酶复合体。在实际的生命体系中，往往一个代谢或生物合成路径由几个或更多的酶催化进行，而前一个酶催化的产物是下一个酶催化的底物，依次类推。因此，多个酶靠非共价键彼此镶嵌而成的多酶复合体有利于一系列反应的连续进行，避免受到扩散速度的制约。

（二）核酶

核酶是具有催化功能的 RNA 和 DNA 分子，且大多数核酶具有剪切 RNA 的功能。通过研究，人们发现利用它们剪切信使 RNA（mRNA）调节基因表达，可作为基因治疗的新手段。由于蛋白质类酶和核酸类酶的组成及结构不同，命名和分类原则也有所区别。为了便于区分两大类别的酶，有时催化的反应相同，蛋白质类酶和核酸类酶中的命名却有所不同。例如，催化大分子水解生成较小分子的酶，在核酸类酶中的称为剪切酶，在蛋白质类酶中则称为水解酶；核酸类酶中的剪接酶与蛋白质类酶中的转移酶亦催化相似的反应。

1. 以 RNA 为结构基础的核酶

1982 年美国科学家切赫（Cech）等发现核酶作为代表性事件，标志着人们对酶认识的第二次飞跃。从那时起，研究者发现了越来越多的化学本质为 RNA 的核酶（ribozyme），对它们的研究也越来越深入。1997 年，切赫等得到了一组直接催化肽链生成的人造 RNA 分子，证明 RNA 具有肽基转移酶活性，进一步证明酶的化学组成中有 RNA[2]。然而，由于研究历史不长，人们对于核酶的分类和命名还没有统一的原则及规定。目前，根据作用方式将 Rz 分为 3 类：剪切酶、剪接酶和多功能酶。根据酶催化反应的类型，主要将 Rz 分为分子内催化 Rz 和分子间催化 Rz，简单分类如下。

（1）分子内催化 Rz。分子内催化 Rz 是指催化自身 RNA 分子进行酶促反应的一类核酸类酶。这类酶是最早发现的 Rz，均为 RNA 前体。由于这类酶是催化自身 RNA 分子反应，因此命名前面都加上"自我"（self）一词。根据这类酶所催化的反应类型，可以将该类酶分为自我剪切酶和自我剪接酶两个亚类。

（I）自我剪切酶（self-cleavage ribozyme）：自我剪切酶是指催化自身 RNA 进行剪切反应的 Rz。它可以在一定条件下催化自身 RNA 进行剪切反应，使 RNA 前体生成成熟的 RNA 分子和另一个 RNA 片段。

（II）自我剪接酶（self-splicing ribozyme）：自我剪接酶是在一定条件下催化自身 RNA 分子同时进行剪切和连接反应的 Rz。它可以同时催化 RNA 前体自身的剪切和连接两种类型的反应。

（2）分子间催化 Rz。分子间催化 Rz 是催化其他生物分子进行酶促反应的核酶。根据所作用的底物分子的结构不同，可以分为以下若干亚类。

（I）作用于其他 RNA 分子的 Rz：该亚类的核酶可催化其他 RNA 分子进行多种反应。根据反应的类型不同，可以分为若干小类，如 RNA 剪切酶、多功能 Rz 等。其中，RNA 剪切酶能够催化其他的 RNA 进行剪切反应。而多功能 Rz 是指能够催化其他 RNA 分子进行多种类型反应的核酶，反应的类型包括剪切和连接等。

（II）作用于 DNA 的 Rz：该亚类的酶是催化 DNA 分子进行反应的 Rz。1990 年，研究者发现有些核酸类酶不仅能以 RNA 为底物，还能以 DNA 为底物，在一定条件下催化 DNA 分子进行剪切反应。不过，目前仅发现该亚类 Rz 具有 DNA 剪切酶一个小类。

（III）作用于多糖的 Rz：该亚类的酶是能够催化多糖分子进行酶促反应的核酸类酶。例如，兔肌 1,4-α-D-葡聚糖分支酶（EC2.4.1.18）中含有蛋白质和 RNA。其中 RNA 组分由 31 个核苷酸组成，可以催化糖链的剪切和连接反应，属于多糖剪接酶。

（IV）作用于氨基酸酯的 Rz：1992 年，研究者又发现了以氨基酸酯为底物的核酸类酶。该类核酶同时具有催化氨基酸酯的剪切反应、氨基酰 tRNA 的连接反应和多肽的剪接反应等功能。

2. 以 DNA 为结构基础的酶

1994 年乔伊斯等的研究证实了具有酶活性的 DNA 的存在，实现了人们对酶认识的第三次飞跃。值得说明的是，在我国，湖南师范大学生物系王身立、陈嘉勤和禹宽平等首次发现生物的遗传物质脱氧核糖核酸（DNA）具有酶的活性，此项成果最先发表于 1997 年 6 月出版的《湖南师范大学自然科学学报》[3]。他们发现，从高等植物绿豆幼苗中提取的 DNA 能够分解萘酯，并且严格的实验方法排除了 DNA 所含蛋白质杂质以及其他因素的影响，从而确证 DNA 具有酶活性，并将其命名为 DNA 酶（deoxyribonuclease，DNase）。

随着分子生物学的飞速发展，人们逐渐发现了多种人工合成的具有生物催化功能的 DNA 分子（catalytic DNA）[4,5]。如近年来发现，不少结构特殊的 DNA 分子分别具有剪切 RNA 分子或 DNA 分子活性、T4 多聚核苷酸激酶样活性、DNA 连接酶样活性，以及催化卟啉金属离子化等多种生物催化功能，这些 DNA 分子被称为脱氧核酶或酶性 DNA。它们在 RNA 和 DNA 工具酶、基因分析和诊断手段及基因治疗药物等方面的潜力引人注目。

（三）人工模拟酶

人工模拟酶具有性质稳定、易于制备、环境耐受性强等优点，在某种程度上可能会弥补天然酶易失活、难制备的缺点。在深入了解酶的结构和功能以及催化作用机制的基础上，人们经过多年的研究成功合成了"半合成的无机生物酶"及"全合成酶"。全合成酶由一些有机物分子构成，例如，通过并入酶的催化基团与控制空间构象，利用 β-环糊精成功模拟了胰凝乳蛋白酶（图 2-1）、RNase、转氨酶、碳酸酐酶等。

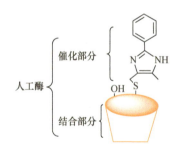

图 2-1　β-环糊精模拟胰凝乳蛋白酶

固氮酶是人工模拟酶研究工作中研究最多的一种酶，其次是过氧化氢酶、胰凝乳蛋白酶等。环状糊精酶模型可用于模拟胡萝卜素氧化酶、核糖核酸酶、天然胰凝乳蛋白酶等多种酶。纳米酶的问世，改变了以往人们认为无机纳米材料是一种生物惰性物质的传统观念，揭示了纳米材料内在的生物效应及新特性，丰富了模拟酶的研究，使其从有机复合物拓展到无机纳米材料，拓宽了纳米材料的应用范围。2016 年，在陈国南等[6]合成方法的基础上，江南大学彭池方课题组稍作调整制备出了 DNA-Ag-Pt 纳米模拟酶[7]。通过将钝化金纳米粒子与多个铈（IV）络合物固定在胶体磁性 Fe_3O_4/SiO_2 核/壳颗粒表面上，得到一种具有类似 DNase 活性的稳定且可回收的人工酶，对模型底物和环境 DNA（eDNA）均表现出高的切割能力。如果模拟酶研究成功，能够人工合成高效率的酶型催化剂，不仅将从根本上改变粮食生产和发酵工业的面貌，实现人工合成食物，使粮食生产完全工厂化，而且也将引起现代化学工业一场深刻的变革。

第二节　酶的结构与分类

（一）酶的空间结构

作为最典型、最普遍的生物催化剂，大多数酶是生物体组织或细胞内具有特殊催化活性的蛋白质。1955 年桑格（Sanger）等报道了胰岛素的氨基酸序列，人们开始把研究兴趣集中在探究酶的结构上。1963 年，核糖核酸酶的一级结构被测定，之后 X 射线（X-ray）晶体学研究揭示了核糖核酸酶（ribonuclease）、溶菌酶（lysozyme）、胰凝乳蛋白酶（chymotrypsin）、胰蛋白酶（trypsin）、木瓜蛋白酶（papain）和羧肽酶 A（carboxypeptidase A）的三级甚至四级结构。从狭义上来说，大多数酶的本质就是蛋白质。根据蛋白质分子的组成和盘曲折叠方式，可以将单体酶划分为一级结构和高级结构（二级结构、三级结构和四级结构），如图 2-2 所示。其中，一级结构是指多肽链或长肽链的氨基酸序列；二级结构是指肽链骨架相邻区段借助氢键等沿轴向方向建立的规则折叠片与螺旋；三级结构指在二级结构基础上肽链进一步地折叠并盘绕成三维空间结构。因此，一级结构（多肽链）中原来相距较远的氨基酸残基可以集中到三级结构（三维空间）内相互靠近的一个区域内。在三级结构的基础上，由几个到数十个亚基（或单体）组成寡聚酶或生物大分子，这称为酶的四级结构。随着生命科学的发展，四级结构之上还存在超级复合物结构，如呼吸链超级复合物 I_2III_2IV 以及 $I_1III_2IV_1$ 等。结构决定性质，性质决定功能。酶分子的特定化学结构决定了其特定的催化功能。因此酶的催化活性与其一级序列以及高级结构密切相关。一级结构或高级结构的变化均会引起酶催化活性的改变或丧失。

（二）酶结构中的化学键

这里主要以结构基础为蛋白质的酶为例，介绍其结构中的化学键组成。蛋白质类酶的基本组成单位是氨基酸。20 种最常见的天然氨基酸（表 2-1）按不同顺序排列组合形成具有一定空间结构的多肽链，而其中的基础化学键就是肽键，也是有机化学中通常提到的酰胺键。依靠肽键稳定的肽链就构成了酶的核心骨架，因此肽键也是维系蛋白质一级结构所必需的力。不同氨基酸还具有不同的侧链，各种侧链又有不同的物理化学性质，如极性、立体效应和电负性等。

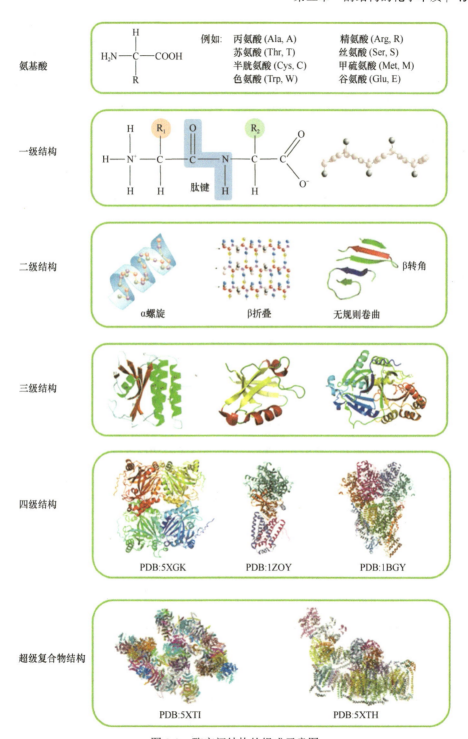

图 2-2 酶空间结构的组成示意图

表 2-1　天然氨基酸的理化性质

氨基酸	三字母简写	单字母简写	去水后分子量	亲水性指数	出现频率（%）	突变可能性（%）	等电点 pI
丙氨酸	Ala	A	71.08	1.8	100	67	6.0
精氨酸	Arg	R	156.20	−4.5	65	148	10.76
天冬酰胺	Asn	N	114.11	−3.5	134	96	5.41
天冬氨酸	Asp	D	115.09	−3.5	106	91	2.77
半胱氨酸	Cys	C	103.14	2.5	20	86	5.05
谷氨酸	Glu	E	128.14	−3.5	102	109	3.22
谷氨酰胺	Gln	Q	129.12	−3.5	93	114	5.41
甘氨酸	Gly	G	57.06	−0.4	49	48	5.97
组氨酸	His	H	137.15	−3.2	66	118	7.59
异亮氨酸	Ile	I	113.17	4.5	96	124	6.02
亮氨酸	Leu	L	113.17	3.8	40	124	5.98
赖氨酸	Lys	K	128.18	−3.9	56	135	9.74
甲硫氨酸	Met	M	131.21	1.9	94	124	5.74
苯丙氨酸	Phe	F	147.18	2.8	41	135	5.48
脯氨酸	Pro	P	97.12	−1.6	56	90	6.30
丝氨酸	Ser	S	87.08	−0.8	120	73	5.68
苏氨酸	Thr	T	101.11	−0.7	97	93	6.16
色氨酸	Trp	W	186.21	−0.9	18	163	5.89
酪氨酸	Tyr	Y	163.18	−1.3	41	141	5.66
缬氨酸	Val	V	99.14	4.2	74	105	5.96

因此，氨基酸残基的侧链之间相互作用会形成各种化学键，如离子键、氢键、疏水键和二硫键等（表 2-2）。

表 2-2　稳定酶蛋白三维结构的几种键及其键能

键	键能（kJ/mol）
氢键	13～30
范德瓦耳斯力	4～8
疏水键	12～20
离子键	12～30
二硫键	210

二硫键，又称 S—S 键，是 2 个—SH 基被氧化而形成的—S—S—形式中硫原子间的键。在生物化学领域中，通常指在肽和蛋白质分子中的半胱氨酸残基中的键。二硫键的形成可以发生在分子内（在单个多肽内的两个半胱氨酸之间），也可以发生在分子间（将两个多肽连接在一起）。这种二硫键的形成可以为蛋白质的折叠构象提供稳定能量。此外，分子间二硫键也可以在半胱氨酸残基蛋白质和小分

子配体或修饰试剂上的巯基之间形成。例如，4,4-二硫代二吡啶是一种用于定量检测蛋白质中不参与二硫键的游离半胱氨酸数目的试剂。

离子键，又称盐键或盐桥，主要通过两个或多个原子或化学基团失去或获得电子而成为离子后形成。带相反电荷的离子之间存在静电作用，当静电吸引与静电排斥作用达到平衡时，便形成离子键。简而言之，离子键是阳离子和阴离子之间由于静电作用所形成的化学键。在中性环境下，酶分子中的极性氨基酸和金属离子是带电荷的。因此在酶结构中，离子键主要来源于两个方面，一是极性氨基酸之间的静电作用，二是金属离子与周围残基的静电作用。平均而言，形成盐桥的原子之间的最佳距离约为 2.8 Å。

氢键，指分子中的氢原子与同一分子或另一分子中的电负性较强、原子半径较小的原子相互作用而构成的较弱的化学键。具体来说，当 H 原子与电负性大、半径小的原子 Y（如 O、F、N 等）接近时，会在 X 与 Y 之间以氢为媒介，生成 X—H···Y 形式的一种特殊的分子间或分子内相互作用。氢键既可以是分子间氢键，也可以是分子内氢键。氢键的键能一般为 13～30 kJ/mol，最大约为 200 kJ/mol，比一般的共价键、离子键和金属键键能都要小，但强于静电力。氢键对于生物大分子（包括蛋白质和核酸）具有尤其重要的意义，它是蛋白质和核酸的二、三和四级结构得以稳定的主要化学驱动力之一。在 20 种标准氨基酸中，酪氨酸（—OH）、丝氨酸（—OH）、苏氨酸（—OH）和半胱氨酸（—SH）的侧链均能够充当氢键供体。在低 pH 下，谷氨酸和天冬氨酸的侧链羧基也可以作为氢键供体。此外，部分氨基酸侧链上的杂原子可作为氢键受体；某些氨基酸可以作为氢键的供体和受体，如酪氨酸等。

疏水作用，也称疏水效应，主要是指两个非极性分子或官能团之间的相互作用。在酶结构中，非极性的烃基链由于能量效应和熵效应等热力学作用，使得疏水基团在水中相互结合形成疏水作用。疏水作用是指水介质中球状蛋白质的折叠总是倾向于把疏水残基埋藏在分子内部的现象，在生物大分子（如蛋白质）结构中非常普遍。疏水作用在酶结构与功能方面都发挥着重要的作用。

范德瓦耳斯力，也称范德瓦耳斯相互作用，主要包括三种较弱的作用力（定向效应、诱导效应及分散效应）。其中，定向效应发生在极性分子或极性基团之间，是永久偶极间的静电相互作用；诱导效应发生在极性物质与非极性物质之间，是永久偶极与由它诱导而来的诱导偶极之间的静电相互作用；分散效应是非极性分子或基团间仅有的一种范德瓦耳斯力，也被称为狭义范德瓦耳斯力。分散效应是在多数情况下起主要作用的范德瓦耳斯相互作用。

（三）酶的种类

1961 年国际酶学委员会（International Enzyme Commission，IEC）根据酶所

催化的反应类型和机理，把常见的蛋白质类酶分成六大类。2018 年 8 月，国际生物化学与分子生物学联合会（International Union of Biochemistry and Molecular Biology，IUBMB）更改了酶的分类规则，在原有六大酶类之外又增加了一种新的酶类——易位酶，也称为移位酶。这 7 种酶的种类、分类及其反应本质如表 2-3 所示。

表 2-3 酶的种类、分类及其反应本质

种类	反应本质	亚类	亚亚类
氧化还原酶	电子转移	供体中被氧化基团的性质	受体的类型
转移酶	基团转移	被转移基团的性质	被转移基团的进一步描述
水解酶	水解	被水解的键：酯键、肽键	底物的类型：糖苷、肽等
裂合酶	链裂开	被裂开的键：C—S、C—N 等	被消去的基团
异构酶	异构化	反应的类型	底物的类别、反应的类型和手性
连接酶	键形成	被合成的键：C—C、C—O、C—N 等	底物 S1、底物 S2、第三底物（共底物）几乎总是核苷三磷酸
移位酶	离子或分子转移	被转移的对象	转位反应的驱动力

（1）氧化还原酶（oxidoreductase）：催化底物进行氧化还原反应。如乳酸脱氢酶、琥珀酸脱氢酶、细胞色素氧化酶、过氧化氢酶、过氧化物酶等。

（2）转移酶（transferase）：催化底物之间某些基团的转移或交换。如甲基转移酶、氨基转移酶、磷酸化酶等。

（3）水解酶（hydrolase）：催化底物发生水解反应。如淀粉酶、蛋白酶、核酸酶、脂肪酶等。

（4）裂合酶（lyase）：催化底物裂解或移去基团（形成双键的反应或其逆反应）。如碳酸酐酶、醛缩酶、柠檬酸合成酶等。

（5）异构酶（isomerase）：催化各种同分异构体之间相互转化。如磷酸丙糖异构酶、消旋酶等。

（6）连接酶（ligase）：催化两分子底物合成一分子化合物。如谷氨酰胺合成酶、氨基酸-RNA 连接酶等。

（7）易位酶（translocase）：催化离子或分子穿越膜结构的酶。如 ATP 水解酶等。

第三节 酶的结构与功能之间的关系

酶的主要生物学功能是催化各种生化反应，如生物体内的营养合成、能量转运等过程中的化学反应。酶的催化活性与酶的结构密切相关，因为酶的结构决定了酶对不同底物结合的亲和性，以及催化底物形成产物的快慢等。

（一）酶的活性中心与必需基团

1. 酶的活性中心

　　酶分子中直接与底物结合，并催化底物转化为产物的部位，称为酶的活性中心或活性部位（active center 或 active site）。氨基酸之间缩合形成多肽链，在酶结构中的氨基酸都统称为氨基酸残基。组成活性部位的氨基酸在酶分子的总体氨基酸数目中只占相当小的部分，通常只占整个酶分子体积的 1%～2%。组成活性部位的氨基酸残基主要包括两种类型：结合基团和催化基团（图 2-3）。其中，结合基团负责与底物进行结合，使其与活性中心实现良好的匹配；而催化基团负责将底物进行催化并形成产物。实际上，有一些重要的氨基酸残基可能扮演着与底物结合并催化其反应的双重角色。几乎所有的酶都由 100 多个氨基酸残基组成，而活性部位只由几个氨基酸残基所构成，酶分子的催化部位一般只由有限几个关键氨基酸残基组成，而结合部位的残基数目因不同的酶而异，可能是一个，也可能是数个。如表 2-4 所示，组成不同的酶的氨基酸个数不同，但是组成活性中心的关键氨基酸残基通常也只有 2～3 个。根据对大量的酶及其活性空腔的统计，组成蛋白质的 20 种常见氨基酸中，有 7 种氨基酸（Ser、His、Cys、Tyr、Asp、Glu 和 Lys）在活性中心出现的频率更高。这些高频氨基酸残基的侧链包含重要的化学官能团，在与底物的结合与催化过程中扮演着重要的角色。这些官能团包括 Glu 和 Asp 的—COOH，Lys 的 ε-NH$_2$，His 的咪唑基，Ser 的—OH，Cys 的—SH，Tyr 的侧链基团。

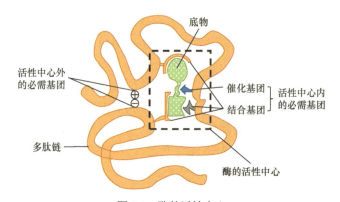

图 2-3　酶的活性中心

表 2-4　部分酶及其活性部位的氨基酸残基

酶	氨基酸残基数	活性部位的氨基酸残基
核糖核酸酶 A	124	His$_{12}$，His$_{119}$，Lys$_{41}$
溶菌酶	129	Asp$_{52}$，Glu$_{35}$

酶	氨基酸残基数	活性部位的氨基酸残基
胰凝乳蛋白酶	241	His_{57}，Asp_{102}，Ser_{195}
胰蛋白酶	223	His_{57}，Asp_{102}，Ser_{195}
弹性蛋白酶	240	His_{71}，Asp_{119}，Ser_{214}
胃蛋白酶	348	Asp_{32}，Asp_{215}
人类免疫缺陷病毒（HIV）-1 蛋白酶	99×2	Asp_{25}，Asp_{25}
木瓜蛋白酶	212	Cys_{25}，His_{159}
枯草杆菌蛋白酶	275	His_{64}，Ser_{221}，Asp_{32}
羧肽酶 A	307	Arg_{127}，Glu_{270}，Tyr_{248}
肝乙醛脱氢酶	374×2	Ser_{48}，His_{51}

酶的活性部位是一个三维实体，组成活性中心的氨基酸残基在一级结构上可以相距很远，可能位于同一条肽链的不同部位，也可能位于不同的肽链上，但通过肽链的折叠，在空间结构上都处于十分邻近的位置。活性部位的三维结构是由酶的一级结构决定且在一定外界条件下形成的。若酶的高级结构受到影响，则酶的活性部位会遭到破坏，表现为酶活性的下降或丧失。

2. 必需基团

酶的必需基团（essential group）是指参与构成酶的活性中心和维持酶的空间构象所必需的基团。前面已经提到，酶的活性中心是负责与底物结合并催化其向产物转化的区域，活性中心主要由结合基团和催化基团组成。显然，结合基团和催化基团都是维持酶活性所必需的基团。此外，如图 2-3 所示，有些氨基酸残基虽然在活性中心之外，但是它们之间通过静电作用和形成二硫键使得酶的三维结构得以维持。一旦这种相互作用受损，那么酶的三维结构将被破坏，进而导致其活性大大降低甚至完全丧失。因此，这类氨基酸残基虽然离活性中心较远，但是也属于维持酶的活性所必需的基团，故也被称为必需基团。总的来说，酶的必需基团包含结合基团、催化基团及活性中心外的必需基团（维持活性中心构象所必需的基团）。酶分子中促使底物发生化学变化的部位称为催化基团，通常将酶的结合部位和催化部位总称为酶的活性部位或活性中心。结合基团决定酶的专一性，催化基团决定酶所催化的反应的性质。

酶的活性中心位于酶分子表面的一个裂缝内。底物分子（或底物分子的一部分）结合到裂缝内并发生催化反应。裂缝内是相当疏水的区域，非极性基团较多，但也含有某些极性的氨基酸残基，以便与底物结合并发生催化反应。其非极性基团主要的贡献在于产生一个疏水微环境，从而达到提高酶活性中心与底物的结合能力，有利于催化的目的。值得一提的是，在此裂缝内底物有效浓度可达到很高，有利于反应速率的大幅度提升[1]。

底物通过次级键较弱的力结合到酶上。酶与底物结合成的 ES 复合物主要靠以下次级键作用：氢键、离子键、范德瓦耳斯力和疏水相互作用。ES 复合物的平衡常数可在 $10^{-8}\sim10^{-2}$ mol/L 范围内变化，相当于相互作用的自由能在 12.6～50.2 kJ/mol 范围内变化。这些数值可与共价键的强度做一个比较，共价键的自由能变化范围为 21～460 kJ/mol。

酶活性中心具有柔性或可运动性。邹承鲁教授曾对酶分子变性过程中构象变化与活性变化进行了比较研究，发现在酶的变性过程中，当酶分子的整体构象还没有受到明显影响时，大部分活性中心已被破坏，从而造成活性的丧失。这一研究说明，酶的活性中心相对于整个酶分子来说更具有柔性或可运动性，很可能正是表现其催化活性的一个必要因素。

实际上，活性中心的形成必然要求酶蛋白分子具有一定的空间构象。因此，对于酶的催化作用来说，酶分子中其他部位的作用可能是次要的，但绝对是非常有意义的。这种柔性一方面为酶活性中心的形成提供了结构基础，另一方面也使得酶与底物形成良好的形状和电荷匹配。所以酶的活性中心与酶蛋白的空间构象的完整性之间，是一种辩证统一的关系。

（二）同工酶

同工酶（isoenzyme）是指催化相同的化学反应，但其蛋白质分子结构、理化性质和免疫性能等方面都存在明显差异的一组酶。广义的同工酶是指生物体内催化相同反应而分子结构不同的酶。狭义的同工酶是按照国际生物化学与分子生物学联合会（IUBMB）生化命名委员会的建议，只把其中因编码基因不同而产生的多种分子结构的酶称为同工酶。作为长期进化的产物，同工酶都是寡聚酶，存在于同一种属或同一个体的不同组织或细胞的不同亚细胞结构中。同工酶的基因先转录出同工酶的信使核糖核酸，后者再翻译产生组成同工酶的肽链。不同的肽链可以以单体形式存在，也可以聚合成寡聚体或杂交体，从而形成同一种酶的不同结构形式。一般认为，同工酶具有重要的生理及临床意义。具体包括如下几点：①在代谢调节上起着重要的作用；②对进化、发育和细胞分化的研究具有重要价值，可用于解释发育过程中阶段特有的代谢特征；③可作为遗传标志，用于遗传分析研究；④在临床诊断中具有重要的意义，同工酶谱的改变有助于对相关疾病如肝病的辅助诊断。

最典型的同工酶是乳酸脱氢酶（lactate dehydrogenase，LDH）同工酶，其也是目前了解最透彻的同工酶[6]。LDH 的亚基有骨骼肌型（M 型）和心肌型（H 型）两种。LDH 由两种亚基组成的四聚体共有 5 种分型，如图 2-4 所示。

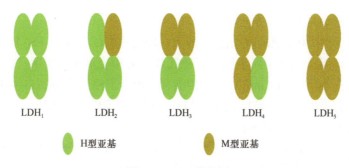

H型亚基　　　　　　　　　　M型亚基

图 2-4　LDH 的类型

　　同工酶在诊断中存在着很重要的意义。LDH 是一种存在于人体几乎所有器官组织中的酶，但在血液中含量却很低。它们存在于组织细胞中，一旦细胞被破坏，LDH 就会释放入血液。因此，LDH 可用于标记受损的细胞。LDH 水平既可通过总乳酸脱氢酶，也可以通过 LDH 同工酶来检测。总乳酸脱氢酶水平反映的是 5 种 LDH 同工酶总含量。同工酶的分子模式与乳酸脱氢酶稍有不同。总乳酸脱氢酶可以用于反映组织的损坏程度，但并不确切。就其自身而言，它不能用于明确组织受损的原因，以及具体受损部位。虽然在某些组织器官中存在一种或者多种 LDH 同工酶，但各种 LDH 同工酶在组织中的分布位置相对集中。因此在结合其他检测的基础上，检测某种 LDH 同工酶的水平，可辅助诊断疾病或确定细胞损伤的具体状况，并明确损伤涉及的器官和组织。例如，LDH_1 与心肌炎的诊断有关，LDH_5 与肝炎的诊断有关[8]。当组织发生病变时，该组织特异性的 LDH 同工酶被释放进入血液，血清中该型 LDH 升高，如心肌梗死患者血清中 LDH_1 升高，肝病患者血清中 LDH_5 升高。故临床常用血清 LDH 同工酶谱分析来帮助诊断疾病，如图 2-5 所示。

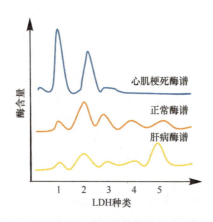

图 2-5　正常人和不同疾病患者的 LDH 同工酶谱

（三）研究酶活性中心的方法

测定酶活性中心组成和结构是研究酶催化机理的必要前提。目前常用的研究酶活性中心的方法体现出不同的学科发展特点，如生物化学、分子生物学、化学生物学以及结构生物学。具体的方法包括化学修饰法、反应动力学法、X 射线衍射法、核磁共振法和冷冻电镜法等。

1. 酶分子侧链基团的化学修饰法

这种方法是一种典型的化学生物学方法。该方法需要选择一种化合物，当其与被研究的酶作用时能特异性地与活性中心氨基酸残基侧链基团发生共价作用。然后将这个带标记化合物的酶水解，使肽键被打开，但标记化合物的共价键不能够被打开，因此可以分离得到带有标签的肽段，即可分析出活性中心的氨基酸残基，由此可确定活性中心在一级结构上的位置，并为核磁共振结构分析或 X 射线晶体结构分析提供线索。

酶分子中可以被化学修饰的基团有很多，如巯基、羟基、咪唑基、氨基、羧基、胍基等基团。可以用于化学修饰的试剂也很多，目前已有 70 多种，但非常专一的不多。

化学修饰法有一定的局限性。因为能与化学修饰试剂反应的氨基酸残基可能位于活性中心内，也可能位于活性中心外。因此，化学修饰有可能使活性中心之外的某个氨基酸残基的侧链改变，而影响酶分子的正常空间结构，进而导致酶活性的丧失。为了排除这种可能，通常比较存在底物或者竞争性抑制剂时酶的活性。如果底物或抑制剂的存在保护了活性中心，则一般可以认为该试剂确实是特异性作用于活性中心的。

（1）非特异性共价修饰。某些化学试剂能和酶蛋白中氨基酸残基的侧链基团反应而引起共价结合、氧化或还原等修饰反应，使该残基活性官能团的结构与性质发生改变。如果该残基活性官能团修饰后不引起酶活性的变化，可以初步认为，此残基可能是非必需基团。反之，如修饰后引起酶活性的降低或丧失，则此残基可能是酶的必需基团。化学试剂和活性中心基团结合的鉴别标准有两点。其一是酶活性的丧失程度和修饰剂浓度成一定的比例关系，即修饰剂的浓度和酶活性丧失的速率常数 k 成正比。其二是底物或与活性中心结合的可逆抑制剂可保护共价修饰剂的抑制作用，此法不但可以确定某种基团是必需基团，还可以确定此基团位于酶的活性中心[4]。

（2）特异性共价修饰。某一种化学试剂专一地修饰酶活性中心的某一氨基酸残基，使酶失活。通过水解分离标记的肽段，即可判断出被修饰的酶活性中心的氨基酸残基。例如，对于丝氨酸水解酶来说，二异丙基氟磷酸（diisopropyl phosphorofluoridate，DFP）能专一性地与酶活性中心的丝氨酸残基的羟基共价结合，使酶丧失活力[5]。例如，DFP 与胰凝乳蛋白酶作用，标记在特定的丝氨酸残基上，形成二异丙基磷酰化酶（DIP-E），酶活性完全丧失，反应式见图 2-6。

图 2-6　DFP 与胰凝乳蛋白酶作用

DFP 一般不与蛋白质反应，它既不与胰凝乳蛋白酶原和变性的胰凝乳蛋白酶反应，也不和天然胰凝乳蛋白酶（人源）活性中心 Ser_{195} 以外的 27 个 Ser 结合，可见活性中心的 Ser 处于一个特殊的结构中，对 DFP 非常敏感。

（3）亲和标记法。上述特异性标记法往往专一性差，不太能特异地标记活性中心。为了提高化学修饰剂对酶活性中心的专一性修饰作用，合成了一些与底物结构相似的共价修饰剂。这类修饰剂有两个特点：①可以较专一地引入酶的活性中心，接近底物结合位点；②具有活泼的化学基团，可以与活性中心的某一个基团结合形成稳定的共价键。因其作用机制是利用酶对底物的特殊亲和力将酶加以修饰标记，故称为亲和标记。亲和标记试剂又称为“活性中心指示剂”。用于胰凝乳蛋白酶和胰蛋白酶活性中心的亲和标记是十分成功的案例。对甲苯磺酰-L-苯丙氨酸乙酯（TPE）是胰凝乳蛋白酶的底物，而对甲苯磺酰-L-苯丙氨酰氯甲基酮（N-tosyl-L-phenylalanine-chloromethyl ketone，TPCK）是它的亲和试剂，与其结构相似。当胰凝乳蛋白酶与 TPCK 混合一段时间后，酶活性完全丧失。TPCK 既不与胰凝乳蛋白酶原和变性的胰凝乳蛋白酶结合，也不与 DIP-胰凝乳蛋白酶结合，可见该酶必须有空间结构完整的活性中心才能与 TPCK 结合。同时与 TPCK 结合的酶不能再与 DFP 反应，说明烷化作用发生在活性中心上。胰凝乳蛋白酶分子中有两个 His 残基，与 TPCK 烷化后水解，通过分析其水解后肽段，发现其只能与 His_{57} 结合，发生在咪唑环 N3-位上，说明 His_{57} 是胰凝乳蛋白酶活性中心的一个氨基酸残基。TPE 和 TPCK 的结构式及修饰反应如图 2-7 所示。

邹承鲁教授研究了酶必需基团的化学修饰和酶活性丧失的定量关系，他从统计学的角度考虑，根据不同情况得出一系列的公式[15]。根据这些公式，就可以对实验结果进行处理，得出关于必需基团数的结论。邹承鲁教授的公式和方法，现已经成为国际上通过侧链基团化学修饰和酶活性丧失定量关系来确定必需基团数的主要依据。

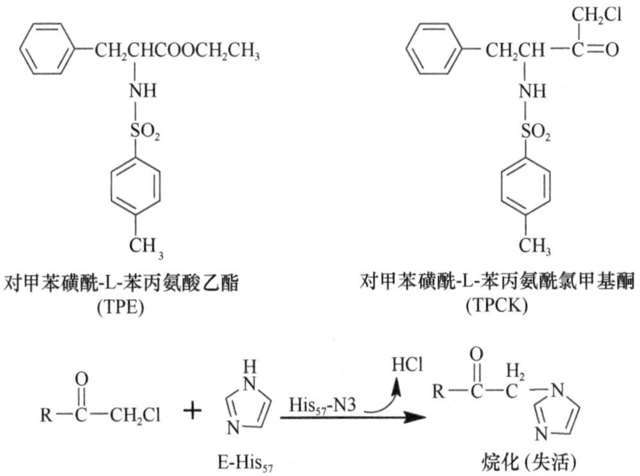

对甲苯磺酰-L-苯丙氨酸乙酯
(TPE)

对甲苯磺酰-L-苯丙氨酰氯甲基酮
(TPCK)

图 2-7 亲和标记作用机制

2. 结构生物学分析法

X 射线晶体结构分析法可以解析酶分子的三维结构,有助于了解酶活性中心部位的氨基酸残基所处的相对位置与实际状态,以及与活性中心有关的其他基团。1965 年菲利普斯(Phillips)等首次用 X 射线晶体结构分析法,以 0.2 nm 的水平测定了溶菌酶的空间结构及其作用机制。通过溶菌酶的三维结构可以看出:溶菌酶活性中心有关的氨基酸的排列位置;酶-底物复合物中,底物周围氨基酸的排列状况;根据对被水解的糖苷键邻近氨基酸残基的分析,确定了溶菌酶的催化基团为 Glu$_{35}$ 和 Asp$_{52}$。再如,X 射线晶体结构分析表明,胰凝乳蛋白酶活性中心由 Ser$_{195}$、His$_{57}$、Asp$_{102}$ 组成,这 3 个氨基酸残基连在一起形成一个"电荷中继网",使 Ser$_{195}$ 的羟基具有非常高的亲核性。Ile$_{16}$ 是胰凝乳蛋白酶原转化为酶的关键。X 射线晶体结构分析表明,其作用可能是通过 Ile$_{16}$ 的氨基和 Ser$_{195}$ 的羟基及邻近的 Asp$_{194}$ 的羧基形成静电键,促成电荷中继网的建立。由于第三代同步辐射的出现和实际应用,X 射线晶体结构分析达到一个新的水平。显然,用 X 射线晶体结构分析方法研究酶的活性中心及结构和功能的关系已成为重要的手段。

除 X 射线晶体结构分析外,核磁共振(NMR)光谱技术也是蛋白质结构解析的经典技术之一,主要用于解析 35 kDa 以下的小蛋白结构。早在 20 世纪 90 年代,NMR 便已被应用于研究金属酶的活性中心结构[10]。

20 世纪 70 年代,冷冻电镜技术已被应用于解析病毒分子结构,但受限于样品制备技术的不足及结构分辨率低等问题,冷冻电镜技术发展缓慢。近些年来,随着结构生物学软件和硬件的不断发展,冷冻电镜技术获得飞速发展,结构解析进入冷冻电镜新时代。冷冻电镜技术多用于解析复杂大蛋白及膜蛋白结构，并通过研究蛋白质与抑制剂的复合物结构来研究活性中心[10]。

3. 定点突变法

迄今为止，已有几百个酶的基因被克隆。根据蛋白质结构研究的结果，可以利用定点突变的方法，改变蛋白质编码基因中的 DNA 序列，研究酶活性中心的必需氨基酸。例如，1987 年克雷克（Craik）将胰蛋白酶 Asp_{102} 突变为 Asn_{102}，突变的 k_{cat} 比野生型低 99.98%，突变体水解酯底物的活性仅是天然胰蛋白酶的 1/10 000，可见 Asp_{102} 对胰蛋白酶催化活性是必需的。再如，羧肽酶 A 中 Tyr_{248} 原被认为是催化所必需的，1985 年加德尔（Gardell）等用寡核苷酸定点突变把 Tyr_{248} 的密码子变为 Phe 的密码子[8]。含有这一基因的重组质粒在酵母中进行表达，发现突变酶的 k_{cat} 值与天然酶一样，但是其 K_m 值高出 6 倍。这一结果表明 Tyr_{248} 参与底物的结合，与催化活性无关。由于 DNA 重组技术的日趋成熟，以及蛋白质晶体结构分析技术的发展，目前越来越多地利用定点突变方法来研究酶的结构和功能的关系。

第四节 辅因子化学本质及功能

如前所述，绝大多数的酶是蛋白质。在蛋白酶的化学结构中，除了氨基酸组成的多肽链外，还有很多非蛋白结构，包括金属离子、有机小分子、金属有机/无机配合物等，人们将其统称为辅因子（cofactor）。这些非蛋白结构与无活性的蛋白酶前体（即脱辅酶，apoenzyme）与辅因子结合构成全酶（holoenzyme），共同完成酶的正常生理功能。酶促反应在生物体中广泛存在，尤其在合成与代谢有机分子的生化反应中发挥关键作用。值得注意的是，除了辅因子之外，全酶中的非蛋白结构还可能是反应底物、参与调节的信号分子、氨基酸侧链的表达后修饰或是其他衍生结构，但只有辅因子能直接参与酶催化反应。

辅因子概念最早在 20 世纪前期被提出，统称为除蛋白质骨架外的所有非蛋白结构，因此在许多早期文献中，变构调节的作用位点也被归入辅因子结合位点中。随着对酶及蛋白质结构研究的深入，人们逐渐认识到辅因子应当是参与酶促反应的必需组分，因此将辅因子的概念进一步严格化。1997 年，国际纯粹与应用化学联合会给出了辅因子的推荐定义[11]，将其表述为"保持酶活性所必需的有机分子或离子"，并指出"辅因子结合没有功能活性的原酶，组成有活性的合酶"。2010 年，费歇尔（Fischer）等进一步提出，辅因子不仅在功能上为活性酶分子所必需，在结构上也结合到酶催化反应的活性中心[12]。因此，从功能上看，辅因子的作用是"全或无"，而修饰基团的作用是"多或少"。即没有辅因子，酶无法发挥其作用；而没有修饰基团，酶或者相应蛋白质的活性高低不同。从结构上看，辅因子直接参与催化反应区域（无论其作为催化剂还是底物），而其他非蛋白结构是局部修饰蛋白，以改变空间结构等方式间接改变酶促反应的催化区域。因此，某些为了稳定蛋白质结构而存在的金属离子或者在变构作用中修饰氨基酸残基的磷酸基团等，都不能被视为辅因子。

辅因子的结构和功能的多样性与其参与酶促反应的化学本质有着密切关系。一般而言，酶只能催化一种或者一类结构非常类似的底物；而催化一类反应常常需要特定的辅因子参与。如表 2-5 所示，辅因子的结合对酶功能的实现具有重要作用，但是辅因子并不是特异性的，不同的酶可以使用同一种辅因子，例如，乙醇脱氢酶使用烟酰胺腺嘌呤二核苷酸（NAD^+）为辅酶，而乙醛脱氢酶同样也使用 NAD^+为辅酶。事实上，辅因子不仅可以以同样的催化机理催化不同类型的反应，还可以以不同的催化机理催化不同的反应，甚至还可以作为不同化合物的合成原料参与酶促反应。根据辅因子自身化学结构与其在酶催化过程中的作用，可以从功能上将其分为 3 类，即催化型、载体型和底物型。具体每类载体的特点，如图 2-8 所示。

表 2-5 酶中发现的辅因子的一些示例

辅因子	酶的应用	酶的实例
铜离子	氧化还原中心-配体结合	细胞色素氧化酶
镁离子	活性位点亲电试剂-磷酸盐结合	磷酸二酯酶 ATP 合酶
锌离子	活性位点亲电试剂	基质金属蛋白酶 羧肽酶 A
黄素	质子转移-氧化还原中心	葡萄糖氧化酶 琥珀酸脱氢酶
血红素	配体结合-氧化还原中心	细胞色素氧化酶 细胞色素 P450
NAD^+和 $NADP^+$	质子转移-氧化还原中心	醇脱氢酶 鸟氨酸环化酶
磷酸吡哆醛	氨基转移-碳负离子稳定剂	天冬氨酸转氨酶 精氨酸消旋酶
醌类	氧化还原中心-氢离子转移	细胞色素 bd 二氢乳清酸脱氢酶
辅酶 A	酰基转移	丙酮酸脱氢酶

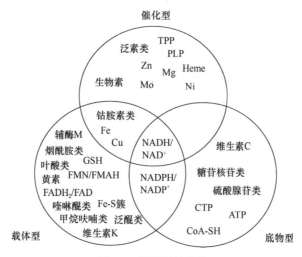

图 2-8　辅因子的分类

ATP. 腺嘌呤核苷三磷酸；CoA-SH. 辅酶 A；CTP. 胞嘧啶核苷三磷酸；FMN. 黄素单核苷酸；FMAH. 四甲基乙酸铵；FADH$_2$/FAD. 黄素腺嘌呤二核苷酸（还原型/氧化型）；GSH. 谷胱甘肽；Heme. 血红素；NADH/NAD$^+$. 烟酰胺腺嘌呤二核苷酸（还原形型/氧化型）；NADPH/NADP$^+$. 烟酰胺腺嘌呤二核苷酸磷酸（还原形型/氧化型）；PLP. 吡哆醛-5-磷酸单水合物；TPP. 硫胺素焦磷酸

　　第一类辅因子作为反应的催化剂核心，位于酶的活性中心，是酶催化机理实现的必要条件，是催化反应所必需的部分，因此相当于催化剂本身，我们称之为催化型辅因子（catalysis-type cofactor）。这类辅因子实质上是弥补了氨基酸结构的局限性，在反应（催化循环）后恢复原始状态。常见的含有金属辅基的辅酶及一些参与催化过程的辅酶属于此类。为保证催化中心的稳定性，第一类辅因子通常都与蛋白酶的蛋白骨架通过共价键直接相连。

　　第二类辅因子通常是某些被广泛使用的电子、原子或原子团的载体，反应（催化循环）后不能直接恢复原始状态，但可以通过原反应的逆反应或其他类似简单反应实现恢复，因此相当于一个特定基团的载体，我们称之为载体型辅因子（carrier-type cofactor）。这类辅因子的另一个重要特征是一般不与酶进行共价键连接，酶的每一个催化循环中使用一个分子并将其转化为其对应产物。该对应产物可以作为其他逆过程酶的辅因子参与反应并转化为原来的辅因子。

　　第三类辅因子作为某些特定生物活性小分子合成的原料，在反应后被消耗，不能直接通过一步逆反应恢复，需要进行复杂的代谢过程而实现重新合成，因此相当于酶促反应的底物，称为底物型辅因子（substrate-type cofactor）。

（一）催化型辅因子——磷酸吡哆醛类

　　吡哆醛-5-磷酸单水合物（pyridoxal 5-phosphate monohydrate，PLP）即维生素 B$_6$，是一类非常重要且广泛存在的辅酶（图 2-9A）。其关键反应位点是吡啶-4-醛

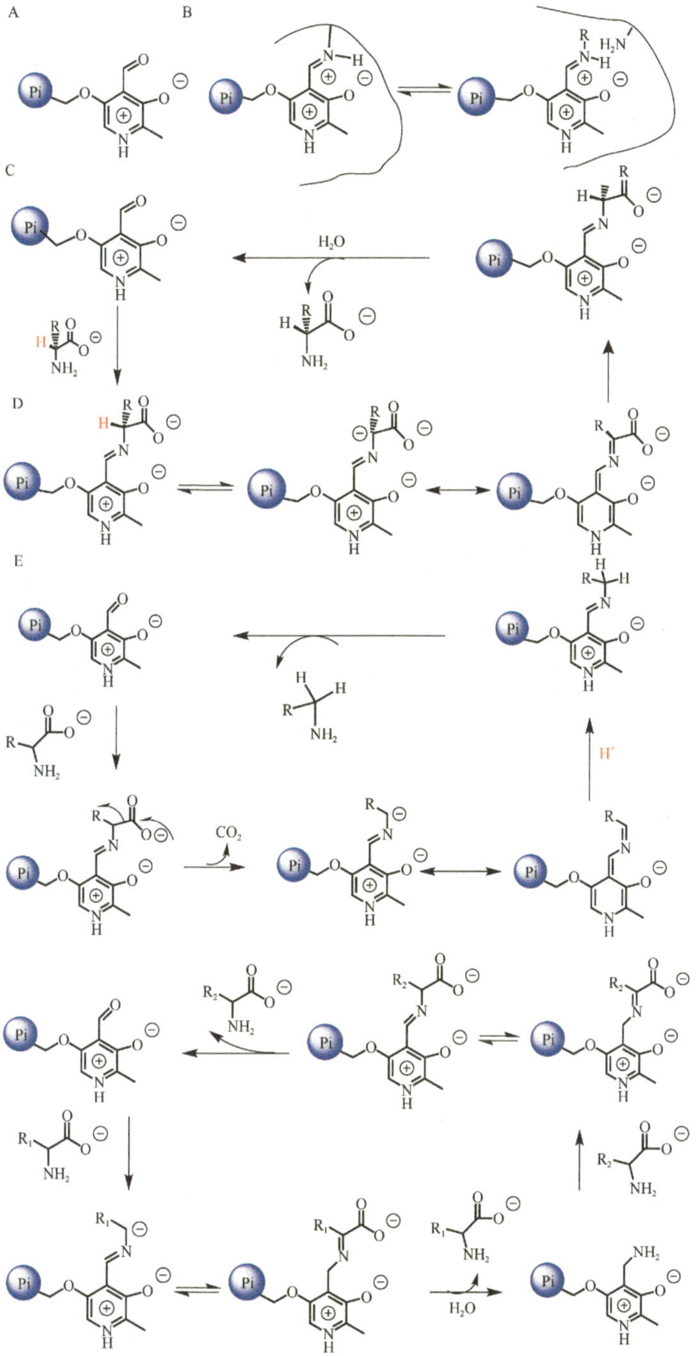

图 2-9　PLP 通过与氨基酸的氨基结合形成亚胺而实现催化的 3 类反应

A. 辅酶 PLP；B. PLP 形成底物亚胺过程；C. PLP 氨基酸消旋化过程；D. PLP 稳定氨基酸的脱羧反应中间体 α-碳负离子；E. 底物-PLP 亚胺水解

基，可以与酶活性位点的氨基以亚胺形式相连，在催化过程中与底物的氨基反应形成底物亚胺（图 2-9B），而吡啶共轭体系的作用是稳定底物-PLP 亚胺的 α-碳负离子形式。因此，PLP 的主要催化方式是通过与底物氨基形成亚胺，进一步活化 α-H 以稳定 α-碳负离子，其可以催化的反应多种多样。PLP 最直接的功能是作为氨基酸消旋酶（amino acid racemase）的主要辅酶，通过夺取氨基酸的 α-H，使得氨基酸经过负离子中间体而消旋化（图 2-9C）。PLP 也是大多数脱羧酶的辅酶，可稳定氨基酸的脱羧反应中间体 α-碳负离子（图 2-9D）。此外，通过与氨基酸 α-H 的交换，底物-PLP 亚胺可以水解产生吡哆胺而催化生物转氨反应（图 2-9E）[13]。PLP 的例子说明，同一种反应机理可以被用到不同酶的不同催化过程中。

（二）载体型辅因子——辅酶 NAD 类

辅酶 NAD 类包括烟酰胺腺嘌呤二核苷酸（NAD$^+$）及烟酰胺腺嘌呤二核苷酸磷酸（NADP$^+$）（图 2-10A），它们具有糖基化烟酰胺（维生素 B$_3$）的结构。其中，吡啶环电子中心是其主要的催化位点（图 2-10B）。被 H 还原后，氧化型的 NAD$^+$ 将转化为还原型的 NADH。从其作用机理上看，NAD$^+$ 参与可逆的氧化还原反应是其最典型的反应。例如，NAD$^+$ 作为乙醇脱氢酶（alcohol dehydrogenase）的辅酶，其作用机理如图 2-10C 所示。其反应产物 NADH 是另外一些还原酶的辅酶，例如，提供质子还原碳-碳双键，等等，这在维生素 E 及萜类化合物的合成中都有涉及。

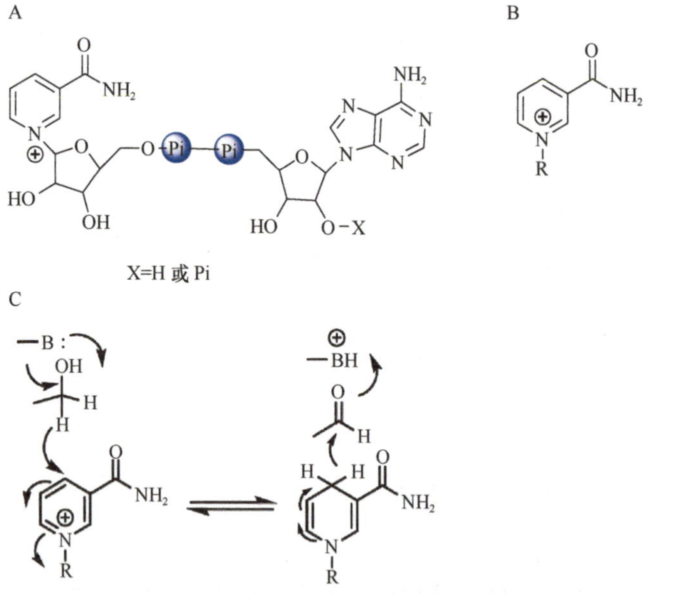

图 2-10　NAD$^+$的结构与基本氧化催化机理

A. NAD$^+$和 NADP$^+$；B. 吡啶环电子中心；C. NAD$^+$作为乙醇脱氢酶的辅酶的作用机理

　　NAD$^+$参与的第二类反应是"掩蔽的氧化还原反应"（masked redox reaction）。在这类反应中，酶通过 NAD$^+$参与氧化-还原两步反应，实现对产物的立体控制或区域选择。例如，UDP-葡萄糖-4-差向异构酶（UDP-glucose-4-epimerase）催化 UDP-葡萄糖的 4 号位羟基异构化反应时，就利用 NAD$^+$将醇氧化为酮得到前手性中心，再通过控制还原过程实现异构化（图 2-11A）。与之类似，3-脱氢奎尼酸合成酶（3-dehydroquinate synthase）催化机理的关键步骤是脱除磷酸基团得到烯醇负离子，但是在正常情况下，用碱脱除 α-H 相对比较困难。如果选择利用其相邻碳原子上的羟基，则可以通过将羟基氧化为羰基以增强其 α-H 的酸性而使其更容易被脱除，而后续步骤保持不变（图 2-11B）。

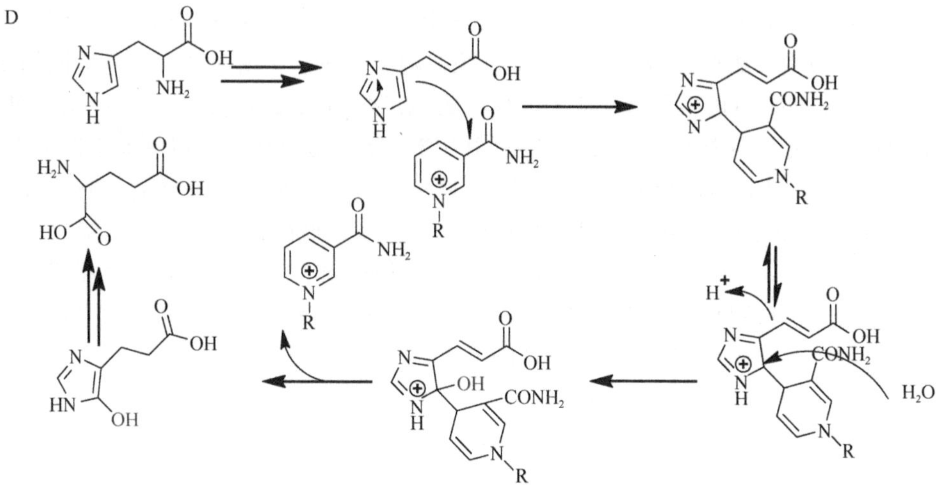

图 2-11 以 NAD⁺为辅酶的一些酶促过程

A. UDP-葡萄糖-4-差向异构酶催化 UDP-葡萄糖的 4 号位羟基异构化反应；OUDP 为氧二磷酸尿苷；B. 3-脱氢奎尼酸合成酶（3-dehydroquinate synthase）催化机理；C. 组蛋白去乙酰化酶催化机理，其中●表示固相载体；D. 组氨酸降解代谢

NAD⁺参与的第三类反应与其可以形成稳定的碳正离子有关。当 NAD⁺中的糖环采取半缩醛式构象时，2 号位上的环外 O—C 共价键可以发生异裂得到碳正离子，并通过与环内氧原子共轭形成氧鎓离子以稳定自身。对于组蛋白去乙酰化酶（HDAC），NAD⁺解离得到的碳正离子进攻乙酰基的氧原子，经过多步转化最终实现脱乙酰化（图 2-11C）。此外，在组氨酸降解代谢中，NAD⁺在尿刊酸酶（urocanase）催化下作为亲电中心接受咪唑环亲核进攻，最终导致稳定的咪唑环系被羟基化而破坏（图 2-11D）。由此可见，NAD⁺实际上催化的反应多种多样，间接的氧化催化体现了其载体型辅因子的特点；同时，它还保留了糖环衍生物的特点。

（三）底物型辅因子——S-腺苷甲硫氨酸类

S-腺苷甲硫氨酸类（SAM）的结构如图 2-12A 所示，中心硫离子的 S—C 键可以异裂而转移碳正离子，主要作为很多重要生物活性分子合成的甲基化试剂，或在自由基-SAM 酶体系中充当自由基引发剂。SAM 可以参与多类生物合成反应，如图 2-12 所示。第一类反应是最直接的，通过转移碳正离子实现甲基化（图 2-12A）。第二类反应是利用甲硫氨酸产生的 γ-碳正离子进行的反应。例如，利用羧基进攻该 γ-碳正离子得到 α-氨基丁内酰胺，而 α-氨基丁内酰胺是进一步合成细菌群体感应（quorum sensing）效应信号分子的一种原料（图 2-12B）。再如在 α-氨基环丙烷羧酸（ACC）的生物合成中，SAM 在 ACC 合成酶的催化下转化为 ACC（图 2-12C）。另外，利用甲硫氨酸 γ-碳正离子还可以合成一些重要的寡聚物或者高聚物。例如，

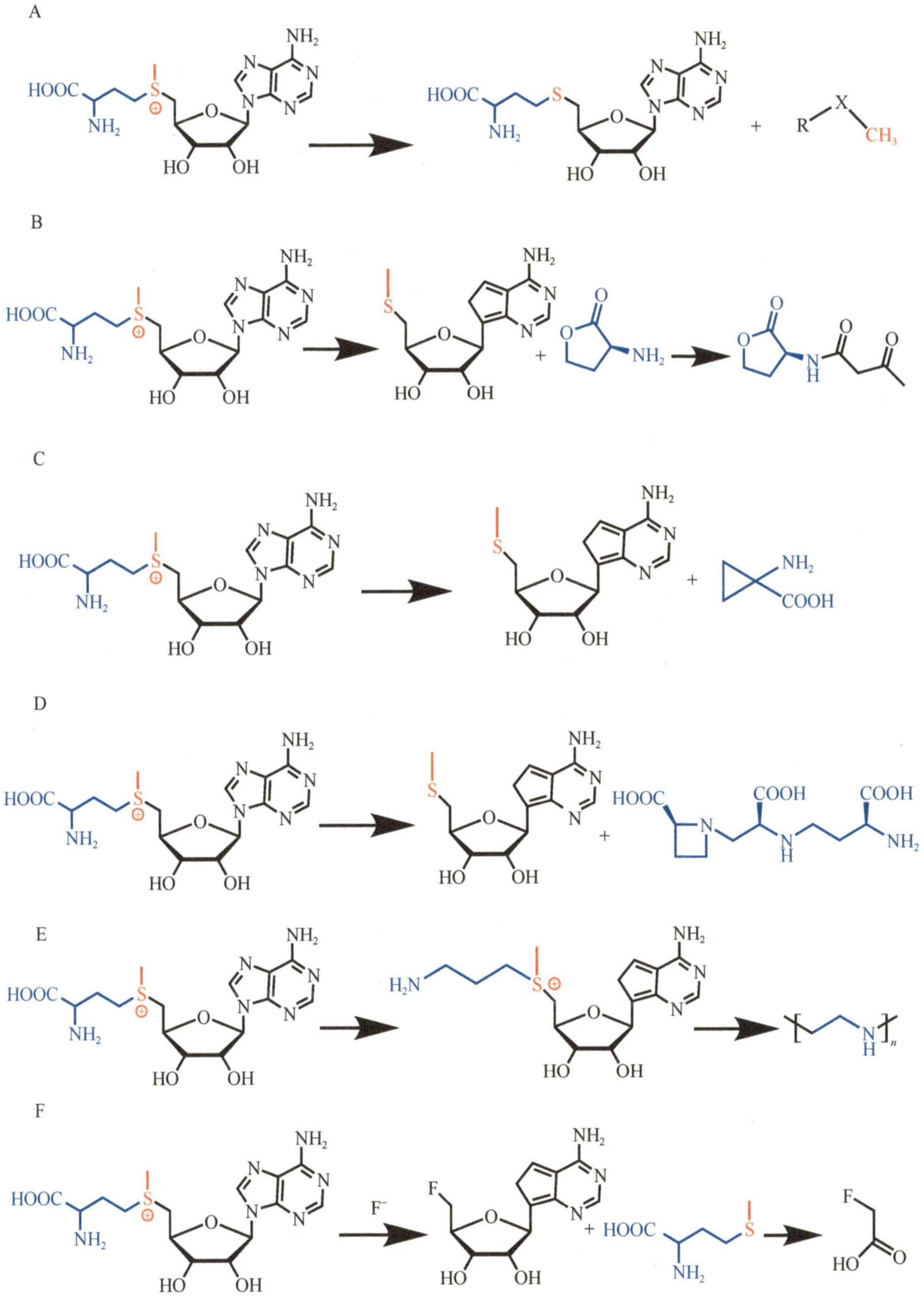

图 2-12　SAM 作为反应底物参与的几类典型反应

A. 通过转移碳正离子实现甲基化；B. 利用羧基进攻 γ-碳正离子得到 α-氨基丁内酰胺；C. α-氨基环丙烷羧酸（ACC）的生物合成；D. 由氨基进攻 γ-碳正离子形成寡聚氨基酸；E. 由 SAM 形成多胺类化合物；F. 氟乙酸的生物合成

SAM 可以由氨基进攻 γ-碳正离子形成寡聚氨基酸，而后者是合成重要的铁载体（siderophore）类化合物的原料（图 2-12D）。此外，SAM 也可以先在 SAM 脱羧酶催化下脱羧，然后再发生氨基进攻 γ-碳正离子聚合形成多胺类化合物（图 2-12E）。SAM 的第三类反应发生在核糖环系，例如，在氟乙酸的生物合成过程中，第一步是氟离子进攻核糖-5-碳正离子而解离甲硫氨酸，含氟的糖环经过多步重排反应最终形成氟乙酸（图 2-12F）[14]。

参 考 文 献

[1] Northrop J H. Crystalline pepsin: I. Isolation and tests of purity. J Gen Physiol, 1930, 13(6): 739-766.

[2] Szewczak A A, Cech T R. An RNA internal loop acts as a hinge to facilitate ribozyme folding and catalysis. RNA, 1997, 3(8): 838-849.

[3] 李敏, 王身立, 陈嘉勤, 等. DNA 具酯酶活性的酶动力学初步研究. 湖南师范大学自然科学学报, 1997, 20(2): 75-79.

[4] Breaker R R. Making catalytic DNAs. Science, 2000, 290: 2095-2096.

[5] Jäschke A. Artificial ribozymes and deoxyribozymes. Curr Opin Struct Biol, 2001, 11: 321-326.

[6] Zheng C, Zheng A X, Liu B, et al. One-pot synthesized DNA-templated Ag/Pt bimetallic nanoclusters as peroxidase mimics for colorimetric detection of thrombin. Chem Commun, 2014, 50: 13103-13106.

[7] Wu L L, Wang L Y, Xie Z J, et al. Colorimetric detection of Hg^{2+} based on inhibiting the peroxidase-like activity of DNA-Ag/Pt nanoclusters. RSC Adv, 2016, 6: 75384-75389.

[8] Gardell S J, Craik C S, Hilvert D, et al. Site-directed mutagenesis shows that tyrosine 248 of carboxypeptidase A does not play a crucial role in catalysis. Nature, 1985, 317: 551-555.

[9] 孙之荣, 赵康源, 王志新, 等. 蛋白质功能基团的修饰与其生物活力之间的定量关系: 计算机模拟确定必需基团的数目和性质. 中国科学(B 辑), 1992, 22(6): 602-610.

[10] 胡皆汉, 许永廷. 研究金属酶活性中心结构 NMR 技术中的一种新方法. 科学通报, 1997, 42(17): 1825-1826.

[11] McNaught A D, Wilkinson A. IUPAC Compendium of Chemical Terminology. 2nd ed. Oxford: Blackwell Scientific Publications, 1997.

[12] Fischer J D, Holliday G L, Rahman S A, et al. The structures and physicochemical properties of organic cofactors in biocatalysis. J Mol Biol, 2010, 403: 803-824.

[13] 王志鹏, 邓耿. 基于辅因子化学本质及功能的分类与讨论. 大学化学, 2016, 31(4): 39-48.

[14] 朱晓晴, 程津培. 烟酰胺辅酶结构及反应机理若干物理有机化学问题. 第三届全国有机化学学术会议, 2004.

[15] 熊卫平, 邹宗平. 邹承鲁传. 北京: 科学出版社, 2008. 172-175.

第三章　酶功能的化学基础

酶的分子结构是酶发挥功能的物质基础。酶蛋白之所以不同于非酶蛋白，并且各种酶之所以有催化性和专一性，都是由于其分子结构的特殊性。酶的初级结构和高级结构都与其功能密切相关，由其化学组成和所处的环境决定。每一个酶都必须有活性中心。前文提到过，活性中心在酶分子的总体积中只占相当小的部分，通常只占整个酶分子总体积的 1%～2%[1]。已知大多数的酶都至少是由 100 多个氨基酸残基所组成，相对分子质量在 $1×10^4$ 以上，直径大于 2.5 nm。而活性中心由几个到十几个氨基酸残基所构成。酶分子的催化中心一般由 2～3 个氨基酸残基组成，而结合部位的残基数目因不同的酶而异，可能有一个，也可能有多个[2]。它们使得酶的活性腔与底物紧密结合，进而实现高效的催化。作为生物催化剂，酶具有一般催化剂的共同特征。这些共同的特征包括以下几点：①提高反应速率，本身的结构和性质在反应前后不变；②只能催化热力学上允许进行的反应；③只能缩短达到平衡的时间，不能改变化学反应的平衡点；④降低反应活化能。然而，与一般的催化剂不同，酶催化具有自己典型的特点，其中最典型的两个特点，即高效性和高特异性。

第一节　酶催化的结构基础

（一）酶催化的高效性

相比于一般的催化剂，酶的催化效率可以提高 10^8～10^{13} 倍。更重要的是，对于一些在温和条件下（如常温、常压或中性 pH）几乎不能进行的反应，酶可以催化它们快速、高效地进行。这种突出的优越性主要得益于酶的独特的催化机制。如图 3-1 所示，同样一个反应，没有催化剂时的过渡态能垒最大；一般催化剂催化时的过渡态能垒显著降低；而酶催化时的过渡态能垒则降幅最大。

从图 3-1 中可以看出，反应前后反应物和产物没有变化，所以反应前后的吉布斯自由能不变，因此催化剂不改变反应平衡。但是，催化剂的加入，显著降低了反应的活化能，化学反应速率得到提高——这一点可以根据化学动力学的重要公式阿伦尼乌斯方程［公式（3-1）］加以理解和解释[3]。

$$k = Ae^{-\frac{E_a}{RT}}$$

（3-1）

式中，k 为酶促反应速率常数，单位通常为时间的倒数（如 s^{-1}）；A 为指前因子，也称为频率因子，单位与反应速率常数的单位相同；e 为自然对数的底；E_a 为活化能，单位为 J/mol；R 为气体常数，其值约为 8.314 J/(mol·K)；T 为绝对温度，单位为 K。

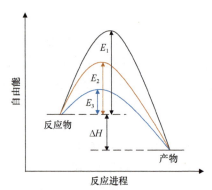

图 3-1　非酶催化与酶催化的活化自由能变化曲线
E_1 表示不加催化剂；E_2 表示一般化学催化剂催化下；E_3 表示酶催化下；ΔH 表示反应热

　　那么，为什么酶催化体系的过渡态能垒最低呢？这就要从酶的结构及其与底物相互作用的角度分析。酶的活性中心是一个三维实体空腔，在一定外界条件下由酶的一级结构所决定。当底物进入活性腔后，首先会与活性腔的一些重要残基通过常见的非共价键（如氢键、离子键和疏水作用等）发生相互作用，从而形成一个不稳定的中间复合物。随后，这种酶与底物的复合物经过一步或多步的反应，最终分解为酶与产物。与非酶催化相比，这种反应路径的改变，使得反应的活化能大大降低，从而也导致反应速率大大增加。例如，通过比较过氧化氢在不同条件下的分解，可以知道过氧化氢酶比 Fe^{3+} 催化效率有明显的提高。

　　在底物和酶形成中间复合物的过程中，酶的功能基团和底物的被作用基团发生了力的相互作用，也就是酶分子和底物分子之间产生了结合力，具体如下。

　　（1）静电力。在生理环境下，组成酶分子的氨基酸残基中部分氨基酸会带正电荷（赖氨酸、精氨酸和组氨酸），如赖氨酸残基侧链上的 ε-NH$_2$，精氨酸残基侧链上的胍基或组氨酸残基侧链上的咪唑基；部分氨基酸会带负电荷，如天冬氨酸及谷氨酸残基侧链上的β,γ-COO$^-$。上述这些带电荷的官能团都可与底物分子带相反电荷的基团产生静电力，从而形成中间复合物。

　　（2）氢键。在酶分子中，作为氢供体的—NH$_2$ 或—OH 中的氢原子，可与底物分子中的氧或氮等电负性较强的原子相互作用形成氢键。故有些底物不带电荷，便可借助氢键与酶结合成复合物。

　　（3）疏水键。酶活性部位氨基酸（如含有长链的亮氨酸、异亮氨酸和缬氨酸，以及含有芳香环的苯丙氨酸、色氨酸和酪氨酸等）残基的疏水侧链，可与底物的疏水基团相互作用形成复合物。

（4）在酶分子与底物分子邻近和"定向契合"过程中，许多原子相互靠得很近，因而产生了范德瓦耳斯力。这也有助于酶与底物结合而形成中间复合物。

酶-底物复合物的形成过程中可释放出一部分能量，使底物分子中某些键减弱，底物分子发生了形变，更接近于过渡态，降低了反应的活化自由能。这一点也被 X 射线衍射所证实。实际上在过渡态中，酶和底物二者可以很好地互补契合，而不是在初态中。酶和底物在达到过渡态时，有一部分能量放出，这部分的结合能能使过渡态复合物的能阶降低，因此整个反应的活化自由能降低，从而使整个反应速率提高。

另外，需要说明的是，从图 3-1 也可以看出，酶催化仅仅改变了反应路径，并没有改变反应前后的状态，没有影响反应前后的自由能变化。因此，酶的催化只改变了反应的动力学，并没有改变反应的热力学，不会改变反应的平衡点。

（二）酶催化的特异性

酶对底物的特异性（专一性）是指酶对其底物有严格的选择性。一种酶只催化某一类底物或某一种化学键，甚至只催化某一个物质的化学反应[4]。酶对底物的专一性可分为三种类型：绝对专一性、相对专一性、立体专一性；也可分为结构专一性和立体专一性两种类型。

1. 结构专一性

结构专一性主要包括绝对专一性和相对专一性。其中，酶只作用于一个底物，而不作用于其他的物质，这种专一性称为"绝对专一性"（absolute specificity）。例如，脲酶只能催化尿素水解成氨和二氧化碳，对尿素的任何衍生物都不起作用。有些酶对底物的要求比上述绝对专一性略低一些，它的作用对象不只是一个底物而是一类底物或者一种化学键，这种专一性称为"相对专一性"。具有相对专一性的酶作用于底物时，对键两端的基团要求的程度不同，对其中一个基团要求严格，对另一个则要求不严格，这种专一性又称为"基团专一性"。如图 3-2 所示的常见的消化道蛋白水解酶，它们对水解的肽键羧基这一端的氨基酸残基具有各自的特殊要求[5]。

另外还有一些酶，只要求作用于一定的化学键，而对键两端的基团并无严格的要求，这种专一性是另一种相对专一性，又称为"键专一性"。这类酶对底物结构的要求最低。例如，酯酶催化酯键的水解，而对底物中酯键两端的取代基都没有严格的要求。只是对于不同的脂类，水解速度各不相同。

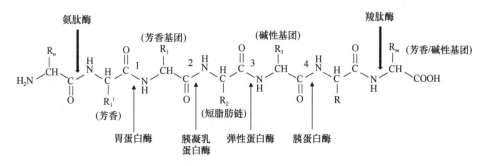

图 3-2　常见的消化道蛋白水解酶的专一性

2. 立体专一性

1）旋光异构专一性

当底物具有旋光异构体时，酶只能作用于其中的一种。这种对于旋光异构体底物的高度专一性是立体专一性中的一种，称为"旋光异构专一性"，它是酶反应中相当普遍的现象。例如，L-乳酸脱氢酶只能催化 L-乳酸氧化，而对 D-乳酸无作用（图 3-3）；L-氨基酸氧化酶只能催化 L-氨基酸氧化，而对 D-氨基酸无作用[6]。

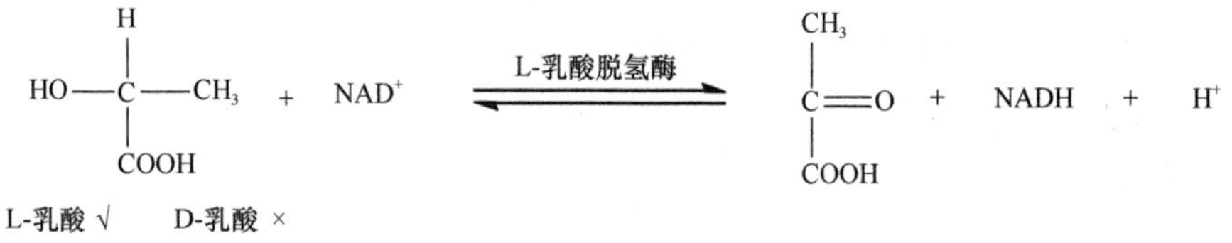

$$HO-\overset{\overset{H}{|}}{\underset{\underset{COOH}{|}}{C}}-CH_3 \ + \ NAD^+ \ \xrightleftharpoons{\text{L-乳酸脱氢酶}} \ \overset{\overset{CH_3}{|}}{\underset{\underset{COOH}{|}}{C}}{=}O \ + \ NADH \ + \ H^+$$

L-乳酸 √　　　D-乳酸 ×

图 3-3　L-乳酸脱氢酶的旋光异构专一性

2）几何异构专一性

有的酶具有几何异构专一性，例如，延胡索酸水化酶只能催化延胡索酸，即反丁烯二酸水合生成苹果酸，或催化逆反应生成反丁烯二酸，而不能催化顺丁烯二酸的水合作用，也不能催化逆反应生成顺丁烯二酸。又如，丁二酸脱氢酶只能催化丁二酸（琥珀酸）脱氢生成反丁烯二酸或催化逆反应使反丁烯二酸加氢生成琥珀酸，但不催化顺丁烯二酸的生成及加氢（图 3-4）[7]。

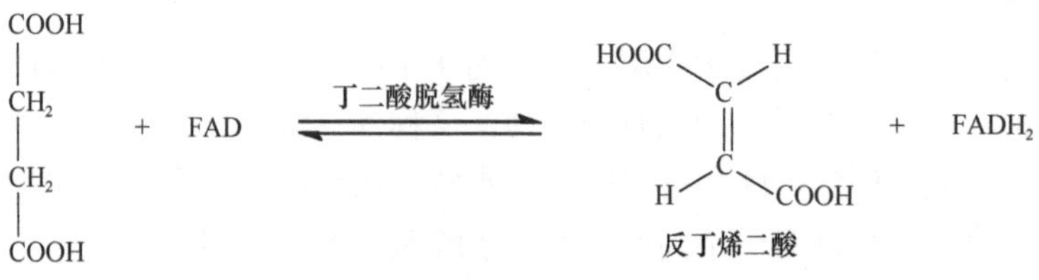

$$\begin{array}{c}COOH\\|\\CH_2\\|\\CH_2\\|\\COOH\end{array} \ + \ FAD \ \xrightleftharpoons{\text{丁二酸脱氢酶}} \ \begin{array}{c}HOOC\diagdown_{}\diagup H\\ C\\ \|\\ C\\ H\diagup{}\diagdown COOH\end{array} \ + \ FADH_2$$

反丁烯二酸

图 3-4　丁二酸脱氢酶的几何异构专一性

酶的立体专一性还表现在能够区分从有机化学观点来看属于对称分子中的两个等同的基团，只催化其中的一个，而不催化另一个。例如，一端由 ^{14}C 标记的甘油，在甘油激酶的催化下可以与 ATP 作用，仅产生一种标记产物 1-磷酸甘油。从有机化学观点来看甘油分子中的两个—CH_2OH 基团是完全相同的，但是酶却能区分它们[8]。

（三）酶专一性的三种学说

1. 锁钥学说

1894 年德国化学家费歇尔（Fischer）提出的锁钥学说（lock and key theory）认为，酶的结合口袋（锁）和配体（钥匙）都是刚性的，不会发生构象变化[9]。酶与底物结合时，酶的活性中心结构与底物的结构必须吻合，它们就如同锁和钥匙一般，齿合性非常好地结合成中间络合物（图 1-1A）。这种匹配包括三个方面，即大小匹配、形状互补和电荷互补。这一学说在一定程度上能够解释酶与底物结构互补，密切结合，较好地解释了绝对专一性。但是，由于此学说将酶分子结构看作是刚性的、形状固定的结构，因此这一学说不能解释酶对底物的相对专一性。

2. 诱导契合学说

在锁钥学说提出之后的半个世纪里，人们也发现了这样的一系列事实：伴随酶分子与底物的结合，酶分子尤其是其活性空腔的构象发生变化。在此基础上，1958 年科什兰（Koshland）提出了诱导契合学说（induced fit theory）。该学说认为，酶活性部位的形状与底物的形状并非是正好互补的，酶结合部位不再是刚性的，而是通过与配体相互作用而自适应地改变，在蛋白质与配体结合后会发生构象变化，最终互补结合。这种酶与底物互相变化而彼此适应的过程，称为诱导契合（图 1-1B）。迄今为止，这一学说仍为广大研究者所认可。因为它得到了许多实验结果的支持。研究者们用 X 射线衍射法、圆二色光谱术、核磁共振、差示光谱等方法研究酶与底物结合时，发现很多酶均有这种构象改变。

3. 三点附着学说

很多酶催化的底物是具有旋光异构体的，而酶只能作用于其中的一种，而且产物的立体结构也是特定的。为了解释酶催化产生的所谓的立体专一性，人们提出了三点附着学说（three-point attachment theory）。该理论认为酶在跟底物结合的时候至少有三个点之间发生接触，也就是说酶的三个点与底物的三个点发生点和点的接触，三对点之间有高度的互补性，这种互补性表现在形状的互补性。例如，L-乳酸脱氢酶只能催化 L(+)乳酸氧化，而对 D(−)乳酸无作用，因为 L(+)乳酸可以与 L-乳酸脱氢酶的活性空腔口袋三点契合，而 D(−)乳酸不行，如图 3-5 所示。

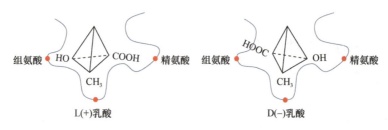

图 3-5 以 LDH 为例的三点附着模型

第二节 邻近效应和定向效应

酶与底物复合物的形成是高效催化底物转化的结构基础。这个复合物的形成不但是专一性的识别过程，更是将分子间反应转变为分子内反应的过程。在这一过程中包括两种效应：邻近效应和定向效应。实际上，酶催化反应的本质也是化学反应，而化学反应的一种基础理论就是化学反应碰撞理论。该理论是在气体分子动理论的基础上发展起来的，该理论认为，发生化学反应的先决条件是反应物分子的碰撞接触，但是并非每一次碰撞都能导致反应发生，反应物分子发生有效碰撞必须满足两个条件：一是能量因素，即反应物分子的能量必须达到某一临界值；二是空间因素，活化分子必须按照一定的方向相互碰撞，反应才能发生。酶促反应中，邻近效应和定向效应主要就是针对上述两个因素完成了对底物的专一性结合和高效催化。

（一）邻近效应

邻近效应是指酶与底物结合形成中间复合物以后，使底物和底物（如双分子反应）之间、酶的催化基团与底物之间结合于同一分子而使有效浓度得以极大升高，从而使反应速率大大增加的一种效应。以有机化学模型实验为例说明，例如咪唑催化乙酸对硝基苯酯水解的反应（图 3-6A），如果将咪唑连到该化合物分子上（图 3-6B），当分子间反应变成分子内反应后，因咪唑邻近羧基，亲核进攻的机会大为增加，两个速率常数之比为 24，底物有效浓度增加至原来的 24 倍，也就是说使反应速率提高至原来的 24 倍[10]。

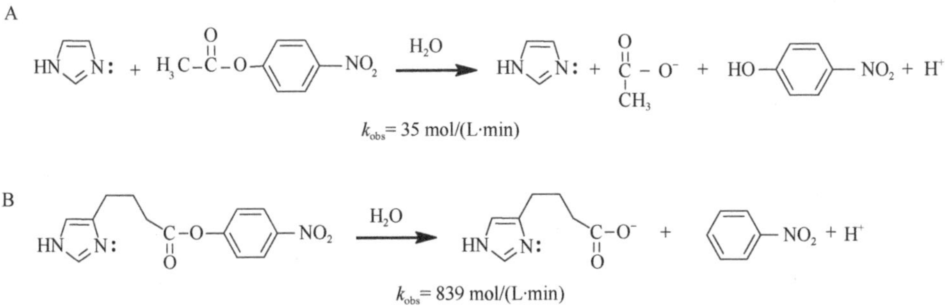

A

$k_{obs} = 35\ mol/(L·min)$

B

$k_{obs} = 839\ mol/(L·min)$

图 3-6 邻近效应加速反应的示例

k_{obs}. 表现反应速率常数

(二) 定向效应

定向效应是指反应物的反应基团之间以及酶的催化基团和底物的反应基团之间的正确取位产生的效应。当专一性底物向酶活性中心靠近时，会诱导酶分子构象发生改变，使酶活性中心的相关基团和底物的反应基团正确定向排列，同时使反应基团之间的分子轨道以正确方向严格定位，使酶促反应易于进行。在游离的反应体系中，正确定向取位问题的解决较为困难，但当反应体系由分子间反应变为分子内反应后，这个问题就有了解决的基础。正确定向取位对加速反应的意义可以通过分子内羧基催化酯水解的模型实验加以说明。表 3-1 列出了二羧酸单苯酯水解的相对速率和结构关系，该表说明了分子间反应和分子内反应相对反应速率的关系，以及结构对分子内反应的影响。

表 3-1 二羧酸单苯酯水解的相对速率和结构关系

化学结构	相对反应速率
$CH_3COO^- + CH_3COOR$	1.0
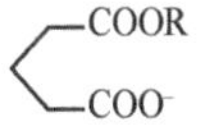 COOR / COO⁻	1.0×10^3
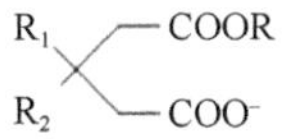 R₁R₂ COOR / COO⁻	$3.0 \times 10^3 \sim 1.3 \times 10^6$
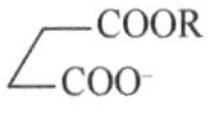 COOR / COO⁻	2.2×10^5
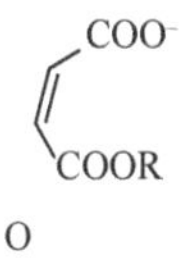 COO⁻ / COOR	1.0×10^7
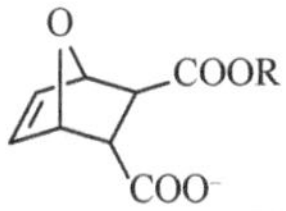 COOR / COO⁻	1.0×10^8

从表 3-1 可以看出，羧基和酯之间，自由度愈小，愈能使它们邻近，并有一定的取向，反应速率就愈大。然而对一个双分子反应来说，要使其中一个底物浓度达到 10^3～10^8 mol/L，才能和分子内的反应速率相同，如此高的浓度在实际中是难以达到的。例如，在纯水中，水的浓度也不过是 55 mol/L。再如邻羟苯丙酸的内酯形成，当两个甲基取代苯环邻近的碳原子上的氢，使羧基与羟基之间更好地定向时，两个速率常数之比为 0.25（图 3-7）[11]。

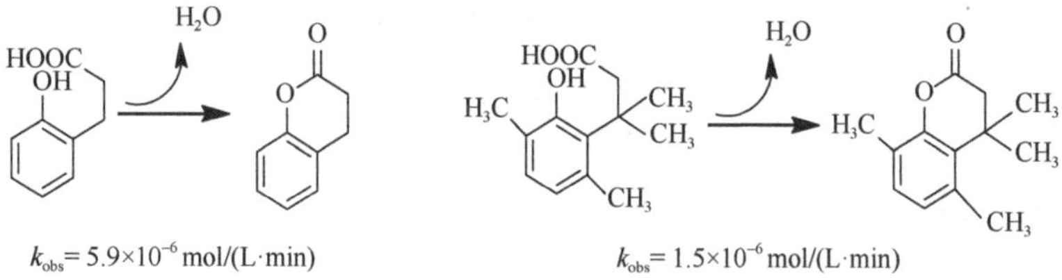

HOOC
OH
H_2O
O
O
k_{obs}= 5.9×10^{-6} mol/(L·min)
HOOC
OH
H_3C
CH_3
CH_3
CH_3
H_2O
O
O
H_3C
CH_3
CH_3
CH_3
k_{obs}= 1.5×10^{-6} mol/(L·min)

图 3-7　定向效应对邻羟苯丙酸内酯形成的影响

k_{obs}. 表观反应速率常数

一般认为，邻近效应与定向效应在双分子反应中所起的促进作用至少可分别使反应速率升高 10^4 倍，两者共同作用则可使其升高 10^8 倍，这与许多酶的催化效率是很接近的。酶促反应是因为酶的特殊结构及功能使参与反应的底物分子结合在酶的活性中心上，使作用基团互相邻近并定向，大大提高了酶的催化效率。

第三节　酶的催化机制及案例

（一）酶的催化机制

酶催化具有高效性，一般认为这种高效性得益于以下的分子机制。首先，酶分子的活性中心结合底物形成酶-底物复合物。其次，在酶的帮助下（包括共价作用与非共价作用），底物形成特定的过渡态结构，由于形成此过渡态所需要的活化能远小于非酶促反应所需要的活化能，因而反应能够以更大的速率进行。最后，产物形成并释放出游离的酶，而游离的酶又能够参与其他底物结合与催化。显然，底物与活性腔的相互作用是关键，是底物能够形成特定过渡态的化学基础。详细的作用机制可以从以下几点理解。

1. 促进底物过渡态形成的非共价作用

当酶与底物结合后，酶与底物之间的非共价作用（如氢键、疏水作用和静电作用等）可以使底物分子围绕其敏感键发生形变，从而促进底物过渡态的形成，反应活化能降低，反应速率得以提高。在底物发生形变的同时，酶活性中心的构象也在底物的影响作用下发生改变，二者的形变导致酶与底物更好地结合，形成一个互相契合的酶-底物复合物，并使酶能更好地作用于底物。鲍林（Pauling）于1946 年提出的过渡态互补学说认为，与酶最匹配、亲和力最高的是底物经形变产生的过渡态，而不是底物的原始状态[12]。同样，经调整后酶活性中心的理想构象应该是一种与底物的过渡态高度互补的构象，如此才能产生最适的非共价作用。简而言之，酶与底物过渡态的亲和力要远大于酶与底物或者是产物的亲和力。这一原理已经被大量科研与生产实践所证实。例如，制备抗体酶的时候，所使用的半抗原不是底物的类似物，而是底物过渡态的类似物，原因在于只有用底物过渡态类似物作半抗原，诱导出的抗体酶的活性中心的构象才最有可能与底物过渡态互补，从而具有催化活性。所以，使用底物过渡态类似物作抑制剂，其所具有的抑制能力要强于底物类似物抑制剂的抑制能力。

2. 酸碱催化

根据布朗斯特的酸碱定义，酸是能够释放质子的物质，碱是能够接受质子的物质[13]。酸碱催化机制是指，催化剂通过反应物提供质子或者是从反应物接受质子，从而稳定过渡态，降低反应活化能，进而加速反应。酸碱催化可分为狭义的酸碱催化和广义的酸碱催化。狭义的酸碱催化是指水溶液中通过质子和氢氧根离子进行的催化；广义的酸碱催化是指通过质子、氢氧根离子及其他能提供质子或者接受质子的物质进行的催化，广义的酸碱催化可使反应速率提高$10^2 \sim 10^5$倍。

在生理条件下，质子和氢氧根离子的浓度太低，因此生物体内的反应以广义的酸碱催化为主。具体来说，由酶催化中心一些关键残基的功能基团来提供质子或接受质子。这些功能基团包括谷氨酸和天冬氨酸残基侧链的羧基、赖氨酸残基侧链的氨基、精氨酸残基侧链的胍基、组氨酸残基侧链的咪唑基等。这些关键氨基酸残基的侧链基团能在接近中性 pH 的生理条件下，作为质子供体或受体参与酸碱催化作用。其中有代表性的是组氨酸，其侧链咪唑基的 pK 值约为 6，在生理条件下以酸碱各半的形式存在。这表明，组氨酸既可以作为质子供体，又可以作为质子受体，在酶促反应中发挥催化作用。因此，虽然组氨酸残基在酶分子中含量很少，但在酶的催化功能中占据重要地位[14]。

3. 共价催化

共价催化指酶的关键残基（尤其是其活性腔中），通过瞬时共价键与底物形成相对不稳定的共价中间复合物，改变了反应进程。由于新的反应进程所需活化能更低，因此反应速率得以显著提高。按照反应类型，共价催化的具体机制主要分为亲核催化与亲电催化两种。亲核催化指活性空腔的一些氨基酸残基作为提供电子的亲核试剂攻击底物的缺电子中心，与底物形成共价中间复合物；亲电催化指活性空腔的一些氨基酸残基作为吸电子的亲电试剂进攻底物的富电子中心，与之形成共价中间复合物。

酶中参与共价催化的基团主要包括组氨酸残基侧链的咪唑基、半胱氨酸残基侧链的巯基、丝氨酸残基侧链的羟基等，它们一般作为亲核试剂攻击底物的缺电子中心，形成共价中间复合物。例如，在甘油醛-3-磷酸脱氢酶的催化过程中，关键残基半胱氨酸的巯基攻击底物的羰基形成酰基-酶共价中间复合物；所形成不稳定共价中间复合物被第二种底物攻击后，迅速分离出游离的酶并释放出反应产物[15]。

图 3-8 为共价催化剂 E（酶）催化水解反应的示意图。具体过程为，酶的亲核基团 X（如羟基和巯基等）攻击底物分子的亲电中心，形成底物与 E 的共价中间复合物，并从底物释放出一个带负电荷的基团。在此反应中，共价催化剂 E 的作用是使原来的一步反应变为两步反应，每一步反应所需的活化能都远小于无催化剂时反应需要的活化能，从而加快了反应的速率。

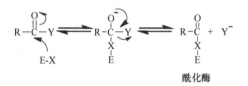

图 3-8　酶作为共价催化剂催化的水解反应

4. 金属离子催化

在需要金属离子的酶促反应中，金属离子具有广泛的作用，可通过多种途径参与催化过程。一般认为，在所有已知的酶中几乎有三分之一的酶表现活性时需要金属离子。这些金属离子参与催化的方式主要包括以下几种。

（1）与底物结合，使底物在反应中正确定向。酶对底物分子的构型有严格要求。在以过渡金属离子为辅酶的活性腔中，金属离子一般是 4、5、6 配位。以 6 配位为例，当金属离子与活性腔中的氨基酸残基和水分子形成 6 配位，其配位结构就形成一个正八面体或者不规则的八面体。那么，底物分子取代部分水分子与金属离子配位就受到严格的限制。这种限制就对底物在活性腔中的构象产生了至关重要的作用。

（2）多价金属离子通过价态变化携带电子，参与氧化还原反应。氧化还原反应是在反应前后元素的氧化数具有相应的升降变化的化学反应，其本质就是电子的得失或转移。发生氧化还原反应时，还原剂失去电子、氧化剂得到电子。整个过程的本质可理解为还原剂把电子给了氧化剂，在这一失一得之间，电子守恒。

在金属酶催化该类反应时，金属离子多是过渡态金属离子，在不同的阶段呈现不同的氧化价态，促进多步酶促反应按顺序进行。

（3）通过水的电离促进亲核催化。例如，金属离子可提高水的亲核能力，如碳酸酐酶活性中心的锌离子可与水分子结合，使其离子化产生羟基，与金属离子结合的羟基是强的亲核试剂，可进攻 CO_2 分子的碳原子而生成碳酸根[16]。

（4）通过提高电荷稳定性促进催化。金属离子如钠离子和钾离子等，在酶催化过程中起到类似质子的作用，类似于路易斯酸（Lewis acid），但其效果胜过质子。

（5）通过电荷屏蔽催化反应。金属离子也可通过静电作用屏蔽负电荷，例如，多种激酶的真正底物是 Mg^{2+}-ATP 复合物，Mg^{2+} 静电屏蔽 ATP 磷酸基的负电荷，使其不会排斥活性腔内亲核基团的攻击，以实现酶与底物的电荷匹配。这一功能在以核酸为底物的酶促反应中发挥得更为广泛。DNA 复制和 RNA 转录的酶系中，所有反应均需要以金属离子如 Mg^{2+} 作为辅酶，从而屏蔽核酸底物富含的磷酸根负电荷。

以上几种影响酶催化效率的作用因素之间是平等并列的关系，它们在不同方面及酶促反应过程中的不同阶段起作用，进而提高酶与底物的亲和力及催化反应速率。在实际的酶促反应中，这些作用因素可协同作用。酶的活性中心一般含多个具有催化作用的基团，这些基团在空间上有特殊的排列和取向，可以通过协同的方式作用于底物，从而提高底物的反应速率。一种酶的催化作用常常是多种催化机制的综合作用，这是酶具有高效性的重要原因。

（二）酶催化机制的研究实例

1. 胰凝乳蛋白酶

胰凝乳蛋白酶属于蛋白酶家族中的丝氨酸蛋白酶家族。丝氨酸蛋白酶是一个蛋白酶家族，它们的作用是断裂蛋白质结构中的肽键，使之成为小蛋白或寡肽。在哺乳动物体内，丝氨酸蛋白酶扮演着很重要的角色，特别是在消化、凝血和补体等生理活动中。这类酶是通过活性中心一组氨基酸残基协同作用实现催化功能，其活性腔中一定有一个氨基酸残基是丝氨酸。该家族中常见的酶有胰凝乳蛋白酶、胰蛋白酶、弹性蛋白酶三种消化酶及其他蛋白酶。胰凝乳蛋白酶作为最早被发现的蛋白酶之一，其作用机制被研究得较为透彻。

天然有活性的人源胰凝乳蛋白酶由三段肽链组成，这三段肽链通过 5 个二硫键连接在一起，在折叠后形成椭球状的三级结构。如图 3-9 所示，胰凝乳蛋白酶的活性中心处于酶表面的一个裂缝中，主要包括 Ser_{195}、His_{57} 与 Asp_{102} 三个关键氨基酸残基。

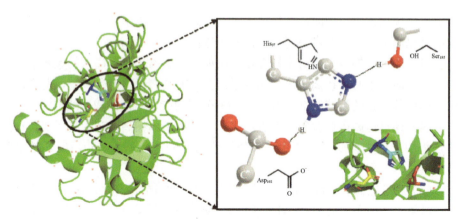

图 3-9　胰凝乳蛋白酶三维结构及其催化三联体

　　通常用于研究酶活性中心的方法是氨基酸侧链化学修饰法、动力学作图法、定点突变法与 X 射线晶体结构分析法等，这些方法也被用于研究胰凝乳蛋白酶活性中心的组成。例如，罗韬等用化学修饰剂二异丙基氟磷酸（diisopropyl phosphoro-fluoridate，DFP）专一性地修饰胰凝乳蛋白酶第 195 位的丝氨酸（Ser_{195}），发现被修饰的酶完全失活。这一研究就表明 Ser_{195} 是酶活性必需的氨基酸，它参与构成酶的活性中心[17]。此外，用对甲苯磺酰-L-苯丙氨酰氯甲基酮（TPCK）修饰胰凝乳蛋白酶第 57 位的组氨酸，证明 His_{57} 同样参与组成酶活性中心。1967 年，大卫·布洛（David Blow）通过 X 射线晶体结构分析，确定了酶的活性中心不仅有 Ser_{195} 与 His_{57}，还包括 Asp_{102}，它们在酶的三维空间结构中互相靠近，形成一个电荷中继网，其作用是使 Ser_{195} 的羟基具有非常活泼的亲核特性。这三个氨基酸残基又被称为催化三联体，在众多与胰凝乳蛋白酶同类的蛋白酶中普遍存在。

　　胰凝乳蛋白酶的催化机制主要是通过以乙酸-p-硝基苯酯为底物的动力学研究来阐明的，通过对实验结果进行分析，研究者认为由胰凝乳蛋白酶催化的底物水解反应由两个阶段的反应组成，第一阶段的反应称为酰化作用，酶与底物通过共价结合形成一种共价中间复合物，并释放出第一种产物；第二阶段的反应称为脱酰作用，水分子攻击共价中间复合物，释放出第二种产物并产生游离酶。具体机制见图 3-10。

　　如图 3-10 所示，反应开始后，底物与酶结合，即将断裂的肽键刚好处于酶催化中心，Ser_{195} 附近的一个疏水口袋决定了酶的专一性，它只能容纳芳香族与大的疏水性氨基酸的侧链；His_{57} 作为广义碱，从 Ser_{195} 得到质子，促进 Ser_{195} 亲核攻击应被断裂肽键的羧基碳，形成酰基-酶共价复合物；该共价复合物是一个不稳定的中间物，这个中间物中 C—N 键非常脆弱，很快断裂，第一个产物被排出，His_{57} 可供给质子，促进这一过程的发生。随后，水分子结合到酶的活性中心；His_{57} 作为广义碱，从水分子得到质子，使水亲核攻击酶-底物共价复合物中的羧基碳，产生另一个过渡态四面体中间体；四面体中间体在 His$_{57}$ 提供的质子作用下瓦解，Ser$_{195}$ 的羟基氧化得到质子得以还原；第二个产物从酶中脱离，整个反应结束。

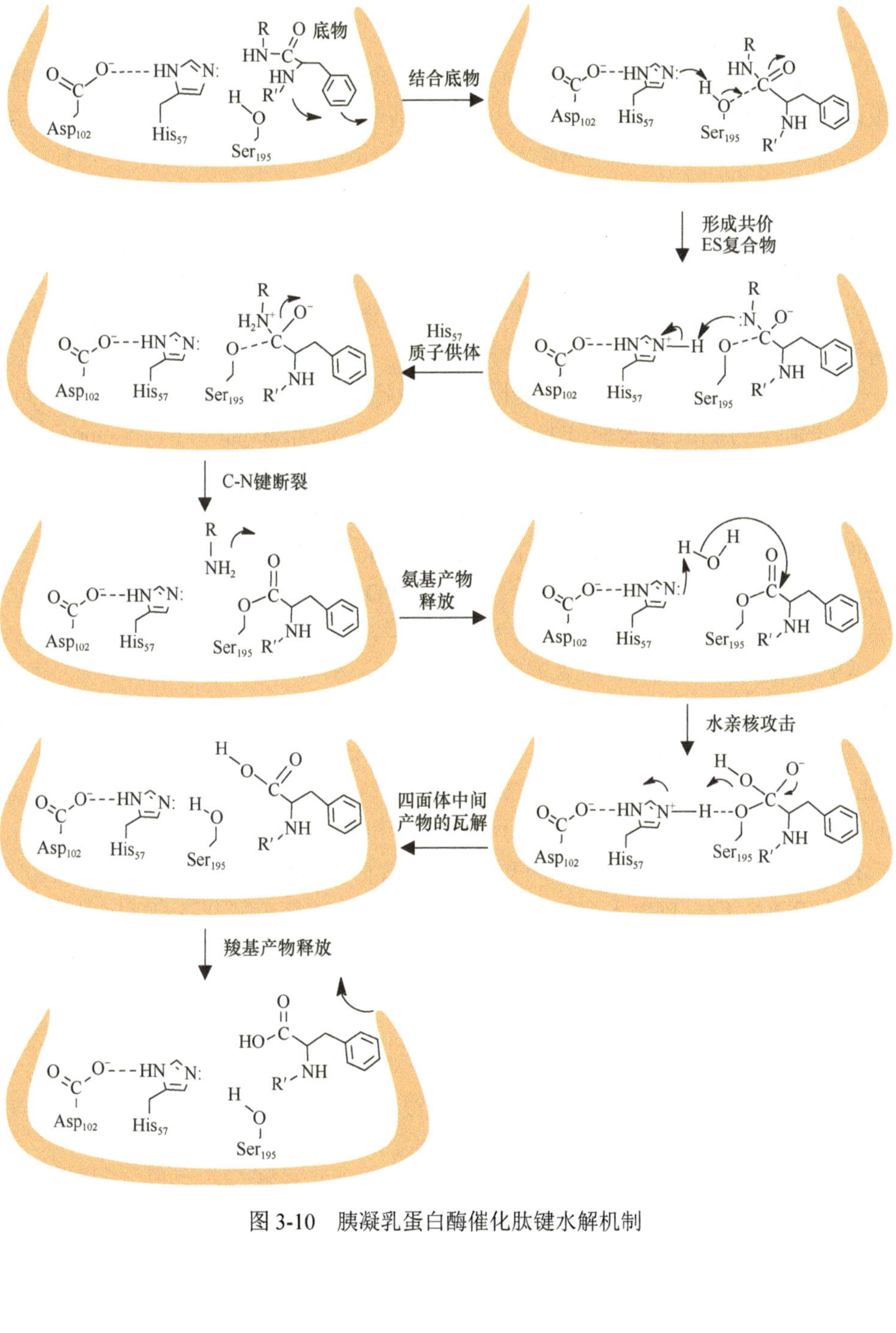

图 3-10　胰凝乳蛋白酶催化肽键水解机制

胰凝乳蛋白酶的催化机制是多种催化机制协同作用的经典体现，在此过程中，三种氨基酸残基之间协同配合，His$_{57}$ 的主要作用是碱催化作用，Ser$_{195}$ 的作用是亲核催化作用。

2. 丙酮酸脱氢酶复合体

丙酮酸脱氢酶复合体（pyruvate dehydrogenase complex，PDHc），属于硫胺素焦磷酸（TPP）依赖型的多酶体系，是酮酸脱氢酶复合体家族中的成员之一，在生物体内糖的需氧分解过程中起着十分重要的作用[18]。在生物体中存在两种结构和功能截然不同，并在空间上被分开的 PDHc，一种是质体丙酮酸脱氢酶复合体（plastid PDHc，plPDHc），存在于细胞质体基质中，主要为脂肪酸的生物合成提供 NADH 和 CoA；另一种是线粒体丙酮酸脱氢酶复合体（mitochondrial PDHc，mtPDHc），它是碳进入三羧酸循环的位点，与微生物及哺乳动物的 PDHc 的催化途径相同。

PDHc 的核心结构是由协调催化糖代谢反应的三种酶高度结合在一起形成的，它们分别是丙酮酸脱羧酶 E1 组分（pyruvate decarboxylase E1 component，EC1.2.4.1）、二氢硫辛酰胺乙酰转移酶 E2 组分（dihydrolipoamide acetyltransferase E2 component，EC2.3.1.12）及二氢硫辛酰胺脱氢酶 E3 组分（dihydrolipoyl dehydrogenase E3 component，EC1.8.1.4）。PDHc 由 24 分子的 PDHc E1、48 分子的 PDHc E2、12 分子的 PDHc E3 组合而成。PDHc 催化过程还需要 6 种辅因子的参与，它们分别是 Mg^{2+}、TPP（或 ThDP，硫胺素焦磷酸）、硫辛酸（lipoic acid）、CoASH（辅酶 A）、FAD（黄素腺嘌呤二核苷酸）和 NAD$^+$（烟酰胺腺嘌呤二核苷酸），其中 TPP、硫辛酸和 FAD 的作用较为重要。与低等生物不同，高等生物体内的 PDHc 还存在另外三种蛋白质，分别是：丙酮酸脱氢酶激酶（pyruvate dehydrogenase kinase，PDK，EC2.7.1.99）、丙酮酸脱氢酶磷酸酶（pyruvate dehydrogenase phosphatase，PDP，EC3.1.3.43）和 E3 结合蛋白（E3-binding protein，E3BP）。其中，PDHc E2 和 PDHc E3BP 相结合构成 PDHc 的催化中心，在催化中心附近 PDHc E1、PDP 和 PDK 以非共价键相结合，整个复合体的结构为对称的二十面体。

在有氧的条件下，PDHc 可以催化糖酵解的最终产物丙酮酸钠（sodium pyruvate）转化成乙酰 CoA，生成的乙酰 CoA 进入三羧酸循环，进而为生物体提供所需能量。因此，PDHc 是连接糖酵解和三羧酸循环的纽带，若复合体酶的活性受到抑制，乙酰 CoA 的产量降低使得三羧酸循环受阻，最终干扰生物体的新陈代谢。该过程是哺乳动物将底物转化为乙酰 CoA 的唯一途径。

PDHc 的催化过程包括五步，唯一的不可逆过程是第一步反应。具体催化过程如图 3-11 所示。

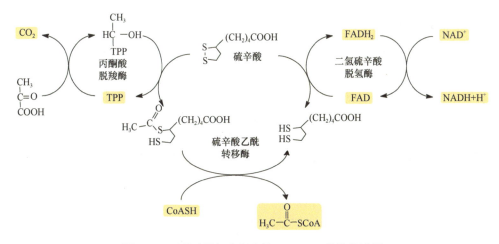

图 3-11 丙酮酸脱氢酶复合体（PDHc）的催化过程

PDHc 的催化过程具体包括：①在 Mg^{2+} 存在下，PDHc E1 与 TPP 结合，底物氧化脱羧，生成羟乙基-TPP-E1，并释放出 CO_2；②PDHc E1 催化羟乙基-TPP-E1进攻 PDHc E2，TPP-E1 被释放出来，形成乙酰硫辛酰胺；③在 PDHc E2 催化下，形成乙酰 CoA，乙酰硫辛酰胺被还原为二氢硫辛酸；④在 PDHc E3 催化下，二氢硫辛酸将质子氢转移给 FAD，生成还原型的 $FADH_2$；⑤在 PDHc E3 催化下，$FADH_2$还原 NAD^+，生成 NADH 和 H^+，同时 $FADH_2$ 被氧化为 FAD。

第四节 酶催化过渡态理论及其在药物设计中的应用

随着计算机科学和分子生物学等学科的不断发展，药物分子设计已开始从传统的随机合成筛选向基于结构与机理的合理设计发展。已有的广泛经验表明，药物在生物体中的靶标通常是一些生物大分子，如蛋白质和核酸等。很大程度上，这些药物靶标的三维立体结构决定了药物分子在化学结构上的要求。因此，如果在已知生物大分子三维结构的情况下，就可以从形状匹配和电荷匹配的角度出发，在分子水平上探索药物和靶标的相互作用方式及构效关系，进而采用数据搜索、原子生长及碎片生长等方法进行药物分子设计。然而，绝大多数药物靶标的三维结构目前尚不清楚，这给药物分子的合理设计带来了困难。

20 世纪中期酶催化过渡态理论的提出和 80 年代抗体酶学的崛起，为药物化学工作者合理设计新药开辟了另一条途径。即使对催化某一特定生物化学反应的酶的三维结构尚不清楚，也可以根据其生化反应的过程，设计合成有特定结构、疏水性匹配、电子和空间因素与过渡态匹配的稳定化合物，作为该特异性酶的抑制剂，这无疑为药物合理设计提供了另一强有力的手段。

（一）过渡态理论

过渡态理论（transition-state theory）即活化络合物理论（activated complex theory）。该理论以量子力学对反应过程中能量变化的研究为依据，认为从反应物到生成物之间形成了势能较高的活化络合物，活化络合物所处的状态即称为过渡态。在生物化学领域，鲍林（Pauling）提出了酶催化的过渡态理论，认为酶与底物过渡态的亲和力要比基态高得多，而酶的高效催化主要就是源于它与底物的过渡态形成了更加稳定的复合物结构。实际上，酶分子与底物的过渡态是高度互补的，这种互补性超过了酶与底物的互补。所以，酶分子充当了化学反应的模板，使底物分子发生构型转变形成新的构型，即过渡态。在空间结构、疏水性匹配和电子等因素上能够模拟一个酶催化反应过渡态的稳定化合物被称为过渡态类似物，它能与相应的酶紧密结合而成为酶的抑制剂。例如，脯氨酸消旋酶催化 D-脯氨酸和 L-脯氨酸的相互转化，经由平面过渡态，它可用吡咯-2-羧酸来模拟（图 3-12）。实验结果确证了吡咯-2-羧酸是脯氨酸消旋化的有效抑制剂。

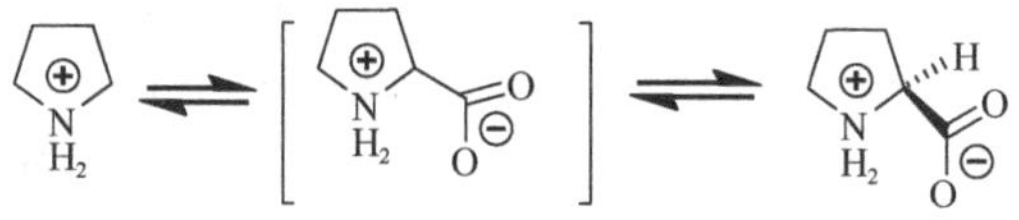

图 3-12　吡咯-2-羧酸的脯氨酸消旋化

沃尔芬登（Wolfenden）和林哈德（Lienhard）认为，分析和模拟酶催化反应过渡态的结构，是设计抑制剂和药物分子的基础，对设计特异的酶的抑制剂很重要。丙酮酸脱氢酶抑制剂的设计是成功模拟过渡态结构的范例之一。丙酮酸脱氢酶的单一底物是丙酮酸，它与二磷酸硫胺素（thiamine diphosphate，TDP）在酶的活性位点上形成具有两性离子的共价加合物。脱羧反应的过渡态结构中无两性离子特征。林哈德（Lienhard）等从电荷分布和空间结构上进行分析，发现 TDP 很牢固地结合到丙酮酸脱氢酶上，与预期目标相符。丙酮酸脱氢酶抑制剂共价加合物过渡态结构的设计模拟及丙酮酸脱氢酶抑制剂过渡态稳定类似物，如图 3-13 所示。

（二）基于酶催化过渡态的农药设计

有机磷和氨基甲酸酯类杀虫剂是两类主流的杀虫剂，在植物保护中发挥着非常重要的作用。它们的结构有着非常明显的差异，各类化合物有上千种，可用作杀虫剂的也有超过百种。每个化合物都具有独特的来源和结构特征，但经生物化学毒理研究发现，所有这些化合物的作用方式是相同的，它们都是与胆碱酯酶（cholinesterase，ChE）的活性部位发生酰化作用以产生毒杀效果，形成不可逆抑制作用[19]。如乙酰胆碱（acetylcholine，ACh）是生理上传递神经冲动的重要化学介质，它们在节前纤维与节后纤维接头处（突触），或神经效应器连接处以及靶细胞表面上

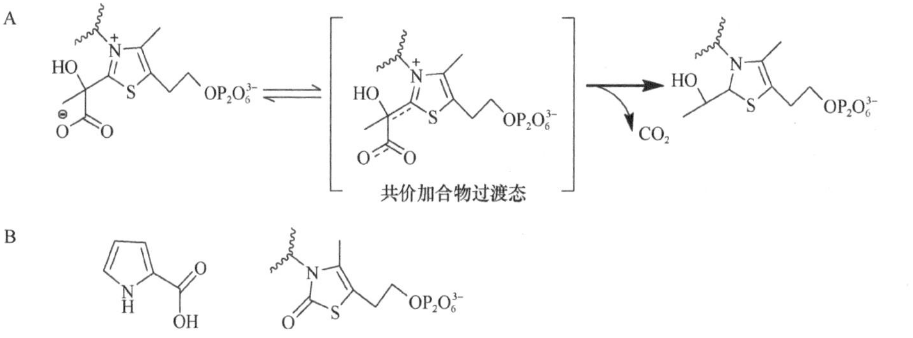

图 3-13　丙酮酸脱氢酶抑制剂共价加合物过渡态结构的设计模拟（A）及丙酮酸脱氢酶抑制剂
过渡态稳定类似物（B）

神经体液与胆碱受体接触处释放，从而完成冲动的传递。正常情况下，任何接头处
所释放的 ACh 都会立即被乙酰胆碱酯酶（acetylcholinesterase，AChE）水解。当水解
受到干扰后，ACh 会在接头处积累，这种神经激素稍有过量，就会引起巨大的刺激，
若累积量再增多，就会引起严重的肌无力，最后导致肌肉松弛，麻痹，直至死亡。

　　通过研究发现，AChE 催化 ACh 水解是通过两个活性部位完成的，即酯解部
位和阴离子部位。ACh 的羧基与 AChE 的酯解部位形成共价键，其四价氮上的强
正电荷与 AChE 的阴离子部位呈静电联结。乙酰化作用很快导致酯键断裂和胆碱
的消除，乙酰化酶即与水反应使酶再生并放出乙酸。AChE 催化 ACh 水解是通过
一个四面体构型的过渡态而实现的，如图 3-14 所示。

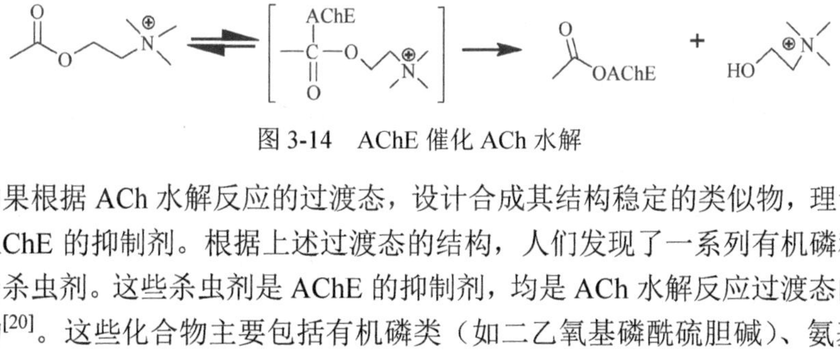

图 3-14　AChE 催化 ACh 水解

　　如果根据 ACh 水解反应的过渡态，设计合成其结构稳定的类似物，理论上其
应为 AChE 的抑制剂。根据上述过渡态的结构，人们发现了一系列有机磷和氨基
甲酸酯杀虫剂。这些杀虫剂是 AChE 的抑制剂，均是 ACh 水解反应过渡态的稳定
类似物[20]。这些化合物主要包括有机磷类（如二乙氧基磷酰硫胆碱）、氨基甲酸
酯类（如新斯的明）和甲锍盐类（图 3-15）。

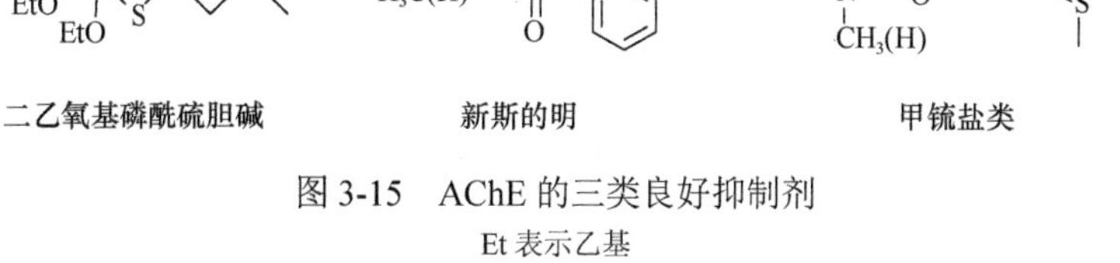

二乙氧基磷酰硫胆碱　　　　　新斯的明　　　　　　甲锍盐类

图 3-15　AChE 的三类良好抑制剂
Et 表示乙基

　　然而有机磷化合物是一种神经毒剂，对人畜均有一定的毒性。因此，其选择性太差，不能作为杀虫剂。目前，一些高毒性的有机磷杀虫剂已经陆续被禁用。通过进一步结构优化合成了一些与甲基新斯的明相似而无季胺基的取代酚，以及具有较好安全性和杀虫活性的 N-甲基氨基甲酸酯类化合物。高脂溶性的 N-甲基氨基甲酸酯类化合物（特灭威、间位异丙威）成为效果良好的杀虫剂（图 3-16），结构上也是 ACh 的水解反应过渡态的稳定类似物。

特灭威　　　　　　　　　　　间位异丙威

图 3-16　杀虫剂特灭威和间位异丙威

（三）基于酶催化过渡态的医药设计

　　很多高活性的药物经过降解等化学转化可以解除其毒性，但其在生物体内缺乏能够催化降解的内源酶而造成对人畜的极大危害。基于鲍林（Pauling）的理论，1969 年詹克斯（Jencks）进一步推测，以过渡态类似物作为半抗原，则其诱发出的抗体即与该类似物有着互补的构象，这种抗体与底物结合后，即可诱导底物进入过渡态构象，从而引起催化作用。抗体酶是具有催化性质的抗体，它同时具备抗体和酶的特征。根据这个猜想，研究者先后发现了一些过渡态类似物产生的抗体。这些具有催化能力的免疫球蛋白，也称抗体酶或催化抗体。抗体酶可催化多种化学反应，包括酰基转移、酸酐水解、酰胺水解、重排反应等。制备催化抗体的一般步骤是：确定目标过程关键反应步骤的过渡态；接着设计合成过渡态的结构稳定类似物作为半抗原；最后经过免疫，应用单克隆等分子生物技术，进行亲和筛选及动力学效力评估，制备具有催化活性的单克隆抗体[21-23]。由于只有特定结构的抗原才能诱导产生具有活性的单克隆抗体，因此半抗原的设计便成为制备催化抗体的关键，经典半抗原设计总体来说是对过渡态电性和拓扑性的模拟。对酶催化机制的基本认识已被用作半抗原的设计策略，如外形识别、静电识别、化学基团参与，以及辅助因子的引入等。因此抗原的设计依赖于化学反应的过渡态。抗原的设计及抗体的制备和动力学效力评估过程如图 3-17 所示。

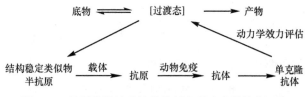

图 3-17　抗原的设计及抗体的制备和动力学效力评估

1. 可卡因失活剂的设计

作为危害人体健康的成瘾毒品,可卡因的滥用对社会及人类健康造成了严重的影响。可卡因是一种脂类化合物,经水解生成芽子定甲酯而失去毒性。兰德里(Landry)等根据水解反应的过渡态,设计合成芽子碱磷酸甲酯作为半抗原,诱导生成抗体 AbE-3B9,其可催化可卡因水解失活(图 3-18)。通过阻止可卡因进入中枢,即可解除其毒性。

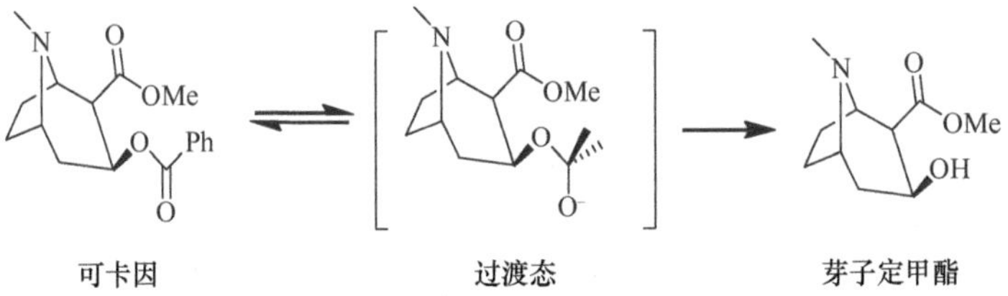

可卡因   过渡态   芽子定甲酯

图 3-18 可卡因的水解及其过渡态结构

2. Soman 解毒剂的设计

Soman 是一种有机磷酸酯类神经毒剂,人体内没有相应的底物,因而缺乏内源性水解酶。20 世纪 90 年代之前,没有一种解毒剂可用于 Soman 解毒,因此人畜一旦中毒,后果非常严重。1993 年,布里姆菲尔德(Brimfield)等根据 Soman 水解反应的过渡态,设计合成了一种五配位(氧)𬭸作为半抗原诱导产生的抗原:AbE-II 121D10,其可催化 Soman 水解,使其丧失毒性(图 3-19)[24]。

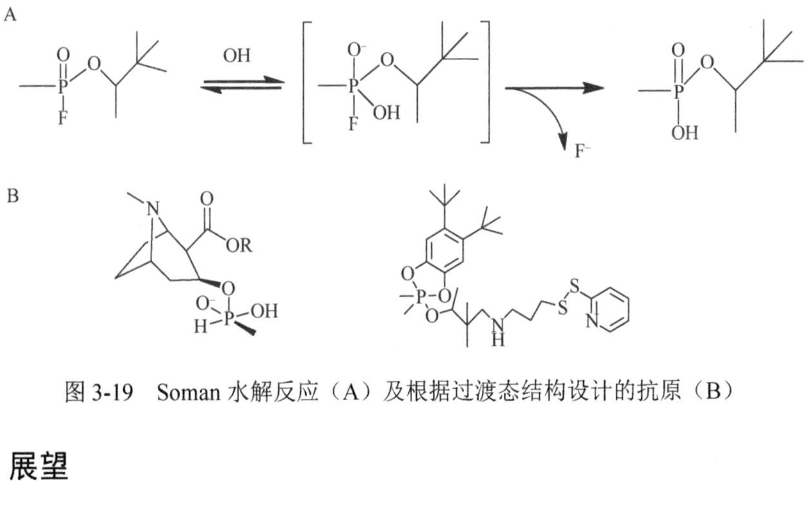

图 3-19 Soman 水解反应(A)及根据过渡态结构设计的抗原(B)

(四)展望

虽然早在 20 世纪中期就提出了酶催化反应的过渡态理论,但直到 80 年代后期，人们利用反应过渡态进行药物设计也只是一种尝试。一方面可能是由于人们对于利用过渡态进行药物合理设计的认识还不够，另一方面是因为目前仍有许多生化反应的过渡态还不清楚。但随着分子生物学的不断发展，越来越多的生化反应机理将被人们阐明；同时，伴随着计算机技术的迅速发展，对过渡态进行显示、模拟及重叠对照等更为直观和精确。这无疑为药物分子设计开辟了一个崭新的方向，相信在未来将有大量的选择性强、药理活性优异的化合物被设计和合成。

参 考 文 献

[1] 赵茹, 刘晓红, 尹宇新, 等. 铜锌金属天然酶活性中心量子化学计算. 有机化学, 2003, 23(9): 1001-1003.

[2] 李志强. 生皮化学与组织学. 北京: 中国轻工业出版社, 2010.

[3] 靳福泉. 阿累尼乌斯方程探讨. 大学化学, 2007, 22(5): 45-47, 53.

[4] 谢帮华. 酶的多功能性催化 Knoevenagel、Michael、Aldol 反应研究. 重庆: 西南大学硕士学位论文, 2015.

[5] Mills C D. Macrophage arginine metabolism to ornithine/urea or nitric oxide/citrulline: a life or death issue. Crit Rev Immunol, 2001, 21: 399-425.

[6] 刘庆菊, 陈莉, 张志昆, 等. pH 诱导的 D-氨基酸氧化酶立体选择性的翻转. 中国化学会第六届全国分子手性学术研讨会论文集, 2014: 113-116.

[7] 沈瀛坪, 沈世昌. 顺丁烯二酸酐气相催化加氢生成 γ-丁内酯反应过程研究. 化学反应工程与工艺, 1993, 9(2): 216-219.

[8] 李旭甡, 张桂杰. 原发性甲状腺机能减退患者 α-磷酸甘油脱氢酶、ATP 及心肌酶谱的分析. 中国地方病防治杂志, 2008, 23(1): 22-24.

[9] Fischer M. Über eine Clematis-Krank heit. Ber physiol Lab Landwirtsch Inst Univ Halle, 1894, 3: 1-11.

[10] 陈万东, 朱守荣, 林华宽, 等. 三(2-苯并咪唑甲基)胺-锌(II)配合物模拟水解酶催化酯类水解研究. 高等学校化学学报, 1997, 18: 1321-1324.

[11] 周淑琴, 张道明, 熊野娟. 2-(4-溴甲苯基)丙酸的合成. 广东化工, 2009, 36(6): 76-77.

[12] Pauling L. Chemical achievement and hope for the future. Am Sci, 1948, 36(1): 51-58.

[13] 伍伟夫. 酸碱支配区图在化学教学中的应用. 化学教育, 2008, 29(8): 23-25.

[14] 郭宗儒. 由蛋白底物到丙肝药物西米匹韦. 药学学报, 2014, 49(9): 1353-1356.

[15] 彭加平, 韦平和, 周锡樑. 半胱氨酸脱硫酶的生化特性及其脱硫作用机制. 药物生物技术, 2011, 18(6): 548-552.

[16] 滕衍斌. 真核翻译起始因子eIF-5A的结构与功能研究以及酿酒酵母碳酸酐酶活性中心的结构研究. 合肥: 中国科学技术大学博士学位论文, 2010.

[17] 钟正明, 马鹰军, 王小树, 等. 一种胰凝乳蛋白酶组合物冻干粉及其制备方法. CN201110187341.0. 2013-09-18.

[18] 杨卓刚, 刘晓晴. 高等生物丙酮酸脱氢酶复合体活性调节机制. 生命的化学, 2008, 28(3): 304-306.

[19] 常平安, 伍一军. 有机磷酸酯诱发的迟发性神经病靶标酯酶的老化机制. 中国药理学与毒

理学杂志, 2005, 19(6): 462-465.

[20] 小海斯•韦兰. 农药毒理学各论. 陈炎磐, 夏世钧, 译. 北京: 化学工业出版社, 1990.

[21] Tramontano A, Janda K D, Lerner R A. Catalytic antibodies. Science, 1986, 234(4783): 1566-1570.

[22] Suzuki H. Recent advances in abzyme studies. J Biochem, 1994, 115(4): 623-628.

[23] Gardell S J, Craik C S, Hilvert D, et al. Site-directed mutagenesis shows that tyrosine 248 of carboxypeptidase A does not play a crucial role in catalysis. Nature, 1985, 317: 551-555.

[24] Brimfield A A, Lenz D E, Maxwell D M, et al. Catalytic antibodies hydrolysing organo-phosphorus esters. Chem Biol Interact, 1993, 87(1-3): 95-102.

第四章　酶促反应动力学

酶促反应动力学是研究酶促反应速率及其影响因素的科学，包括内因（酶的结构和性质等）和外因（酶浓度、底物的浓度、pH、温度、抑制剂和激活剂等）。在研究某一因素对酶促反应速率的影响时，应该维持反应中其他因素不变，而只改变要研究的因素。其中酶促反应动力学中所指明的速度是反应的初速度，此时的反应速率可以比较准确地反映酶的催化能力。酶促反应动力学的研究具有非常重要的意义。它有助于阐明酶的结构与功能之间的关系，为酶作用机理的研究提供理论基础；有助于寻找最有利的反应条件，最大限度地发挥酶催化反应的高效性；有助于了解酶在代谢中的作用或某些药物作用的机理，为药物或农药的发现提供宝贵的指导。本章将集中介绍酶活性测试方法、影响酶活性的主要因素，以及简单体系和复杂体系的酶促反应动力学研究方法。

第一节　酶活性测试方法

为了阐释酶的催化和调控机制，需要对酶的性质进行深入的了解，而酶促反应速率的测定在其中扮演着非常重要的角色。同时，酶促反应速率的测定也是表征酶活性的重要方法。虽然数以千计的酶的催化性质已经被确定，但是它们的速率测定方法却不一定相同，且随着新酶不断被发现，酶活性测定的方法也需要不断更新。一般情况下，新的酶促反应是通过观察底物的减少或者产物的生成而被发现的，反应的化学计量也通过定量单位时间所消耗的底物摩尔数和生成产物的摩尔数来确定。

目前，酶活性测定方法有很多，主要是基于反应前后的化学信号的差异性进行定量的酶活性测试和动力学研究。酶促反应产生的化学信号大致可以分为基于光的信号、基于电的信号和基于热的信号。一般认为，如果底物或产物具有明显的吸光特性且能够实现区分，可利用紫外分光光度法或荧光分光光度法测定；若酶促反应过程中产物或反应物中有气体，则可用测压仪测定；若反应过程中生成酸，则可用电化学法；如果体系有氧气的生成与消耗，则可以使用氧气消耗电极测定反应速率；如果为了追求超高的灵敏度，可以基于同位素标记的底物采用放射化学法测定底物浓度变化，计算酶活性。

（一）基于光信号的酶活性测试方法

酶的底物和产物在紫外光、可见光、化学发光、磷光及荧光部分光吸收不同。基于不同的光信号，选择适当的激发波长或发射波长，测定底物的减少量或产物的增加量，从而监测反应进行的情况。根据不同的光信号，酶活性测定的理论依据和实验仪器各不相同。常用的代表性方法包括紫外可见分光光度法、荧光分光光度法、化学发光法等。

1. 紫外可见分光光度法

紫外可见分光光度法无疑是酶活性测定中应用最广泛的技术。随着科技的发展，利用紫外可见分光光度计进行测定，得到的数据可靠，分析也更加方便。紫外可见吸收光谱应用如此广泛的原因是许多天然存在的物质是有色的，并且它们的变换能够反映在紫外或可见光谱中。光吸收的过程是基态电子吸收光之后跃迁到激发单重态的不同振动能级，而这种激发态是短寿命的，能量会通过振动被消耗，从而再次回到基态，过程中没有光子发射。而在其他情况下，较低能量的光子会以荧光的形式被发射或经过一些延迟以磷光的形式发射。一般情况下，由于分子不断吸收光子，当光通过含有分子的比色杯时，光的强度会被削弱。当光子的能量与基态到激发态轨道之间跃迁的能量差匹配时，吸收是最强的。而吸光度的变化与浓度的关系对应于朗伯-比尔定律：$\Delta Abs = \lg^{I_0/I} = \varepsilon \times \Delta c \times l$，其中 ΔAbs 是吸光度，I_0 和 I 分别是入射和透射的光强度，ε 是摩尔吸光系数，c 是吸光物质的摩尔浓度，l 是比色杯的光程。根据公式可知，吸光度与物质的浓度呈线性关系。

紫外可见分光光度法利用底物和产物光吸收性质的不同，可直接测定反应混合物中底物的减少量或产物的增加量。几乎所有的氧化还原酶都可以使用该法测定。例如，琥珀酸脱氢酶（succinate dehydrogenase，SDH）可催化图 4-1A 的反应。其底物中呈深蓝色的氧化态的 2,6-二氯靛酚（2,6-dichloroindophenol，DCIP）在 600 nm 处有强的吸收，而产物中呈无色、还原态的 2,6-二氯靛酚无 600 nm 处的吸收。体系中氧化态的 2,6-二氯靛酚随时间的延长而减少，600 nm 处吸收也会随时间的延长而降低（图 4-1B）。紫外可见分光光度法测定迅速简便，自动扫描分光光度计可为酶活性快速准确的测定提供极大的方便。

许多合成的底物在转化成产物后会产生吸收位移的变化，因此它们能够用于酶活性测定，如磷酸转移酶、酰胺键合成酶和水解酶。最广泛使用的显色底物是对硝基苯基磷酸盐，其在用碱性磷酸酶处理时产生正磷酸盐和对硝基苯酚，后者呈黄色（λ_{max} = 410～412 nm）。连续分光光度法测定胰蛋白酶的活性使用的显色底物是 N-α-苯甲酰-精氨酸-对硝基苯胺，水解产生对硝基苯胺（λ_{max} = 405 nm）。在其他情况下，可以通过使用与反应产物反应的显色剂来实现连续测定。

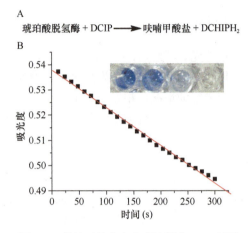

A

琥珀酸脱氢酶 + DCIP ⟶ 呋喃甲酸盐 + DCHIPH₂

B

图 4-1　紫外可见分光光度法测定 SDH 活性

A. 反应原理方程式，DCHIPH₂表示还原态的 2,6-二氯靛酚；B. 底物 DCIP 吸光度随反应时间的变化

值得一提的是，大多数的酶联免疫吸附试验（enzyme linked immunosorbent assay，ELISA）整合了紫外可见方法测试酶的活性，其基本的原理如下。使抗原或抗体与某种酶连接成酶标抗原或抗体，这种酶标抗原或抗体既保留其免疫活性，又保留酶的活性。在测定时，把受检标本（测定其中的抗体或抗原）及酶标抗原或抗体按不同的步骤与固相载体表面的抗原或抗体发生反应。用洗涤的方法使固相载体上形成的抗原抗体复合物与其他物质分开，最后结合在固相载体上的酶量与标本中受检物质的量成一定的比例。加入酶反应的底物后，底物被酶催化变为有色产物，产物的量与标本中受检物质的量直接相关，故可根据颜色反应的深浅来进行定性或定量分析。由于酶的催化效率很高，故可极大地放大反应效果，从而使测定方法达到很高的敏感度。

2. 荧光分光光度法

当能量较高的光照射到物质分子上时，分子内的电子就会被激发到高能量态。根据基态电子在受激发跃迁到高能态过程中，自旋方向是否改变，可将激发态分为激发单重态（S）和激发三重态（T）。基态电子跃迁到激发态的速率非常之快，一般在 10^{-15} s 内即可完成。由于激发态的电子能量较高，不能稳定存在，因此，很快就会通过非辐射和辐射途径回到基态。非辐射途径包括振动弛豫（VR）、内转换（IC）和系间跨越（ISC），这些过程使得激发能以热能的形式传给周围介质而损失。辐射衰变过程则以释放光子的形式释放能量，表现为荧光或者磷光现象。当分子激发态电子是从单重态返回到基态（如 $S_1 \rightarrow S_0$），则分子发射的是荧光。

基于荧光的酶促反应速率测定方法比基于紫外可见吸光度的测定方法灵敏度高约两个数量级，在荧光团浓度较低和不存在其他强吸收分子的情况下，荧光强度的变化ΔF与荧光团浓度成正比（即$\Delta F = f \times \Delta c \times l$，其中$f$是摩尔荧光系数，是分子固有的性质，$\Delta c$是荧光团浓度的变化，$l$是比色杯的光程）。荧光光谱法优于吸收光谱法的一个显著特点是可以在更高的信噪比下测量荧光。随着激光光源与检测器越来越先进，基于荧光的检测技术也得到了很好的发展，包括荧光各向异性、荧光共振能量转移（fluorescence resonance energy transfer，FRET）、近场扫描光学显微镜（near-field scanning optical microscope，NSOM）、荧光相关光谱术（fluorescence correlation spectroscopy，FCS）。现代有机合成化学的进步创造了一系列性能优异的荧光团和荧光底物，也直接促进了荧光检测技术的发展。

胆碱酯酶（cholinesterase，ChE）主要以乙酰胆碱酯酶（acetylcholinesterase，AChE）和丁酰胆碱酯酶（butyrylcholinesterase，BChE）两种同工酶分布在高等生物的大脑、血液和其他组织中，其中BChE与中晚期阿尔茨海默病及糖尿病等重大疾病密切相关。因此，针对上述同工酶发展特异的BChE探针开发，对于与该酶有关药物的发现及相关疾病的诊断、治疗都具有深远的指导意义。鉴于目前有关BChE活性检测方法的研究大都依靠以碘化硫代乙酰胆碱（acetylthiocholine iodide，ATC）为底物建立的埃尔曼（Elman）间接检测方法，该方法不能有效区分AChE和BChE，并且检测条件苛刻，因此一种基于荧光探针的高效、经济、实用的检测手段亟须开发。2017年，杨文超等报道了首例用于BChE活性检测的非肽类小分子荧光探针。以甲氧基修饰的荧光素为荧光团，通过酯键将其与不同的识别基团相连得到目标化合物，通过化合物筛选，找到了对BChE具有特异性响应的荧光探针BChE-FP1（图4-2）。该底物型探针与BChE作用后荧光增强约50倍。这也是目前首例直接与BChE作用的底物型小分子荧光探针，具有可观的运用前景[1]。

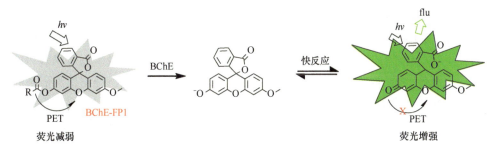

图 4-2 对 BChE 具有特异性响应的荧光探针

hv. 光照；PET. 光致电子转移；flu. 荧光；X. 不能发生光致电子转移这一过程

3. 化学发光法

化学发光是某种物质分子吸收化学能而产生的光辐射。任何一个化学发光反应都包括两个关键步骤，即化学激发和发光。因此，一个化学反应要成为发光反应，必须满足两个条件：第一，反应必须提供足够的能量（170～300 kJ/mol）；第二，这些化学能必须能被某种物质分子吸收而产生电子激发态，并且有足够的荧光量子产率。到目前为止，所研究的化学发光反应大多为氧化还原反应，且多为液相化学发光反应。

超氧化物歧化酶（superoxide dismutase，SOD）是一种存在于需氧生物体内的金属酶[2]。它能特异地催化超氧阴离子自由基（O_2^-）的自发歧化，因此，被认为具有防御活性氧毒性、预防衰老及防治肿瘤和炎症等功能[3,4]。化学发光法具有灵敏度高、专一性好、测定快速等优点，被广泛用于测定各种生物样品中的 SOD 活性。SOD 能够催化如图 4-3 所示反应。

$$O_2^- + O_2^- + 2H^+ \xrightarrow{\text{SOD}} O_2 + H_2O_2$$

图 4-3　SOD 催化的反应

SOD 活性测定原理：在有氧条件下，黄嘌呤氧化酶可催化黄嘌呤（或次黄嘌呤）氧化转变成尿酸，在该反应过程中同时产生 O_2^-。O_2^- 可与鲁米诺（3-氨基邻苯二甲酰肼）进一步作用，使发光剂鲁米诺被激发，而当其重新回到基态时，则向外发光。由于 SOD 可消除 O_2^-，因此能抑制鲁米诺的发光。根据该反应原理，以空白对照的发光强度值为 100%，通过测定加入 SOD 后抑制发光的程度，进行 SOD 活性的测定。

（二）基于电信号的酶活性测试方法

1. 生物电化学传感器方法

生物电化学传感器是一种将生物化学反应能转换为电信号的装置。通常将生物成分，如酶、抗原/抗体、植物或动物组织等连接到电极表面，起到酶的识别作用。生物电化学传感器种类很多，如酶传感器、免疫传感器、微生物传感器和动植物组织传感器等，其中酶传感器和免疫传感器应用较为广泛。根据检测信号的不同，酶传感器有电位与电流型之分，前者是以能斯特（Nernst）方程作为定量的基础，后者则是基于伏安或电流检测技术，目前电流型酶电极是发展的主流。

2. 电化学方法

当酶促反应涉及酸碱变化时，很容易用 pH 计直接观察酶促反应过程中 H⁺的变化。用此法可以测定许多酯酶的活力。直接用 pH 计测定酶促反应有两个缺点：一是随 pH 变化，会偏离酶作用的最适 pH，不可避免地引起酶促反应速率变小；二是如果测定的标本不是纯酶，标本中其他蛋白质及其他有缓冲能力的物质将会影响所测 pH 变化的程度。此时如改用电位滴定仪则更为适合，其可在酶促反应过程中不断向反应体系中加入酸或碱以维持反应体系 pH 的恒定，而加入的酸碱量只与体系中 H^+ 变化量相关，和反应体系的缓冲能力无关。

对于某些特定的酶，催化的反应伴随有离子浓度的变化或气体的变化（如 O_2、CO_2、NH_3 等），这样就可以选用离子选择性电极的方法。例如，酶促反应中有 O_2 变化，可使用氧电极来监测酶促反应过程。这种方法可用来测定葡萄糖氧化酶的活性（反应如图 4-4 所示），查普尔（Chappell）还成功地将此技术用于测线粒体的氧化能力[5]。

$$C_6H_{12}O_6 + O_2 + H_2O \xrightarrow{\text{葡萄糖氧化酶}} C_6H_{12}O_7 + H_2O_2$$

图 4-4　葡萄糖氧化酶催化反应方程式

（三）基于热信号的酶活性测试方法

绝大多数反应是放热或者吸热的，因此可以用反应前后封闭体系热量的变化来进行反应程度的测定。这种典型的方法就是等温滴定量热法。这种方法用来测定各生物分子之间或生物大分子与小分子（或无机离子）之间的相互作用。该方法可测定结合亲和力、化学计量比，以及溶液中结合反应的熵和焓，无须使用标记。发生结合时，热不是被吸收就是被释放，其可在配体被逐渐滴定到包含目标生物分子的样品池过程中通过灵敏量热计而测得。图 4-5 展示了这种方法的基本工作原理。

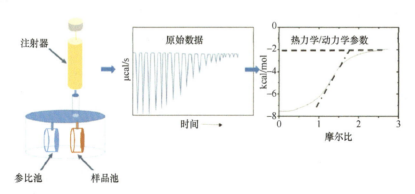

图 4-5　等温滴定量热法工作原理
1 μcal = 4.184×10^{-6} J，1 kcal = 4.184×10^3 J

（四）其他方法

对于不存在光信号和热信号的定量变化的酶促反应，需要使用稳定的放射性同位素来测量反应速率。在大多数情况下，将同位素标记的底物与酶混合反应一段时间，然后通过加入强酸或螯合剂如乙二胺四乙酸（EDTA）、乙二醇双（2-氨基乙醚）四乙酸（EGTA）或邻菲咯啉等有效的抑制剂等来终止反应，或升高反应温度使酶变性。再利用一些色谱分离技术分离底物和产物，最后量化底物和产物中的同位素的量。少数情况下，在底物反应中心处或附近用同位素适当标记，利用 NMR 可以检测底物的结构重排。

相同元素的原子可能含有不同数量的中子，例如，^{12}C 包含 6 个，^{13}C 包含 7 个，^{14}C 包含 8 个。在这种情况下，具有稳定的中子与质子比的 ^{12}C 和 ^{13}C 的同位素没有放射活性，而像 ^{14}C 这样的同位素本质上是不稳定的，会有放射性。借助于质谱仪可以检测出含有稳定同位素的分子，质谱仪根据其质量与电荷比率不同分离离子和分子，大多数情况下，质谱仪产生的电信号与每个分子的丰度呈线性比例。在许多化学物质中存在具有稳定同位素的分子，并且它们的同位素可购买并直接用于酶促反应的研究，在酶动力学中，最常用的稳定同位素是氢（^{2}H）、碳-13（^{13}C）、氮-15（^{15}N）、氧-17（^{17}O）和氧-18（^{18}O）。

有些酶的反应物为光学异构体，则可根据旋光度变化来追踪酶反应。某些反应物如羟基酸本身虽无旋光性，但与钼结合后产生很高的旋光性。根据此特性建立了测定延胡索酸水合酶的方法。还有个别酶的测定使用了极谱法、高效液相色谱法等。

第二节　影响酶促反应的因素

前面已经提到过，酶促反应动力学就是研究酶促反应速率及其影响因素的科学，包括内因（酶的结构和性质等）和外因（酶浓度、底物的浓度、pH、温度、抑制剂和激活剂等）。需要注意的是，在研究某一因素对酶促反应速率的影响时，应该维持反应中其他因素不变，而只改变要研究的因素。其中酶促反应动力学中的速度是指反应的初速度，此时的反应速率可以比较准确地反映酶的催化能力。

（一）温度对酶促反应的影响

温度能够影响反应速率，这是化学反应的基本规律。范霍夫近似规则认为：温度每升高 10 K，化学反应的速率增加 2～4 倍。实际上，阿伦尼乌斯经验公式中也定量描述了温度与化学反应速率之间的关系。对于酶催化的反应来说，温度对酶促反应速率的影响体现在以下两方面：①温度升高，酶促反应的速率加倍；②蛋白质结构在较高温度下会发生热变性，从而降低或失去活性。因此，在不同温度条件下进行某种酶反应，然后将测得的反应速率相对于温度作图，即可得到图 4-6 所示的钟罩形曲线。从图上曲线可以得出，在较低的温度范围内，酶反应速率随温度升高而增大，但超过一定温度后，反应速率反而下降，因此只有在某一温度下，反应速率才能达到最大值，这个温度通常就称为酶促反应的最适温度。每种酶在一定条件下都有其最适温度，一般动物细胞内的酶最适温度在 35～40℃，植物细胞中的酶最适温度稍高，通常在 40～50℃，微生物中的酶最适温度差别较大，如 *Taq* DNA 聚合酶的最适温度可高达 70℃。

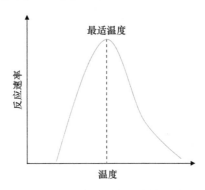

图 4-6　温度对酶促反应的影响

　　温度对酶促反应速率的影响表现在两个方面，一方面是当温度升高时，与一般化学反应一样，反应速率加快，反应温度提高 10℃其反应速率与原来反应速率之比称为反应的温度系数，用 Q_{10} 表示，对大多数酶来讲温度系数 Q_{10} 一般为 2，也就是说，温度每升高 10℃，酶反应速率为原反应速率的 2 倍；另一方面由于酶是蛋白质，随着温度升高，酶蛋白逐渐变性而失活，引起酶反应速率下降。酶的最适温度是这两种因素影响的综合结果。在酶促反应的最初阶段，酶蛋白的变性效应尚未表现出来，因此反应速率随温度升高而增加，但高于最适温度时，酶蛋白变性效应逐渐突出，反应速率随温度升高的效应将逐渐被酶蛋白变性效应所抵消，反应速率迅速下降，因此表现出最适温度。最适温度不是酶的特征物理常数，而是常受到其他条件如底物种类、作用时间、pH 和离子强度等因素影响而改变。如最适温度随着酶促作用时间的长短而改变，这是由于温度使酶蛋白变性是随时间累加的。一般讲反应时间长，酶的最适温度低，反应时间短则最适温度就高，因此只有在规定的反应时间内才可确定酶的最适温度。

　　酶的固体状态比在溶液中对温度的耐受力要高，酶的冰冻干粉在冰箱中可放置几个月，甚至更长时间，而酶溶液在冰箱中只能保存几周，甚至几天就会失活。通常酶制剂以固体保存为佳。

（二）pH 对酶促反应的影响

　　酶的活力受环境 pH 的影响，在一定 pH 下，酶表现最大活力，高于或低于此

pH，酶活性降低，通常把酶表现出最大活力的 pH 称为该酶的最适 pH（图 4-7）。各种酶在一定条件下都有其特定的最适 pH，因此最适 pH 是酶的特性之一，但酶的最适 pH 不是一个常数，而是受许多因素影响，随底物种类和浓度、缓冲液种类和浓度的不同而改变，因此最适 pH 只有在一定条件下才有意义。大多数酶的最适 pH 在 5.0~8.0，动物的酶最适 pH 多在 6.5~8.0，植物及微生物中酶的最适 pH 多在 4.5~6.5，但也有例外，如胃蛋白酶的最适 pH 为 1.5，肝中精氨酸酶最适 pH 为 9。

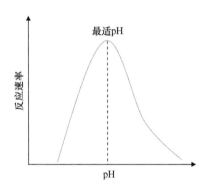

图 4-7　pH 对酶促反应的影响

pH 影响酶活性的原因可能有以下几方面：①过酸或过碱可以使酶的空间结构破坏，引起酶构象的改变，使酶活性丧失；②当 pH 改变不是很大时，酶虽未变性，但活力受到影响。pH 影响了底物的解离状态，或者使底物不能和酶结合，或者结合后不能生成产物，pH 影响酶分子活性部位上有关基团的解离，从而影响与底物的结合或催化，使酶活性降低，也可能影响到中间络合物 ES 的解离状态，不利于催化生成产物；③pH 影响维持酶空间结构的有关基团解离，从而影响了酶活性部位的构象，进而影响酶的活性。

由于酶活性受 pH 的影响很大，因此在进行酶的提纯时要选择酶的稳定 pH，通常在某一 pH 缓冲液中进行，一般最适 pH 总是在该酶的稳定 pH 范围内，故酶在最适 pH 附近最为稳定。虽然大多数酶的 pH-酶活性曲线为钟罩形，但有的酶并非如此，如胃蛋白酶和胆碱酯酶该曲线为钟罩形的一半，而木瓜蛋白酶的活性在较大的 pH 范围内几乎不受 pH 的影响。

（三）抑制剂对酶促反应的影响

大部分酶是蛋白质，凡是可以使酶蛋白变性而引起酶活性丧失的作用称为失活作用。酶未变性，但由于酶的必需基团化学性质的改变引起酶活性的降低或丧失，称为抑制作用，引起抑制作用的物质称为抑制剂。变性剂对酶的变性作用无选择性；而一种抑制剂只能对一种酶或一类酶产生抑制作用，是有选择性的。因此，抑制作用与变性作用是不同的。

酶抑制剂是发现、了解和调控酶及其代谢途径的宝贵工具，它能够降低靶标酶的催化活性，对于生物体是非常重要的。当高效抑制剂能够导致反应中间体累积到可以被检测的水平时，它们还可以用于探究代谢途径的反应顺序。抑制剂实际上具有更多的优点，即通常可以通过调节抑制剂浓度来获得中等程度的酶活性，并且与生物突变不同，通过稀释就能够容易地逆转可逆抑制剂的作用，可逆和不可逆的抑制剂也提供了探索酶催化和调节的无限机会。酶的抑制剂分类如图4-8所示。

图4-8 酶的抑制剂的类型

大多数酶抑制剂结合在酶的活性位点内，但是调节抑制剂通常在远端位点结合。大多数抑制剂是可逆的。通常情况下，抑制剂使酶变成一种或多种无催化活性的形式，从而降低活性催化剂的浓度。根据具体的抑制模式，一些含抑制剂的复合物也可能含有底物分子；还有一部分使用化学反应性底物类似物来实现抑制作用。研究酶的抑制作用是研究酶的结构与功能、酶的催化机制以及阐明代谢途径的基本手段，也可以为医药设计新药物和为农业生产新农药提供理论依据，因此抑制作用的研究不仅有重要的理论意义，而且在实践上有重要价值。

（四）激活剂对酶促反应的影响

凡是能提高酶活性的物质都称为激活剂，其中大部分是无机离子或简单的有机化合物。作为激活剂的金属离子有 K^+、Na^+、Ca^{2+}、Mg^{2+}、Zn^{2+}等离子，无机阴离子有Cl^-、Br^-、I^-、CN^-等。如Mg^{2+}是多数激酶及合成酶的激活剂，Cl^-是唾液淀粉酶的激活剂。

激活剂对酶的作用具有一定的选择性，即一种激活剂对一种酶起激活作用，而对另一种酶可能起抑制作用，如 Mg^{2+} 对脱羧酶有激活作用而对肌球蛋白腺苷三磷酸酶却有抑制作用，Ca^{2+} 则相反，对前者有抑制作用，但对后者却起激活作用。有时离子之间有拮抗作用，例如，Na^+ 能抑制 K^+ 激活的酶，Ca^{2+} 能抑制 Mg^{2+} 激活的酶。有时金属离子之间也可相互替代，如 Mg^{2+} 作为激酶的激活剂可被 Mn^{2+} 代替。此外，激活离子对于同一种酶，可因浓度不同而起不同的作用，如对于 $NADP^+$ 合成酶，当 Mg^{2+} 浓度为（$5\sim10$）$\times10^{-3}$ mol/L 时起激活作用，但当浓度升高为 30×10^{-3} mol/L 时则酶活性下降，若用 Mn^{2+} 代替 Mg^{2+} 则在 1×10^{-3} mol/L 起激活作用，高于此浓度，则酶活性下降，不再有激活作用。

有些小分子有机化合物也可作为酶的激活剂，如半胱氨酸；还原型谷胱甘肽等还原剂对某些含巯基的酶有激活作用，使酶中二硫键还原成巯基，从而提高酶活性，木瓜蛋白酶和甘油醛-3-磷酸脱氢酶都属于巯基酶，在它们的分离纯化过程中，往往需加上述还原剂，以保护巯基不被氧化。再如一些金属螯合剂如 EDTA 等能解除重金属离子对酶的抑制，也可视为酶的激活剂。

（五）底物浓度对酶促反应的影响

在酶浓度及其他条件不变的情况下，底物浓度[S]对酶促反应速率 V 的影响如图 4-9 所示。在底物浓度较低时，V 随[S]的增高而增高，V 与[S]成正比，此时为一级反应。随着[S]的升高，V 增加的幅度不断下降，V 与[S]不再成正比，此时为混合级反应。若底物浓度继续增大，V 不再增加，达到最大反应速率 V_{max}，此时为零级反应。

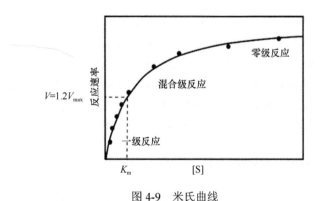

图 4-9　米氏曲线

根据中间复合物学说可以解释该结果，在酶浓度恒定条件下，当底物浓度很小时，酶未被底物饱和，这时反应速率取决于底物浓度。随着底物浓度变大，根据质量作用定律，ES 生成也增多，而反应速率取决于 ES 的浓度，故反应速率也随之增高。当底物浓度相当高时，溶液中的酶全部被底物饱和，溶液中没有多余的酶，即使增加底物浓度也不会有更多的中间复合物生成，因此酶促反应速率与底物浓度无关，达到最大反应速率 V_{max}。

第三节　简单体系的酶促反应动力学

（一）米氏方程

根据反应机理的不同，一般的化学反应可分为简单反应和复杂反应。简单反应是指经一步完成的反应，又称为基元反应。复杂反应是指反应历程较复杂、反应物分子需经几步反应才能转化为生成物的反应，又称为非基元反应。对于复杂反应，不能只根据反应式写出其反应速率方程，而必须根据实验测定的结果，推导出反应的机理，写出速率方程。简单体系的酶促反应动力学的基本原理可归纳为一个数学公式，称为米氏方程：$V=V_{max}[S]/(K_m+[S])$。式中，V_{max} 为最大反应速率，K_m 为米氏常数，[S] 为底物浓度，V 为酶促反应速率。米氏方程来源于蔗糖酶水解蔗糖的实验，而它的推导也是由基于实验的稳态学说得来，它表明了底物浓度与酶促反应速率间的定量关系。底物浓度是决定反应速率最重要的因素之一，当底物浓度较低时，反应速率与底物浓度呈正比关系，此为一级反应。随着底物浓度的增加，反应速率增加缓慢，不再按正比例升高，此为混合级反应，若底物浓度继续增大，则 V 不再增加，达到最大反应速率 V_{max}，此时为零级反应，这一结论从公式中也可以得出。

（二）米氏动力学参数的含义

1. 米氏常数 K_m

K_m 是指当酶促反应速率达最大反应速率一半时的底物浓度，是酶极重要的特征性物理常数。在一定的温度下，K_m 只与酶的性质有关，而与酶的浓度无关，它代表了酶和底物分子的亲和力大小。K_m 值大，表示酶和底物分子间亲和力小；K_m 值小，表示两者亲和力大。K_m 作为常数只是对一定的底物、一定的 pH、一定的温度条件而言的，可以用来鉴别酶，如同工酶；除此之外，米氏常数还可以用来判断酶的专一性和天然底物，K_m 最小的底物称为酶的最适底物，$1/K_m$ 可以近似地表示酶对底物亲和力的大小，$1/K_m$ 越大，亲和力越大；K_m 还可以用来计算反应进程，若已知某个酶的 K_m，就可以算出在某一底物浓度时，其反应速率相当于 V_{max} 的百分率；还可计算出任何底物浓度下酶活性部位被底物饱和的数 $f_{ES}=V/V_{max}=[S]/(K_m+[S])$。$K_m$ 还能用于推断某一代谢反应的方向和途径，当一系列不同的酶催化一个代谢过程的连锁反应时，确定各种酶的 K_m 及相关底物浓度，可有助于寻找限速步骤。对于可逆反应，正反两个方向的 K_m 往往是不同的，测定这些 K_m 值的差别以及细胞内正逆两向底物的浓度，可以大致推测该酶催化正逆两向反应的效率，这对了解酶在细胞内的主要催化方向及生理功能有重要意义。

2. V_{max} 和 k_{cat} 的含义

V_{max} 表示最大酶促反应速率。在一定酶浓度下，酶对特定底物的 V_{max} 也是一个常数。V_{max} 与 K_m 相似，同一种酶对不同底物的 V_{max} 也不同，pH、温度和离子强度等因素也影响 V_{max} 的值。当[S]很大时，根据 $V_{max}=k_3[E]$，V_{max} 和[E]呈线性关系，而直线的斜率为 k_3，为一级反应速率常数，它的单位为 s^{-1}。k_3 表示当酶被底物饱和时，每秒钟每个酶分子转换底物的分子数，这个常数又叫作转换数（k_{cat}），通称为催化常数，k_{cat} 值越大，表示酶的催化效率越高。

3. k_{cat}/K_m 的含义

前面提到过，k_{cat} 的大小与酶的催化有效性正相关，而 K_m 的数值与底物对酶的亲和力负相关。因此，研究者提出了采用 k_{cat}/K_m 作为酶对特定底物的专一性常数，描述酶对底物的催化有效性。生理条件下，大多数酶不被底物饱和，当[S]$\ll K_m$ 时，$V=(k_{cat}/K_m)$[E][S]，酶反应速率取决于 k_{cat}/K_m 的值和[S]，即 k_{cat}/K_m 是[E]和[S]反应的表观二级速率常数，$k_{cat}/K_m=k_3k_1/(k_2+k_3)$，比值 k_{cat}/K_m 的上限为 k_1，即生成 ES 复合物的速率，换言之，酶的催化效率不能超过 E 和 S 形成 ES 的扩散控制的结合速率。如果要使催化速率进一步加快，只有减少扩散时间才有可能。因此由 k_{cat}/K_m 值的大小，可以比较不同酶或同一种酶催化不同底物的催化效率。

（三）K_m 和 V_{max} 的测定

对于 K_m 和 V_{max} 的测定，可有多种作图方法，不同的作图方法中的截距和斜率有不同的物理意义，可根据截距和斜率的物理意义求出想要的 K_m 和 V_{max}。

（1）V 对[S]作图法（图 4-9）：公式为 $V/V_{max}=[S]/(K_m+[S])$，这种方法可以描述为米氏曲线。实际上即使用很大的底物浓度，也只能得到趋近于 V_{max} 的反应速率，而达不到真正的 V_{max}，因此得不到准确的 K_m 和 V_{max} 值。

（2）双倒数作图法（也称为 Lineweaver-Burk 作图法，如图 4-10A 所示）：公式为 $1/V_0=K_m/V_{max}[S]$。缺点是实验点过分集中在直线的左下方，而低底物浓度[S]的实验点又因求倒数后误差较大，往往偏离直线较远，从而影响 K_m 和 V_{max} 的准确测定。

（3）Eadie-Hofstee 作图法（图 4-10B）：公式为 $V=V_{max}-K_m \cdot V/[S]$。使用此作图法得到的斜率是 $-K_m$，横截距是 $V/[S]$，纵截距为 V_{max}。直接给出了 V_{max}，但是

K_m 最好由 V_{max}/K_m 计算而来，因为斜率的计算比较麻烦。Eadie-Hofstee 作图法的一个好处是不像双倒数作图那样需要很长的外推才能算出 K_m 值。但它有与双倒数法一样的缺陷，只是误差没有后者严重。此外，此作图法还有一个问题，就是纵坐标和横坐标都含有变量 V，因此 V 有任何误差都会影响到两个轴。

（4）[S]/V 对[S]作图法（也称为 Hanes-Woolf 作图法，如图 4-10C 所示）：公式为[S]/V = [S]/V_{max}+K_m/V_{max}。使用此作图法得到的斜率是 1/V_{max}，横截距是$-K_m$，纵截距为$-K_m$/V_{max}。直接给出了 K_m，但是 V_{max} 最好由 K_m/V_{max} 计算而来，因为斜率的计算比较麻烦。Hanes-Woolf 作图法与双倒数作图法和 Eadie-Hofstee 作图法有一样的不足，即数据点分散，但不如后两者分散严重。此法优势在于避免了变量 V 的误差对横轴的影响。

（5）Eisenthal-Cornish-Bowden 作图法（图 4-10D）：公式为 $V = V_{max} - K_m \cdot V/[S]$。使用此作图法得到的横截距是 V，纵截距是$-$[S]。当将两个轴上的 V 和 K_m 相连的时候，就得到一条直线。在不同底物浓度下，会得到不同的直线。不同的直线意味着在不同的底物浓度下，所有的直线将相交于一点，该交会点的横坐标为 3K_m、纵坐标为 V_{max}。

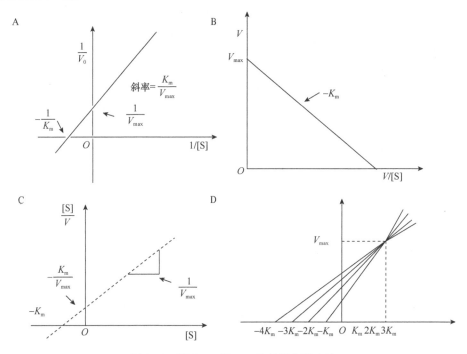

图 4-10 测定 K_m 和 V_{max} 的几种作图方法

A. 双倒数作图法（Lineweaver-Burk 作图法）；B. Eadie-Hofstee 作图法；C. Hanes-Woolf 作图法；D. Eisenthal-Cornish-Bowden 作图法

第四节　复杂体系的酶促反应动力学

除了简单体系的酶促反应动力学之外，在生物体中更常见的是两个或两个以上底物参与的复杂体系的酶促反应动力学。其中双底物反应最为重要，即底物 A 和 B 经酶催化生成产物 P 和 Q 的反应。根据底物与酶的结合顺序以及产物释放的顺序，多底物动力学反应分为序列反应和乒乓反应。

（一）序列反应

底物的结合和产物的释放有一定的顺序，产物不能在底物完全结合前释放。A 和 B 底物二者均结合到酶上，然后反应产生 P 和 Q：E+A+B→AEB→PEQ→E+P+Q，这类反应称为序列反应，序列反应又分为有序反应和随机反应。

1. 有序反应

反应中底物 A 定为领先底物，在结合 B 前首先与酶结合，严格地说，在缺少 A 时 B 不能结合自由的酶。底物 A 和 B 均结合到酶上产生三元复合物，随后有序地释放反应产物 P 和 Q，在图 4-11A 中，Q 是 A 的产物，最后被释放出来，由图中可知，A 和 B 之间、P 和 Q 之间没有竞争关系，A 和 Q 与酶竞争结合。其中 NAD^+ 和 $NADP^+$ 的脱氢酶就属于这种类型，如乙醇脱氢酶（图 4-11B）。

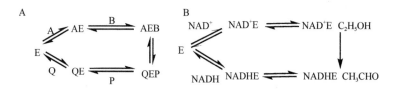

图 4-11　有序反应过程示意

A. 有序反应过程；B. 乙醇脱氢酶反应过程

2. 随机反应

随机反应中，两个底物随机与自由酶进行结合，两个产物也随机释放，如图 4-12 所示，限速步骤是反应 AEB → QEP，无论 A 或者 B 首先同 E 结合，还是 Q 或者 P 首先从 QEP 释放都没有关系。肌酸激酶使肌酸磷酸化的反应是随机反应机制的典型例子，反应的总方向将决定于 ATP、ADP、肌酸（Cr）和磷酸肌酸（CrP）的浓度及反应的平衡常数。可以认为，该酶有两个同底物结合位点：一个是腺苷酸位点，与 ATP 或 ADP 结合；另一个是肌酸位点，与 Cr 或 CrP 结合。

在此反应机制中，ATP 和 ADP 在特异的位点上相互竞争，而 Cr 和 CrP 相互竞争 Cr 和 CrP 结合位点，该反应的特点是迅速和可逆地形成 ES 二元复合物，随后加上剩余底物，形成的三元复合物决定反应速率。

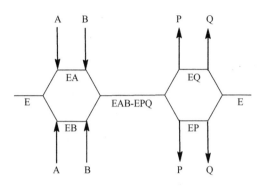

图 4-12　随机反应过程示意

（二）乒乓反应

这类反应的特点是酶 E 与 A 的反应生成产物 P，同时 P 是在酶同第二个底物 B 反应前释放出来，作为这一过程的结果，酶 E 同底物 A 结合并生成产物 P 和修饰化的酶 E′，E′再与底物 B 结合生成产物 Q 和酶 E。从图 4-13 可知 A 和 Q 竞争自由酶 E，B 和 P 竞争修饰酶 E′，A 和 Q 不与 E′结合，而 B 和 P 也不与 E 结合，该历程中形成 4 种二元复合物。氨基转移酶就是遵循乒乓反应机制的酶。

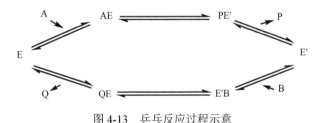

图 4-13　乒乓反应过程示意

（三）双底物反应的酶催化动力学

以 AB 双底物反应为例，如将底物 B 固定在几个浓度，在每一个固定的 B 浓度（[B]）时，测定不同 A 浓度（[A]）对反应速率的影响。反之，再在每一个固定的 A 浓度时，测定不同 B 浓度对反应速率的影响。然后分别作双倒数动力学图，则可区分乒乓机制和序列机制。

1. 序列机制的动力学方程和动力学图

根据序列机制的反应历程及稳态学说可推导出动力学方程：

$$V = \frac{V_{max} \cdot [A][B]}{[A][B] + [B]K_m^A + [A]K_m^B + K_S^A K_m^B}$$

$$V = \frac{1}{V_{max}}\left(K_m^A + \frac{K_S^A K_m^B}{[B]}\right)\frac{1}{[A]} + \frac{1}{V_{max}}\left(1 + \frac{K_m^B}{[B]}\right)$$

式中，K_m^A 为 B 的浓度达到饱和时 A 的米氏常数，K_m^B 为 A 的浓度达到饱和时 B 的米氏常数，K_S^A 为底物 A 与酶结合的解离常数，V_{max} 为底物 A、B 都达到饱和时的最大反应速率。序列机制 Lineweaver-Burk 作图法见图 4-14。

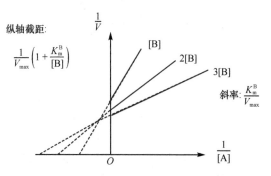

图 4-14 序列机制 Lineweaver-Burk 作图法

2. 乒乓机制的动力学方程和动力学图

根据乒乓机制的反应历程及稳态学说可推导出动力学方程：

$$V = \frac{V_{max} \cdot [A][B]}{[A][B] + [B]K_m^A + [A]K_m^B}$$

$$V = \frac{K_m^A}{V_{max}[A]} + \frac{1}{V_{max}}\left(1 + \frac{K_m^B}{[B]}\right)$$

式中，K_m^A 为 B 的浓度达到饱和时 A 的米氏常数，K_m^B 为 A 的浓度达到饱和时 B 的米氏常数，V_{max} 为底物 A、B 都达到饱和时的最大反应速率。在多个底物反应中，一个底物的米氏常数往往可随另一个底物的浓度变化而发生变化，故 K_m^A 为 B 的浓度达到饱和时 A 的米氏常数，而在 B 低于饱和浓度时所测得的随[B]而变的 A 的各个 K_m 称为表观米氏常数。并且在 B 不饱和时，1/[A]对 1/V 作图求出的 V_{max} 同样也随[B]而变化，同理对 B 亦是如此。乒乓机制 Lineweaver-Burk 作图法见图 4-15。

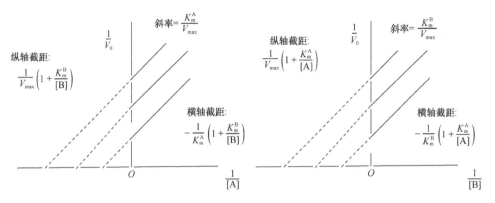

图 4-15 乒乓机制 Lineweaver-Burk 作图法

A. $\dfrac{1}{v_0}$ 对 $\dfrac{1}{[A]}$ 作图；B. $\dfrac{1}{v_0}$ 对 $\dfrac{1}{[B]}$ 作图

参 考 文 献

[1] Yang S H, Sun Q, Xiong H, et al. Discovery of a butyrylcholinesterase-specific probe via a structure-based design strategy. Chem Commun, 2017, 53(28): 3952-3955.

[2] 刘存歧, 王伟伟, 张亚娟. 水生生物超氧化物歧化酶的酶学研究进展. 水产科学, 2005, 24: 49-52.

[3] 周毅. 浅谈酶促反应方法与影响酶促反应速度的因素. 中国卫生标准管理, 2014, 5(23): 71-72.

[4] 龙宪和. 铜锌超氧化物歧化酶活性测定对胸腹水鉴别. 江西医学检验, 1997, (4): 28.

[5] Chappell J B. Systems used for the transport of substrates into mitochondria. Br Med Bull, 1968, 24(2): 150-157.

第五章　酶抑制动力学

第一节　抑制剂的分类

酶抑制剂是指能使酶的催化活性下降而不引起酶蛋白变性的物质，其化学本质是酶抑制剂特异性作用于酶的活性中心或必需基团，从而降低酶的活性甚至使酶完全丧失活性[1,2]。迄今已发现的酶抑制剂种类众多，常见的对生物体有毒的物质大都属于酶抑制剂[3,4]。有的酶抑制剂已作为药物在临床上使用，有的酶抑制剂已经作为农药在田间应用。蛋白酶抑制剂有抑胃蛋白酶剂、抑胰凝乳蛋白酶剂等多种，不同类型的蛋白酶都有相应的酶抑制剂[5]。值得一提的是，并非所有与酶结合的分子都是酶的抑制剂。

按照抑制剂分子与酶的作用机制，酶抑制剂可分为以下两类，即不可逆抑制剂和可逆抑制剂[6]。①不可逆抑制剂。抑制剂与酶活性中心的必需基团结合，这种结合不能用稀释或透析等简单的方法来解除。②可逆抑制剂。抑制剂以非共价键与酶分子可逆性结合造成酶活性的抑制，且可采用透析等简单方法去除抑制剂而使酶活性完全恢复。抑制剂对酶有一定的选择性，只能对某一类或几类酶起抑制作用。抑制剂进入酶活性部位并且改变金属离子的配位层，利用抑制剂作为酶的修饰剂，可获得有关活性部位结构及反应机理等信息。

（一）不可逆抑制剂

不可逆抑制剂，是以比较牢固的共价键与酶蛋白中的基团结合的一种化学制剂。不可逆抑制剂与酶结合后，不能通过透析和超滤等物理方法除去抑制剂。如有机磷、有机汞、有机砷、氰化物和重金属等[5]。又如有机磷农药与胆碱酶活性中心的丝氨酸残基结合，一些重金属离子与多种酶活性中心半胱氨酸残基的巯基结合[7]。通常将其分为非专一性不可逆抑制剂和专一性不可逆抑制剂。

抑制剂与酶分子上不同类型的基团都能发生化学修饰反应，这类抑制称为非专一性的不可逆抑制。虽然缺乏基团专一性，但在一定条件下，也有助于鉴别酶分子上的必需基团。该类抑制剂通常作用于酶分子中的几类基团，然而不同基团与抑制剂的反应机制不同，故某一类基团常首先或主要地受到修饰。如果被修饰的基团中包括酶的必需基团，则可导致酶的不可逆抑制。随着对蛋白质一级结构和功能研究的深入，目前研究者已发现或合成了多种氨基酸侧链基团的修饰剂，这些化学试剂主要作用于某类特定的侧链基团，如氨基、巯基、胍基和酚基等[2]。但绝大多数试剂不是专一性的，可通过副反应同时修饰其他类型的基团。

　　专一性不可逆抑制剂有亲和标记型和自杀性底物型两类。所谓亲和标记试剂，其结构与底物类似，但同时携带一个活泼的化学基团，对酶分子必需基团的某个侧链进行共价修饰，从而抑制其活性[8]。这类不可逆抑制剂是根据底物的化学结构设计的，具有以下特点：①它具有和底物类似的结构；②可以和靶酶结合；③同时还带有一个活泼的化学基团，可以和靶酶分子中的必需基团起反应；④该活泼化学基团能对靶酶的必需基团进行化学修饰，从而抑制酶的活性。卤酮是使用最早也是最经典的亲和标记试剂[9]。其中以溴酮及氯酮较佳。例如，胰蛋白酶和胰凝乳蛋白酶是两种专一性不同的内肽酶，分别水解碱性氨基酸或芳香氨基酸的羧基所形成的肽键，也可以分别水解这两类氨基酸的酯类，但其氨基酸必须被阻断成非游离状态[3]。对于自杀性底物型抑制剂来说，它们也是底物的类似物，但其结构中存在一种潜在的活性基团，在酶的作用下，潜在的化学活性基团被激活，与酶的活性中心发生共价结合，不能再分解，酶因此失活[10]。k_{cat}型不可逆抑制剂即酶的自杀性底物，也是底物的类似物，但其结构中含有一种潜在的活性基团，在酶的作用下被激活，能够与酶的活性中心发生共价结合，使酶失活。每一种自杀性底物都是酶的作用对象，是专一性很高的不可逆抑制剂。

　　下面介绍几种自杀性底物。

（1）含有卤素的自杀性底物，如图5-1所示。

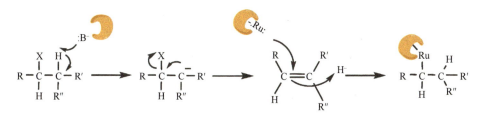

图5-1　含有卤素的自杀性底物

（2）鸟氨酸脱羧酶的自杀性抑制剂，如图5-2所示。

（二）可逆抑制剂

　　前面提过，可逆抑制剂以非共价键与酶分子可逆性结合造成酶活性的抑制，且可采用透析等简单方法去除抑制剂而使酶活性完全恢复。因此，可逆抑制剂对酶促反应的抑制是可逆的。具体来说，可逆抑制剂和酶形成复合物，抑制酶与底物的作用，从而抑制反应；但这种复合物在相同条件下又可以分解为酶和抑制剂，分解后的酶仍然可以催化反应。也就是说，可逆抑制剂只降低反应的速度，并不

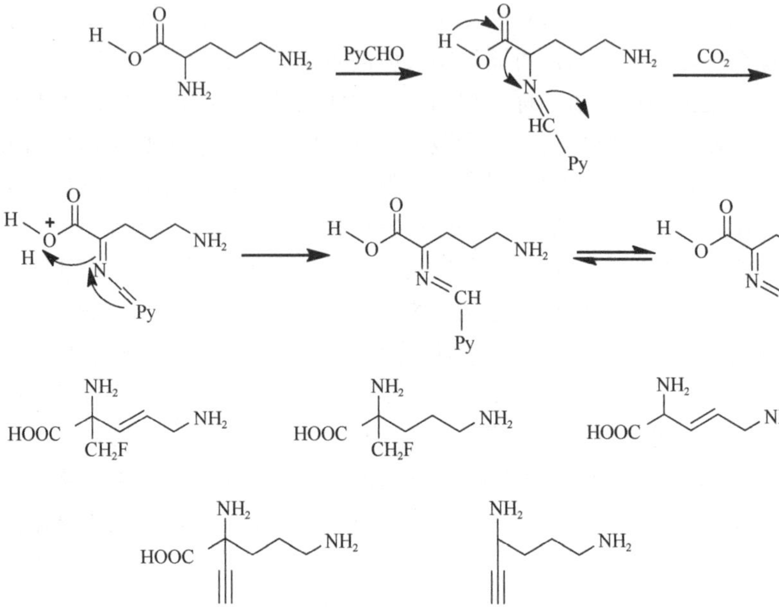

图 5-2　鸟氨酸脱羧酶的自杀性抑制剂

影响反应的发生。这类抑制剂对酶的抑制程度与作用时间无关，而是由抑制剂的浓度和底物的浓度所决定的。

按照作用模式，可逆抑制剂又可以分为竞争性抑制剂、反竞争性抑制剂以及兼具前两种抑制剂特点的混合型抑制剂[11]。其中，当抑制剂分别与游离的酶和酶-底物复合物表现出相同的抑制常数时，这种混合型抑制剂即为非竞争性抑制剂。总的来说，竞争性抑制剂是抑制剂和底物争相与酶的活性中心结合，使 K_m 增大，而 V_{max} 不变，增加底物浓度可使抑制减弱，如丙二酸抑制琥珀酸脱氢酶；反竞争性抑制剂，酶只有在与底物结合后才能与抑制剂结合，且结合处是活性腔之外的部位，V_{max} 与 K_m 都减小；非竞争性抑制，酶与抑制剂结合后还能与底物结合，表观上 V_{max} 减小，而 K_m 不变，如氰化物能与细胞色素氧化酶的 Fe^{3+} 结合成氰化高铁细胞色素氧化酶，使之丧失传递电子的能力，引起窒息。竞争性抑制剂与被抑制酶的底物通常有结构上的相似性，能与底物竞争酶分子上的结合位点，从而阻碍酶-底物复合物的形成，使酶的活性降低；其作用原理如图 5-3 所示。

如果抑制剂浓度恒定，则在低底物浓度（[S]）时抑制作用最为明显，增大[S]，抑制作用随之降低，直到[S]增大至很高时，抑制作用近于消失，典型的例子如丙二酸和草酰乙酸对琥珀酸脱氢酶的抑制；磺胺药与对氨基苯甲酸（合成二氢叶酸的原料）抑制细菌二氢叶酸合成酶等。

竞争性抑制剂结构特征如下。

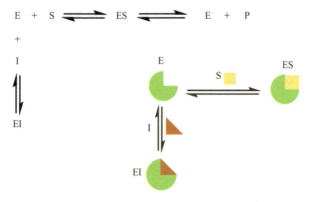

图 5-3 竞争性抑制剂作用原理

（1）底物类似物，例如 α-葡糖苷酶抑制剂，如阿卡波糖（acarbose）、伏格列波糖（voglibose）和米格列醇（miglitol）[12]。

（2）过渡态类似物，如苯甲酰丙氨醛是胰凝乳蛋白酶的过渡态抑制剂[13]。

（3）其他化合物，有些化合物的平面结构与底物并不相似，但立体构象十分相近，也成为竞争性抑制剂。某些竞争性抑制剂的作用原理是抑制剂与一些酶活性中心的金属离子络合，妨碍了底物的进入，从而起到抑制酶活性的目的。

非竞争性抑制剂（noncompetitive inhibitor）：指与酶的活性位点以外的部位结合，与底物不形成竞争关系的化学试剂。非竞争性抑制剂与底物结构并不相似，也不与底物抢占酶的活性中心，而是通过与活性中心以外的必需基团结合抑制酶的活性（图 5-4）。非竞争性抑制剂既可以与游离酶结合，也可以与 ES 复合物结合，也称为混合型抑制剂。

非竞争性抑制剂的特点如下。

（1）非竞争性抑制剂的化学结构不一定与底物的分子结构类似。

（2）底物和抑制剂分别独立地与酶的不同部位相结合。

（3）抑制剂对酶与底物的结合无影响，故底物浓度的改变对抑制程度无影响。

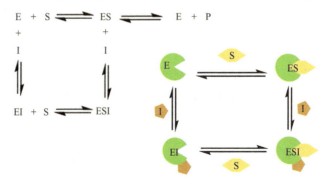

图 5-4 非竞争性抑制剂作用原理

　　反竞争性抑制是指有些抑制剂不能直接与游离酶相结合，而只能与底物-酶络合物相结合形成底物-酶-抑制剂中间络合物，且该络合物不能生成产物，从而使酶催化反应速率下降，这种抑制称为反竞争性抑制。

　　如图 5-5 所示，E 为酶，S 为底物，P 为产物，I 为抑制剂。当 I 不存在时，ES 正常结合形成复合物并进一步分解为产物和酶，这是正常的酶促反应。当反应体系中加入这种抑制剂时，反应平衡向生成产物方向移动，反而促使 ES 的形成，但是抑制剂的存在抑制了 ES 复合物进一步分解为酶和产物，故对酶促反应有抑制作用。而且这种情况刚好和竞争性抑制相反，故称反竞争性抑制。

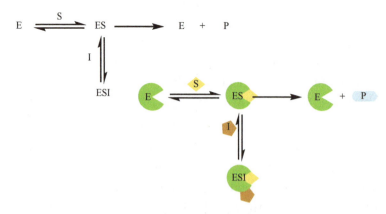

图 5-5　反竞争性抑制剂作用原理

第二节　酶的不可逆抑制的动力学

　　酶的不可逆抑制是指抑制剂分子与酶活性腔的关键残基发生了化学反应，共价地连接在酶分子的必需基团上，阻碍了底物的结合或破坏了酶的催化基团。这种抑制不能用透析或稀释的方法去除，从而难以使酶恢复活性[14]。需要说明的是，不可逆抑制剂与酶的相互作用取决于酶浓度、孵育时间和底物浓度。真正的酶与抑制剂作用的解离平衡常数 K_i 将独立于上述所有因素。一般认为，不可逆抑制作用的特点是随时间的延长逐渐增加抑制效果，最后达到完全抑制。

　　根据化学反应动力学的基本原理，一些可用于分析不可逆抑制数据的简单模型被提出。在所有这些实验中，抑制剂的浓度被认为远远超过酶的浓度（即 $[I] \gg [E]$ ）。在该条件下，假定反应过程中抑制剂浓度保持不变。因此，抑制剂浓度将从其初始值 $[I_0]$（即 $[I] \approx [I_0]$）开始保持不变。这种条件下将大大简化数学处理。

　　在 $[I] \gg [E]$ 的条件下，所有不可逆抑制模式均可近似使用一级动力学模型来建模。其中 $[EI^*]$ 对应于不可逆酶-抑制剂复合物的浓度，$[E_T]$ 对应于总酶浓度。

$$\left[EI^*\right] = \left[E_T\right]\left(1 - e^{-kt}\right) \tag{5-1}$$

因此，可以通过这个模型[EI*]与时间的关系，使用非线性回归方程确定其一级速率常数。模型可以线性化为

$$\ln\left(1-\frac{\left[\text{EI}^*\right]}{\left[\text{E}_\text{T}\right]}\right)=-k't \tag{5-2}$$

通过 $1-[\text{EI}^*]/[\text{E}_\text{T}]$ 的自然对数对时间作图应该产生一条直线（图 5-6B）。可以使用标准线性回归方程确定对应的斜率 $-k'$。该斜率即为准一级抑制常数，k'（s^{-1}）。不可逆抑制的机理不同，该准一级抑制常数含义也不同。接下来依次简单讨论四种不同的不可逆抑制机制。

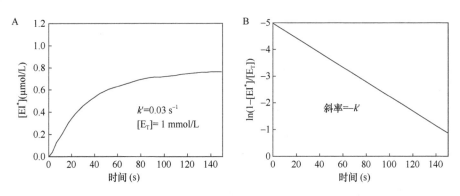

图 5-6　简单的不可逆酶抑制动力学

A. 抑制剂-酶复合物浓度；B. 用于确定抑制常数的半对数图

（一）简单的不可逆抑制

酶（E）与不可逆抑制剂（I）的相互作用 [其导致形成不可逆的酶-抑制剂复合物（EI*）] 可建模为两种不同反应物之间的二级反应。

$$\text{E}+\text{I}\xrightarrow{\ k_\text{i}\ }\text{EI}^* \tag{5-3}$$

式中，k_i 是二级速率常数 [mol/（L·s）]。描述不可逆酶-抑制剂复合物形成的微分方程和酶的质量平衡方程分别为

$$\frac{\text{d}\left[\text{EI}^*\right]}{\text{d}t}=k_\text{i}\left[\text{I}\right]\left[\text{E}\right] \tag{5-4}$$

$$\left[\text{E}_\text{T}\right]=\left[\text{E}\right]+\left[\text{EI}^*\right] \tag{5-5}$$

式中，$[\text{E}_\text{T}]$、$[\text{E}]$、$[\text{EI}^*]$ 和 $[\text{I}]$ 分别对应于总酶、游离酶、酶-抑制剂不可逆的复合物和抑制剂的浓度。将 $[\text{E}]$ 替换为 $[\text{E}_\text{T}-\text{EI}^*]$，用 $[\text{I}_0]$ 代替 $[\text{I}]$，代入公式（5-4）中，形成一级常微分方程：

$$\frac{d\left[EI^*\right]}{dt}=k_i\left[I_0\right]\left[E_T-EI^*\right]=k'\left[E_T-EI^*\right] \tag{5-6}$$

其中

$$k'=k_i\left[I_0\right] \tag{5-7}$$

融合到公式（5-5）以及分离后，可得

$$\int_0^{EI^*}\frac{d\left[EI^*\right]}{\left[E_T-EI^*\right]}=k'\int_0^t dt \tag{5-8}$$

一级动力学模型描述了不可逆酶-抑制剂复合物（EI^*）在时间上的浓度变化：

$$\left[EI^*\right]=\left[E_T\right]\left(1-\exp^{-k't}\right) \tag{5-9}$$

由于初始抑制剂浓度是已知的，因此通过实验确定的一级抑制率常数 $k'(s^{-1})$ 可被用于估计二级抑制率常数 $k_i\left[mol/(L\cdot s)\right]$：

$$k_i=\frac{k'}{\left[I_0\right]} \tag{5-10}$$

底物可以使酶免受不可逆抑制剂的影响，并且必须将这一事实考虑在内从而修改模型。

（二）底物存在下的简单不可逆抑制

考虑游离酶与抑制剂和底物的相互作用：

$$E+I\xrightarrow{k_i}EI^*$$
$$E+S\xrightleftharpoons{k}ES \tag{5-11}$$

描述不可逆酶-抑制剂复合物形成的微分方程，ES 复合物的解离常数，以及酶的质量平衡方程分别为

$$\frac{d\left[EI^*\right]}{dt}=k_i\left[I\right]\left[E\right] \tag{5-12}$$

$$K_s=\frac{\left[E\right]\left[S\right]}{\left[ES\right]} \tag{5-13}$$

$$\left[E_T\right]=\left[E\right]+\left[EI^*\right]+\left[ES\right] \tag{5-14}$$

式中，$[E_T]$、$[E]$、$[EI^*]$和$[ES]$分别对应于总酶、游离酶、不可逆的酶-抑制剂复合物和可逆的"酶-底物"复合物的浓度。游离酶的浓度由下式给出：

$$\left[E\right]=\frac{\left[ES\right]\cdot K_s}{\left[S\right]} \tag{5-15}$$

若用[E_T-EI*]取代[ES]，可得到以下游离酶浓度的表达式：

$$[E] = \frac{\left[E_T - EI^*\right] \cdot K_s}{[S]} \tag{5-16}$$

用公式（5-16）替换[E]，[I_0]替换[I]，代入到公式（5-12），得到一阶常微分方程

$$\frac{d\left[EI^*\right]}{dt} = k_i[I_0]\frac{\left[E_T - EI^*\right] \cdot K_s}{K_s + [S]} = k'\left[E_T - EI^*\right] \tag{5-17}$$

其中

$$k' = \frac{k_i K_s}{K_s + [S]}[I_0] \tag{5-18}$$

对公式（5-17）进行积分，得到

$$\int_0^{EI^*} \frac{d\left[EI^*\right]}{\left[E_T - EI^*\right]} = k'\int_0^t dt \tag{5-19}$$

产生的一级动力学模型描述了在底物存在下不可逆酶-抑制剂复合物（EI*）的浓度随时间的依赖性变化。

$$\left[EI^*\right] = [E_T]\left(1 - e^{-k't}\right) \tag{5-20}$$

为了获得k_i的估计值，必须在固定的底物浓度下获得k'对[I_0]的数据。而k'对[I_0]作图将产生一条直线（图5-7）。借助标准线性回归方程，可以获得该直线的斜率值。该斜率（slope）可用如下公式求得：

$$slope = \frac{k_i K_s}{K_s + [S]} \tag{5-21}$$

由于可以独立地获得K_s的精确估计值，因此可以简单地求解k_i。

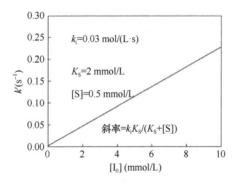

图5-7 在底物存在下简单不可逆酶抑制剂的抑制率常数对初始抑制剂浓度的依赖性

（三）时间依赖性的简单不可逆抑制

第三种机制是考虑到抑制剂与游离酶相互作用的时间依赖性。酶（E）和抑制剂（I）之间的快速可逆相互作用之后是较慢的不可逆反应，其可将可逆酶-抑制剂复合物（EI）转化为不可逆的酶-抑制剂复合物（EI*）。

$$E + I \xrightleftharpoons{k_i} EI \xrightarrow{k_i} EI^* \tag{5-22}$$

描述形成酶-抑制剂复合物的微分方程，EI 复合物的解离常数，以及酶的质量平衡方程分别如下。

$$\frac{d\left[EI^*\right]}{dt} = k_i\left[EI\right] \tag{5-23}$$

$$K_i = \frac{[E][I]}{[EI]} \tag{5-24}$$

$$[E_T] = [E] + \left[EI^*\right] + [EI] \tag{5-25}$$

用[EI−EI*]取代[E]代入公式（5-24）并重排后得到下式

$$[EI] = \frac{\left[E_T - EI^*\right]}{1 + \dfrac{K_i}{[I_0]}} \tag{5-26}$$

将公式（5-26）代入到公式（5-23）形成的一级常微分方程如下：

$$\frac{d\left[EI^*\right]}{dt} = k_i\frac{\left[E_T - EI^*\right]}{1 + \dfrac{K_i}{[I_0]}} = k'\left[E_T - EI^*\right] \tag{5-27}$$

其中

$$k' = \frac{k_i}{1 + \dfrac{K_i}{[I_0]}} = \frac{k_i[I_0]}{[I_0] + K_i} \tag{5-28}$$

对公式（5-27）进行积分，得到

$$\int_0^{EI^*} \frac{d\left[EI^*\right]}{\left[E_T - EI^*\right]} = k'\int_0^t dt \tag{5-29}$$

建立一级动力学模型描述不可逆酶-抑制剂复合物（EI*）有关浓度变化的时间依赖性：

$$\left[EI^*\right] = [E_T]\left(1 - e^{-k't}\right) \tag{5-30}$$

要得到 K_i 和 k_i 的估计值，必须得到 k' 对 $[I_0]$ 的数据。而 k' 对 $[I_0]$ 作图将产生矩形双曲线（图 5-8），借助于标准非线性回归，可以获得 K_i 和 k_i 的值。

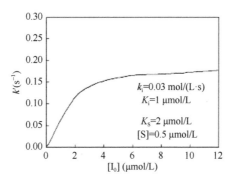

图 5-8　时间依赖性的不可逆酶抑制剂的抑制率常数对初始抑制剂浓度的依赖性

（四）在底物存在下时间依赖性的简单不可逆抑制

考虑游离酶与抑制剂和底物的相互作用

$$E + I \underset{K_i}{\overset{K_i}{\rightleftharpoons}} EI \xrightarrow{K_i} EI^* \quad E + S \underset{K_s}{\overset{K_s}{\rightleftharpoons}} ES \qquad (5-31)$$

描述不可逆酶-抑制剂复合物形成的微分方程，可逆酶-抑制剂（K_i）和可逆酶-底物（K_s）复合物的平衡解离常数，以及酶的质量平衡方程分别为

$$\frac{d\left[EI^*\right]}{dt} = k_i\left[EI\right] \qquad (5-32)$$

$$K_i = \frac{[E][I]}{[EI]} \quad K_s = \frac{[E][S]}{[ES]} \qquad (5-33)$$

$$[E_T] = [E] + \left[EI^*\right] + [EI] + [ES] \qquad (5-34)$$

可以从酶的质量平衡方程和解离常数获得 EI 复合物浓度的表达式：

$$[EI] = \frac{[E][I]}{K_i} = \frac{\left[E_T - EI^* - EI - ES\right][I]}{K_i} = \frac{\left[E_T - EI^* - ES\right]}{1 + \dfrac{K_i}{[I_0]}} \qquad (5-35)$$

可以从酶-底物和酶-抑制剂复合物的解离常数获得 [ES] 和 [EI] 之间的关系：

$$[E] = [ES]\frac{K_s}{[S]} = [EI]\frac{K_i}{[I]} \qquad (5-36)$$

因此，ES 复合物的浓度可以表示为

$$[ES] = [EI]\frac{[S]K_i}{[I]K_s} \qquad (5-37)$$

将公式（5-37）代入公式（5-35），可得

$$[EI] = \frac{\left[E_T - EI^*\right]}{1 + \dfrac{K_i}{[I_0]\left(1 + \dfrac{[S]}{K_s}\right)}} \tag{5-38}$$

将公式（5-38）代入公式（5-32）得到一级常微分方程：

$$\frac{d\left[EI^*\right]}{dt} = k_i[EI] = \frac{\left[E_T - EI^*\right]k_i}{1 + \dfrac{K_i}{[I_0]\left(1 + \dfrac{[S]}{K_s}\right)}} = k'\left[E_T - EI^*\right] \tag{5-39}$$

其中

$$k' = \frac{k_i}{1 + \dfrac{K_i}{[I_0]\left(1 + \dfrac{[S]}{K_s}\right)}} = \frac{k_i[I_0]}{[I_0] + \dfrac{K_i}{1 + \dfrac{[S]}{K_s}}} \tag{5-40}$$

分离变量可得微积分方程：

$$\int_0^{EI^*} \frac{d\left[EI^*\right]}{\left[E_T - EI^*\right]} = k'\int_0^t dt \tag{5-41}$$

建立一级动力学模型，其描述了在底物存在下不可逆酶-抑制剂复合物（EI*）的浓度变化的时间依赖性。

$$\left[EI^*\right] = [E_T]\left(1 - e^{-k't}\right) \tag{5-42}$$

为了获得 K_i 和 k_i 的估计值，必须在固定的底物浓度下获得 K' 对 $[I_0]$ 的数据。而 K' 对 $[I_0]$ 作图将产生一条矩形双曲线。K_i 和 k_i 的估计值可以通过将公式（5-40）代入到对 $[I_0]$ 的数据中，使用标准非线性回归方程得到。由于可以独立地获得 K_s 的精确估计值，因此它被认定为常数。

原则上，可以将 k' 对 $[I_0]$ 作图，从而区分时间依赖性和非时间依赖性的不可逆抑制。其中，若为直线关系，则表示为非时间依赖性的不可逆抑制（图5-7），而矩形双曲线关系则表示为时间依赖性的不可逆抑制（图5-8）。

总之，研究酶的抑制作用是研究酶的结构与功能、酶的催化机制以及阐明代谢途径的基本手段，也可以为医药行业设计新药物和为农业生产新农药提供理论依据，因此对抑制作用的研究不仅有重要的理论意义，而且在实践上有重要价值。

第三节　经典可逆抑制的动力学表征

与不可逆抑制不同，当抑制剂与酶以非共价键结合而引起酶活性降低或丧失，能用物理方法除去抑制剂而使酶复活时，这种抑制作用是可逆的，称为可逆抑制。根据可逆抑制剂与底物的关系，可逆的酶抑制可以是竞争性、反竞争性或混合型的。在这些可逆抑制剂中，每种抑制剂都以特定的方式影响酶-底物解离常数（K_s）和 V_{max}。本节将依次讨论可逆抑制的每种类型及其动力学表征方法。其次是讨论确定抑制性质策略的两个实例，以及获得酶-抑制剂解离常数（K_i）的估计值。

（一）竞争性抑制

在可逆抑制类型中，竞争性抑制是最常见的一种可逆抑制作用。抑制剂（I）和底物（S）竞争酶的结合活性位点。竞争性可逆抑制剂机制如图 5-9 所示。

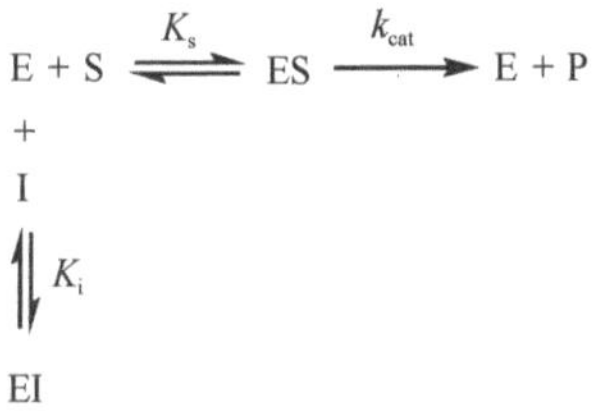

$$E + S \underset{}{\overset{K_s}{\rightleftharpoons}} ES \xrightarrow{k_{cat}} E + P$$

$$+$$

$$I$$

$$\big\updownarrow K_i$$

$$EI$$

图 5-9　竞争性可逆抑制剂机制

竞争性可逆抑制将导致 K_s 的明显增大（即底物与酶的亲和力明显降低）而并不影响酶促反应的最大速率（V_{max}）。在这种抑制剂存在的情况下，产物形成的速率方程，酶-底物（ES）和酶-抑制剂（EI）复合物的解离常数，以及酶的质量平衡方程分别如下所示。

$$v = k_{cat}[ES]$$

$$K_s = \frac{[E][S]}{[ES]} \quad K_i = \frac{[E][I]}{[EI]} \tag{5-43}$$

$$[E_T] = [E] + [ES] + [EI] = [E] + \frac{[E][S]}{K_s} + \frac{[E][I]}{K_i}$$

在竞争性抑制剂存在下，通过总酶浓度（$[E_T]$）和对速率方程的归一化，酶反应速率用以下表达式表示：

$$v = \frac{V_{max}[S]}{K_s^* + [S]} = \frac{V_{max}[S]}{\alpha K_s + [S]} \tag{5-44}$$

式中，K_s^* 为在抑制剂存在下的"酶-底物"复合物的表观解离平衡常数。在竞争性抑制的情况下，

$$K_s^* = \alpha K_s$$

$$\alpha = 1 + \frac{[I]}{K_i} \tag{5-45}$$

（二）反竞争性抑制

在这种类型的可逆抑制中，酶先与底物结合，然后才与抑制剂结合。需要指出的是，抑制剂结合的不是活性腔，而是活性腔之外的部位。各组分之间存在以下平衡。反竞争性可逆抑制剂机制如图 5-10 所示。

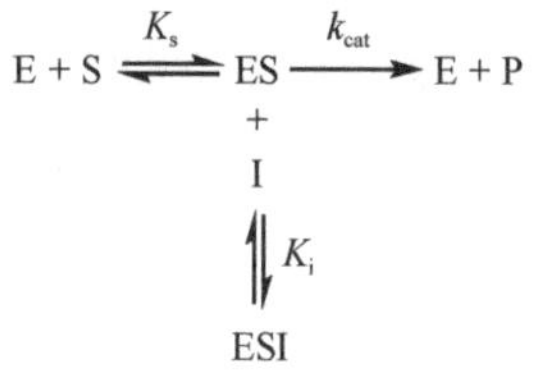

$$E + S \underset{}{\overset{K_s}{\rightleftharpoons}} ES \xrightarrow{k_{cat}} E + P$$
$$+$$
$$I$$
$$\big\updownarrow K_i$$
$$ESI$$

图 5-10 反竞争性可逆抑制剂机制

显然，抑制剂与 ES 复合物的结合，直接降低了 ES 的浓度，进而导致 V_{max} 和 K_s 都明显降低。同时，该酶促反应的表观 K_s 降低，表明底物与酶的亲和力明显增加——这是由于非产物底物结合，导致游离酶浓度降低。因此，在相对较低的底物浓度下可以获得最大反应速率的一半或最大饱和度的一半。产物形成速率方程，酶与底物（ES）和 ES 与抑制剂（ESI）复合物的解离常数，以及酶质量平衡方程分别如下所示。

$$v = k_{cat}[ES]$$

$$K_s = \frac{[E][S]}{[ES]} \quad K_i = \frac{[ES][I]}{[ESI]} \tag{5-46}$$

$$[E_T] = [E] + [ES] + [ESI] = [E] + \frac{[E][S]}{K_s} + \frac{[E][S][I]}{K_s K_i}$$

在反竞争性抑制剂存在下，通过总酶浓度（$V/[E_T]$）和对速率方程的归一化，酶反应速率用以下表达式表示：

$$v = \frac{V_{max}^*[S]}{K_s^* + [S]} = \frac{(V_{max}/\alpha)[S]}{(K_s/\alpha)[S]} \tag{5-47}$$

式中，V_{max}^* 和 K_s^* 分别对应于在抑制剂存在下的表观酶最大反应速率和表观酶-底

物的解离常数。在反竞争性抑制情况下，有 $V_{max}^* = V_{max}/\alpha$ 和 $K_s^* = K_s/\alpha$，其中

$$\alpha = 1 + \frac{[I]}{K_i} \tag{5-48}$$

所以，加入反竞争性抑制剂后，K_s 和 V_{max} 都变小。

（三）混合型抑制

在这种类型的可逆抑制中，抑制剂既可以与游离的酶结合，又可以与 ES 复合物结合，因此同时表现出竞争性和反竞争性抑制剂的特点。在抑制过程中，有两个解离平衡常数。混合型可逆抑制剂机制如图 5-11 所示。

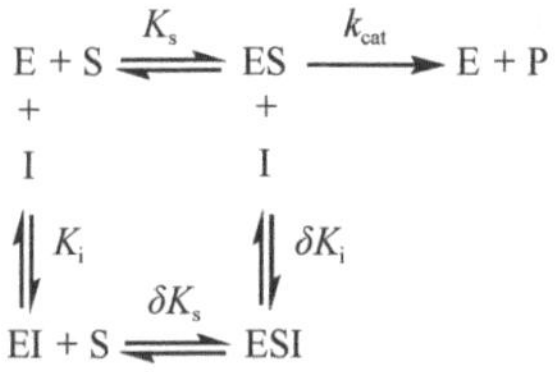

图 5-11　混合型可逆抑制剂机制

混合型可逆抑制将导致 V_{max} 明显降低和 K_s 明显增加。产物形成速率方程，酶-底物（ES 和 ESI）与酶-抑制剂（EI 和 ESI）复合物的解离常数，以及酶质量平衡方程分别为

$$v = k_{cat}[ES]$$

$$K_s = \frac{[E][S]}{[ES]} \quad \delta K_s = \frac{[EI][S]}{[ESI]} \quad K_i = \frac{[E][I]}{[EI]} \quad \delta K_i = \frac{[ES][I]}{[ESI]} \tag{5-49}$$

$$[E_T] = [E] + [ES] + [EI] + [ESI] = [E] + \frac{[E][S]}{K_s} + \frac{[E][I]}{K_i} + \frac{[E][S][I]}{K_s \delta K_i}$$

在线性混合型抑制剂存在下，通过总酶浓度（$V/[E_T]$）和对速率方程的归一化，酶反应速率用以下表达式表示：

$$v = \frac{V_{max}^*[S]}{K_s^* + [S]} = \frac{(V_{max}/\beta)[S]}{(\alpha/\beta)/K_s[S]} \tag{5-50}$$

式中，V_{max}^* 和 K_s^* 分别对应于在抑制剂存在下的表观酶最大反应速率和表观酶-底物的解离常数。在存在线性混合型抑制剂的情况下，

$$V_{max}^* = V_{max}/\beta \qquad K_s^* = (\alpha/\beta) K_s$$

其中

$$\alpha = 1 + \frac{[I]}{K_i} \tag{5-51}$$

$$\beta = 1 + \frac{[I]}{\delta K_i} \tag{5-52}$$

非竞争性抑制是 $\delta=1$ 以及 $\alpha=1$ 的线性混合抑制的特殊情况。因此，在非竞争性抑制剂存在下，酶反应速率的表达式变为

$$v = \frac{V_{max}^*(S)}{K_s^* + (S)} = \frac{(V_{max}/\alpha)[S]}{K_s + [S]} \tag{5-53}$$

式中，V_{max}^* 对应于存在抑制剂时的表观酶最大反应速率。在非竞争性抑制的情况下，$V_{max}^* = V_{max}/\alpha$，其中

$$\alpha = 1 + \frac{[I]}{K_i} \tag{5-54}$$

因此，对于非竞争性抑制，观察到 V_{max} 的明显降低，而 K_s 保持不变。

表 5-1 总结了可逆抑制剂对表观酶催化参数 V_{max}^* 和 K_s^* 的影响。

表 5-1　可逆抑制剂对表观酶催化参数 V_{max}^* 和 K_s^* 的影响总结

	竞争性抑制	反竞争性抑制	线性混合型抑制	非竞争性抑制
V_{max}^*	无影响	减小	减小	减小
	V_{max}	V_{max}/α	V_{max}/β	V_{max}/α
K_s^*	增加	减小	增加	无影响
	αK_s	K_s/α	$(\alpha/\beta)K_s$	K_s

第四节　慢结合抑制剂的动力学表征

我们之前所讨论的抑制剂，相对酶催化转化速率来说，其与酶之间的结合平衡速率是较大的。虽然许多紧结合的抑制剂需要较长的时间才能达到平衡，但是在之前的讨论中发现，可以用抑制剂与酶预孵育来消除这种现象，并通过添加底物确保在稳态可逆之前完全达到平衡[15]。本节内容将描述的抑制剂是，相对于酶催化转化速率来说，与酶之间的结合平衡速率较小的抑制剂，同时阐明初始速度随时间的变化情况。本节讨论的这些抑制剂是酶的慢结合抑制剂或时间依赖性抑制剂。

一般认为，慢结合抑制剂与酶的相互作用有四种不同的模式，所涉及的动力学平衡如图 5-12 所示[16]。图 5-12A 显示的是没有抑制剂时的酶促反应，如我们

在之前讨论的：k_1 表示底物与酶结合形成 ES 复合物的速率常数，也被称为 k_{on}。图 5-12A 中的常数 k_2 是 ES 复合物解离生成酶和底物的解离速率常数，k_{cat} 是酶催化速率常数，与之前定义的相同。

而在图 5-12（B~D）中，模式 B 描述的平衡反应是竞争反应（如简单的可逆酶抑制剂），说明了抑制剂在简单双分子反应中与酶结合的情况。

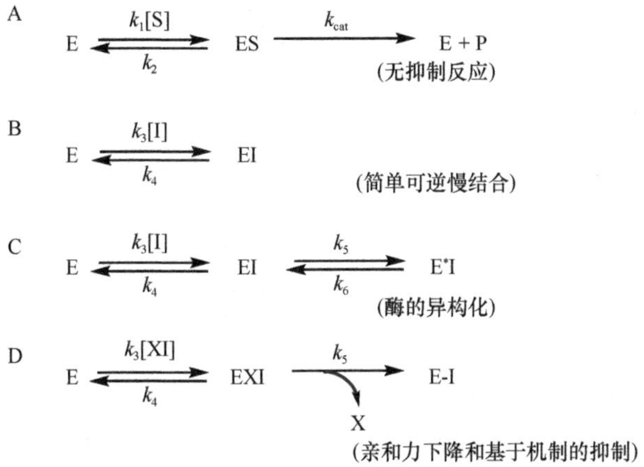

A
$$E \underset{k_2}{\overset{k_1[S]}{\rightleftharpoons}} ES \xrightarrow{k_{cat}} E + P$$
（无抑制反应）

B
$$E \underset{k_4}{\overset{k_3[I]}{\rightleftharpoons}} EI$$
（简单可逆慢结合）

C
$$E \underset{k_4}{\overset{k_3[I]}{\rightleftharpoons}} EI \underset{k_6}{\overset{k_5}{\rightleftharpoons}} E^*I$$
（酶的异构化）

D
$$E \underset{k_4}{\overset{k_3[XI]}{\rightleftharpoons}} EXI \xrightarrow{k_5} E\text{-}I$$
$$\downarrow X$$
（亲和力下降和基于机制的抑制）

图 5-12 时间依赖性酶抑制剂

模式 A 描述酶在不存在抑制剂时的情况，模式 B、C 和 D 是另外三种模式的竞争反应。模式 B 说明了由于 k_3 和 k_4 相对于酶催化速率常数（k_{cat}）的值较小，从而导致时间依赖性的简单可逆抑制过程的平衡；在模式 C 中，抑制剂与酶的初始结合导致形成 EI 复合物，然后经历酶的异构化以形成新的复合物 E^*I；模式 D 则表示由于酶和抑制剂上的一些基团发生反应形成共价键而导致酶的不可逆失活，最终生成了共价复合物 E-I（符合模式 D 的抑制剂可以作为酶的亲和标记，或者它们可以作为机理研究的抑制剂）。

然而，在这里，结合和解离速率常数（分别为 k_3 和 k_4）使得平衡建立缓慢。与快速结合抑制剂一样，在这里给出平衡解离常数 K_i：

$$K_i = \frac{k_4}{k_3} = \frac{[E][I]}{[EI]} \tag{5-55}$$

1988 年，莫里森（Morrison）和沃尔什（Walsh）指出当 k_3 受解离限制，如果 K_i 很小，而[I]不断变化，那么 k_3[I]和 k_4 都会很小[17]。因此，在这些情况下，尽管 k_3 的大小对于快速反应是必需的，但是抑制从一开始将是缓慢的。这就是为什么大多数紧密结合的抑制剂显示时间依赖性抑制。如果观察到的时间依赖性是由于本质上结合缓慢，则抑制剂被认为是慢结合抑制剂，其解离常数由公式（5-45）给出。此外，如果抑制剂结合得也很紧密，则它可以表示为一种慢紧结合抑制剂，而且由 EI 复合物解离的游离酶和游离抑制剂浓度的关系也将由下列公式计算：

$$K_i = \frac{([E_T] - [EI])([I] - [EI])}{[EI]} \qquad (5-56)$$

式中，$[E_T]$ 表示溶液中存在的总酶浓度（即所有形式的酶）。

在模式 B 中，酶与抑制剂相接触，并建立一个由结合和解离速率常数（分别为 k_3 和 k_4）定义的结合平衡，如图 5-12B 所示。然而，在模式 C 中，酶与抑制剂的结合引起构象变化或异构化，从而导致形成了新的酶-抑制剂复合物 E^*I，这两种抑制剂结合构象之间平衡后正向和反向速率常数分别为 k_5 和 k_6。初始 EI 复合物的解离常数仍然由 K_i 表示（即 k_4/k_3），但是第二酶构象 K_i^* 的第二个解离常数也必须考虑。第二个解离常数由下式给出：

$$K_i^* = \frac{K_i k_6}{k_5 + k_6} = \frac{[E][I]}{[EI][E^*I]} \qquad (5-57)$$

为了观察缓慢的抑制过程，K_i^* 必须远小于 K_i。因此，在这种情况下，酶的异构化导致了酶和抑制剂之间的紧密结合。与模式 B 中一样，如果抑制剂是慢紧结合的，则必须明确地考虑游离酶和游离抑制剂在 K_i 和 K_i^* 过程中的减少。

值得注意的是，为了观察缓慢的结合动力学，只是 EI 转化为 E^*I 很慢是不够的，反向反应也要很慢。事实上，为了检测到慢结合，反向速率常数（k_6）必须小于正向异构化速率常数（k_5）。在极端情况下（$k_6 \ll k_5$），不能观察到 EI 形成，酶异构化步骤似乎也会导致不可逆的抑制。在这些条件下，k_6 可被认为是没有意义的，异构化实际上可以被看作以速率常数 k_5 为主的不可逆步骤。

最后，在模式 D 中，我们考虑抑制剂与酶结合时 k_6 真正等于零的两种相互作用模式，也就是说，我们处理的是不可逆的酶失活。我们必须在这里区分可逆和不可逆的抑制。在迄今为止我们所考虑的所有抑制形式中，即使在慢紧结合抑制的情况下，k_6 也一直都不是 0。该速率常数可能非常小，并且在所有实际情况下均可以作为不可逆的。然而，稀释足够倍数的 EI 复合物和给予足够的时间，最终可以回收活性的游离酶。在不可逆抑制剂存在的情况下，结合抑制剂的酶分子永久丧失活性，时间不充足或稀释不充分的条件下将导致已经遇到这些类型的抑制剂的酶的再活化。因此，这样的抑制剂通常被称为酶灭活剂。

不可逆抑制的第一种形式被称为酶的亲和标记或共价修饰。在这种形式下，抑制化合物与酶结合并共价修饰酶上的催化必需残基。共价修饰涉及抑制剂分子的一些化学改变，但该方法基于不存在任何酶催化反应的情况下，在修饰位点发生的化学变化。亲和标签不仅用作酶活性的抑制剂，也成为宝贵的研究工具。这些化合物中的一些对于特定的氨基酸残基是非常有选择性的，因此可用于鉴定参与酶的催化循环的关键残基。

在不可逆失活的第二种形式中，我们将考虑基于机理的抑制作用，抑制剂分子与酶活性位点结合，并被酶识别为底物类似物。因此，抑制剂通过酶的催化机理进行化学转化，形成不再具有催化功能的 E-I 复合物。许多这些抑制剂通过形成不可逆的共价 E-I 加合物使酶失活。在其他情况下，抑制剂分子随后从酶中释放（被称为非共价失活的过程），但是酶已经被永久地捕获在不能再支持催化作用的形式中。因为它们通过酶的催化机理在活性位点被化学改变，基于机制的抑制剂总是作为竞争性酶灭活剂。这些抑制剂在文献中被冠以各种名称：自杀基质，自杀性酶灭活剂，k_{cat} 型抑制剂，酶激活的不可逆抑制剂，木马灭活剂，酶诱导的灭活剂，动态亲和标记物，捕获底物，等等。

在下面的讨论中，我们将描述用于检测慢结合抑制剂的时间依赖性的实验方法和我们区分与酶的相互作用的不同潜在模式的数据分析方法。我们还将讨论如何测定这些抑制剂的抑制率常数 K_i 和 K_i^*。

（一）慢结合抑制剂的反应曲线

在慢结合抑制剂存在下，酶的反应曲线将不会显示出简单的可逆抑制剂的产物与时间的线性关系。相反，随着时间的推移，产物形成将呈曲线形式，因为这些化合物的抑制开始缓慢。

图 5-13 显示了通过添加酶引发酶反应时慢结合抑制剂的典型反应曲线。不加抑制剂的酶显示简单的线性反应曲线，慢结合抑制剂存在下的数据将在曲线的早期部分显示与时间的准线性关系，稍后转换成不同的（较慢的）产物与时间之间的线性关系。注意，建立覆盖不加抑制剂的反应进程曲线的线性部分的时间范围至关重要，在此期间可以观察到通过抑制发生的斜率变化。如果抑制在开始时非

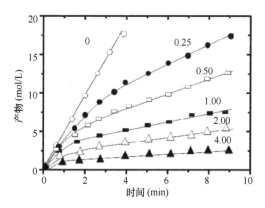

图 5-13　不同浓度的时间依赖性酶抑制剂通过向含有底物和抑制剂的混合物中加入酶引发的反应曲线图
曲线旁的数字为所含抑制剂的相对浓度

常慢，可能需要长的时间范围来观察图 5-13 所示的变化。然而，使用长的时间范围可能会遇到显著的底物耗尽的风险，这将使后续的数据分析无效。因此，可能需要评估酶、底物和抑制剂浓度的几种组合，以找到每个用于进行时间依赖性测量的适当范围。根据这些注意事项，不同抑制剂浓度下的反应曲线可以用公式（5-58）描述：

$$[P] = v_s t + \frac{v_i - v_s}{k_{obs}} \left[1 - \exp(-k_{obs} t) \right] \tag{5-58}$$

式中，v_i 和 v_s 分别是在抑制剂存在下反应的初始和稳态（即最终）速度，k_{obs} 是 v_i 和 v_s 之间相互转换的一阶速率常数，t 是时间。

莫里森（Morrison）和沃尔什（Walsh）[17]提供了在竞争性慢结合抑制剂存在的情况下的 v_i 和 v_s 明确的数学表达式，表明了 v_i 和 v_s 是 V_{max}、[S]、K_m 和 K_i 或者 K^*_i 的函数（对于图 5-12 中 C 起作用的抑制剂）。为了达到我们的目的，将公式（5-58）视为一个经验方程就足以从实验数据中提取 v_i 和 v_s 的值，最重要的是可能得到 k_{obs}。注意 v_i 可能会或可能不会随着抑制剂浓度而变化，这取决于 K_i 和 K^*_i 的相对值，以及[I]与 K_i 的比值。只要抑制剂不是不可逆的酶灭活剂，v_s 的值就将是有限的非零值。在当抑制剂是不可逆的酶灭活剂的情况下，v_s 的值将最终达到零。

用于测量慢结合抑制剂反应曲线的第二种方法是让酶与抑制剂长时间预孵育，形成复合物，接着用含有抑制剂的溶液启动反应，通过观察反应速率来绘制抑制剂对酶活性抑制的曲线（图 5-14）。在预孵育期间，建立酶和抑制剂之间的平衡，底物的添加扰乱了这种平衡。由于抑制剂减小反应速率，反应曲线将显示初始斜率，最终转为稳态速度，如图 5-15 所示。图中的反应曲线也与公式（5-58）很好地对应，除了初始速度低于稳态速度，而对于通过启动底物与酶的反应获得

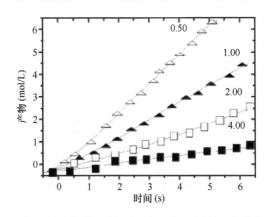

图 5-14　在不同浓度下，时间依赖性的酶抑制剂对酶反应的影响

通过将酶-抑制剂复合物稀释到含有底物的反应缓冲液中，记录由此引发的反应曲线随时间的变化情况。曲线旁的数字为所含抑制剂的相对浓度

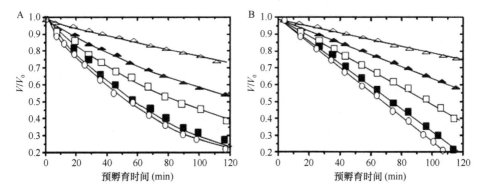

图 5-15　在不同浓度的慢结合抑制剂存在下，酶催化反应速率的预孵育时间依赖性，线性标度（A）和半对数标度（B）上的数据

的数据，初始速度大于稳态速度。为了突出这个差异，有些作者用 v_r 取代了公式（5-58）中的 v_i，在用底物引发反应的情况下使用 v_r。莫里森（Morrison）和沃尔什（Walsh）提供了一个明确的数学形式 v_r，这取决于 V_{max}、$[S]$、K_m、$[I]$、K_i 和 K_i^*，以及预温育酶抑制剂溶液与总反应混合物的最终体积之间的体积比[17]。另外，我们可以使用公式（5-58）作为经验方程，v_i（或 v_r）、v_s 和 k_{obs} 是可调参数，其值由非线性曲线拟合分析确定。

在酶抑制研究中，紧密结合的抑制剂反应曲线随时间的变化通常符合图 5-12 的 C。在这种情况下，反应曲线也将受到发生的游离酶和游离抑制剂消耗的影响。为了解释这些减少的量，提出公式（5-59）：

$$[P] = v_s t + \frac{(v_i - v_s)(1 - \gamma)}{k_{obs}\gamma} \ln\left[\frac{1 - \gamma \exp(-k_{obs}t)}{1 - \gamma}\right] \quad (5\text{-}59)$$

其中

$$\gamma = \frac{K_i^{*app} + [I_t] + [E_t] - Q}{K_i^{*app} + [I_t] + [E_t] + Q} = \frac{[E_t]}{[I_t]}\left(1 - \frac{v_s}{v_i}\right)^2 \quad (5\text{-}60)$$

而

$$Q = \left[\left(K_i^{*app} + [I_t] + [E_t]\right)^2 + 4\left(K_i^{*app}[E_t]\right)\right]^{\frac{1}{2}} - \left(K_i^{*app} + [I_t] - [E_t]\right) \quad (5\text{-}61)$$

$[E_t]$ 和 $[I_t]$ 分别是指酶和抑制剂的总浓度（即所有形式）。

如果抑制剂结合（或解离）与未加入抑制剂的酶反应速率相比非常慢，可以采用另一种方便的实验策略来测定 k_{obs}。基本上，在测量反应的稳态速度之前需要将酶与抑制剂预孵育不同的时间。例如，如果可以在 30 s 时间内测量反应的稳态速度，但抑制剂结合发生在几十分钟的过程中，可以在 0～120 min 时间范围内，每隔 5 min 将酶与抑制剂预孵育一次，并且在每个不同的预培养时间之后测量反应速率。对于固定的抑制剂浓度，在给定的预孵育时间之后，可以根据公式（5-62）计算残留的速度分数，以评估酶保留的活性比率：

$$\frac{V}{V_0} = \exp(-k_{obs}t) \qquad (5\text{-}62)$$

因此，在固定的抑制剂浓度下，速度将随着预孵育时间呈指数衰减，如图 5-15A 所示。为了方便起见，我们可以通过取每边的对数得到一个线性函数公式（5-63）：

$$2.303\log_{10}\left(\frac{V}{V_0}\right) = -k_{obs}t \qquad (5\text{-}63)$$

因此如图 5-15B 所示，k_{obs} 的值在固定的抑制剂浓度下，可以通过测定随预孵育时间变化的速度以半对数图表示时的斜率来确定。

（二）慢结合反应式的区分

为了区分图 5-12 所示的反应式，必须确定抑制剂浓度对表观一阶速率常数 k_{obs} 的影响。我们将介绍这些不同的反应式中 k_{obs} 和[I]之间的关系。在前面提到的莫里森（Morrison）和沃尔什（Walsh）[17]的综述中可以找到对这些方程的推导的全过程。

1）反应式 B

对于根据图 5-12 的反应式 B 进行结合的抑制剂，k_{obs} 和[I]由公式（5-64）给出：

$$k_{obs} = k_4\left[1 + \frac{[I]}{K_i^{app}}\right] \qquad (5\text{-}64)$$

当 K_i^{app} 近似于 K_i 时，则是真正的 K 取决于抑制剂与酶相互作用的模式（即竞争性、反竞争性、非竞争性等）。从公式（5-64）可以看出，k_{obs} 作为[I]的函数应该产生一个斜率等于 k_4/K_i^{app} 的直线，y 截距等于 k_4。因此，从这些数据的线性回归分析可以同时确定 k_4 和 K_i^{app} 的值。如果抑制剂类型是已知的，K_i^{app} 可以转换成 K_i，从而可以通过公式（5-55）来确定 k_3 的值。

2）反应式 C

对于与图 5-12 的反应式 C 相对应的抑制剂，k_{obs} 与[I]的关系如下：

$$k_{obs} = k_6 + \left[\frac{k_5[I]}{K_i^{app} + [I]}\right] \qquad (5\text{-}65)$$

这可以写为

$$k_{\text{obs}} = k_6 \left[\frac{1 + \dfrac{[\text{I}]}{K_i^{*\text{app}}}}{1 + \dfrac{[\text{I}]}{K_i^{\text{app}}}} \right] \tag{5-66}$$

根据公式（5-65）和公式（5-66）推测 k_{obs} 随着[I]的增大的形式变化，如图 5-16 所示。该图中曲线的 y 截距为速率常数 k_6 的估算值，而根据公式（5-66）在无限大的抑制浓度时推算 k_{obs} 的最大值为 k_6+k_5。因此，通过将数据的非线性曲线拟合到公式（5-65），可以同时得到 k_6、K_i^{app} 和 $K_i^{*\text{app}}$。

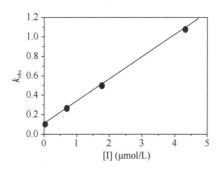

图 5-16 符合反应式 B 的慢结合抑制剂的 k_{obs}-[I]图

请注意，如果 K_i 比 K_i^* 大得多，慢结合抑制所需的抑制剂浓度将远低于 K_i。在这种情况下，[EI]的稳态浓度在动力学上是无关紧要的，因此将公式（5-65）改为

$$k_{\text{obs}} = k_6 \left[1 + \frac{[\text{I}]}{K_i^{*\text{app}}} \right] \tag{5-67}$$

对于这种情况，k_{obs} 与[I]呈直线关系，正如我们所看到的与反应式 B 相关的抑制剂。实际上，当在 k_{obs}-[I]的图中观察到直线关系时，不能轻易区分这两种情况。符合图 5-12 的反应式 C 的慢结合抑制剂的 k_{obs}-[I]函数见图 5-17。

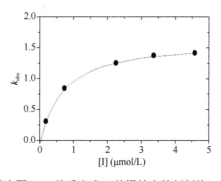

图 5-17 符合图 5-12 的反应式 C 的慢结合抑制剂的 k_{obs}-[I]函数图

3）反应式 D

如果反应式 C 中的动力学常数 k_6 非常小，或者如反应式 D 中那样为零，那么抑制剂将成为酶的不可逆灭活剂。在这种情况下，

$$k_{obs} = \frac{k_5[I]}{K_i^{app} + [I]} \qquad (5\text{-}68)$$

这里 k_{obs} 作为[I]的函数将是双曲线形式（图 5-18A），但是 y 截距将为零（反映为 k_6 值为零或接近零）。

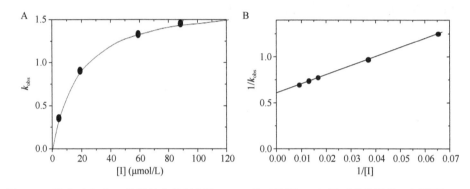

图 5-18　符合反应式 D 的慢结合抑制剂的 k_{obs}-[I]的函数图（A）及对其数据作双倒数图（B）
非零截距表示抑制通过两步机制进行：先是结合初始步骤，然后是较慢的抑制反应

对于不可逆的抑制剂，EI 复合物的形成导致酶的不可逆失活，受到后续反应不可逆性（以 k_5 表示）的极大干扰。因此，蒂普顿（Tipton）[18]和威尔逊（Wilson）等[19]指出，对于不可逆的抑制剂，K_i 不再代表 EI 复合体的简单解离常数。相反，K_i^{*app} 在公式（5-65）中定义为达到酶失活的最大反应速率所需的抑制剂的表观浓度。威尔逊（Wilson）等也用 k_{inact} 代替公式（5-65）中的 k_5，将其定义为酶失活的最大反应速率。利用这些定义，人们根据参数 k_{inact} 和 K_i^{*app} 从 Henri-Michaelis-Menten 方程可分别联想到 V_{max} 和 K_m。正如计算 k_{cat} 与 K_m 的比值是测定酶催化反应的催化效率的最佳方法，不可逆抑制剂的抑制率的最佳测定方法是测定 k_{inact}/K_i。

类似于 Lineweaver-Burk 双倒数图，$1/k_{obs}$ 与 $1/[I]$ 的双倒数函数为线性关系。在慢结合反应（由 k_5 表示）发生之前，大多数不可逆的抑制剂以可逆的方式（由 K_i^{*app} 表示）与酶活性位点结合。因此，如图 5-12 中反应式 D 所示，酶的抑制需要两个连续步骤：结合过程和抑制过程。在这种表现方式下，不可逆抑制剂的实验数据显示，$1/k_{obs}$ 和 $1/[I]$ 之间呈线性关系，并且该直线以大于零的值与 y 轴相交（5-18B）。然而，如果可逆的 EI 复合物形成的速率相对于抑制的速率在动力学上是不明显的，则双倒数图将通过原点：

$$E + I \xrightarrow{k_{inact}} E\text{-}I$$

尽管不像图 5-12D 所示的两步抑制过程那么常见，但是有时可以看到这种类型的对于酶的小分子亲和标记。例如，化合物甲基磺酰氟通过在一步抑制步骤中磺酰酶复合物的不可逆形成而使乙酰胆碱酯酶失活（图 5-19）。

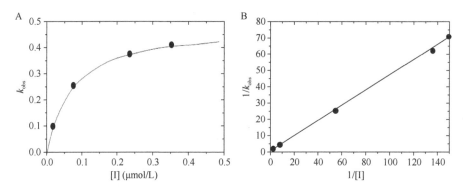

图 5-19　由甲基磺酰氟抑制乙酰胆碱酯酶的 k_{obs}-[I] 函数曲线图（A）及对其数据作双倒数图（B）

（三）抑制剂与酶的相互作用类型

莫里森（Morrison）等指出，几乎所有的慢结合酶抑制剂都可以作为竞争性抑制剂在酶活性位点结合[17]。然而，原则上慢结合抑制剂可以通过竞争性、非竞争性或反竞争性抑制模式与酶相互作用。

为区分抑制剂的抑制类型，从而确保使用适当的 K_i 和 K_i^* 的关系式，必须在固定浓度的抑制剂下测定不同底物浓度对 k_{obs} 值的影响。邹承鲁等[20]已经提出对于竞争性、非竞争性和反竞争性不可逆抑制剂的底物浓度与 k_{obs} 之间的关系（对于符合反应式 C 的慢结合抑制剂，也将观察到类似的关系）。这些关系的更广义形式在公式（5-69）～公式（5-71）中给出。

对于竞争性抑制剂：

$$k_{obs} = \frac{k}{1 + \dfrac{[S]}{K_m}} \tag{5-69}$$

对于非竞争性抑制剂（$\alpha = 1$）：

$$k_{obs} = k \tag{5-70}$$

对于反竞争性抑制剂：

$$k_{obs} = \frac{k}{1 + \dfrac{K_m}{[S]}} \tag{5-71}$$

这些方程中的常数 k 可以被视为曲线拟合的经验变量。根据公式（5-69）～公式（5-71），我们看到竞争性慢结合抑制剂显示 k_{obs} 随底物浓度升高而降低。而对于非竞争性抑制剂，k_{obs} 不会随着底物浓度而变化（当 $\alpha = 1$ 时），而对于反竞争性抑制剂，k 将随着底物浓度的增加而增加。k_{obs} 与底物浓度的关系如图 5-20 所示。

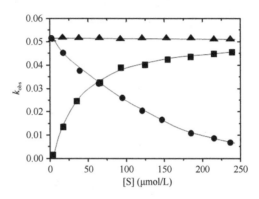

图 5-20　与酶相互作用的竞争性（圆）、非竞争性（三角形）及反竞争性（正方形）的时间依赖性不可逆抑制剂的 k_{obs} 对底物浓度的依赖性

（四）可逆抑制剂的鉴定

已经确定，当符合图 5-12 的反应式 C 的抑制剂具有非常低的 k_6 值时，根据反应式 D 难以区分这种抑制模式与真正的不可逆抑制。为区分这两种模式，必须确定是否可以通过从酶溶液中除去未结合的抑制剂来获得具有活性的酶。这通常通过大量稀释、透析、酶溶液与过滤器结合或尺寸排阻色谱来完成。例如，假设慢结合抑制剂在 100 nmol/L 浓度下将酶反应的稳态速度降低 50%，如果我们准备 1 mL 含有 100 nmol/L 抑制剂的酶样品，并将该样品用 1 L 缓冲液大量透析，则透析管中酶的最终浓度基本上不变，但游离抑制剂的浓度将降低 99.9%。如果抑制剂可逆地与酶结合，我们将观察到酶活性在透析后恢复至接近原始的不受抑制的活性。若 k_6 值非常低，这可能需要几个小时或几天，以便自由和结合抑制剂在透析后重新建立平衡。尽管如此，只要 k_6 不为零，最终就会发生预期的抑制反转。需要注意的是，在整个操作过程中必须确保酶的稳定性，否则将无法区分残留抑制（由于抑制剂）与酶失活（由于蛋白质变性）。

为了区分共价失活与非共价抑制，可以在酶样品变性时检测释放的原始抑制剂分子。假设慢结合抑制剂实际上作为目标酶的共价亲和标记，如果我们在抑制后使酶变性，然后将变性蛋白与其余溶液分离，则由于抑制剂和酶之间的共价连接，抑制性分子将保留在变性蛋白质中，如果抑制剂与酶非共价结合，则在酶变性时将其释放到溶液中。

2019 年，佐娅（Zoja）等在对前列腺素 G/H 合成酶（PGHS2）诱导型同工酶抑制剂的研究中发现一种化合物 DuP697 显示出竞争性、缓慢结合的不可逆酶灭活剂的动力学特征。DuP697 浓度对 k_{obs} 的函数图为通过原点的双曲线。用缓冲液对抑制后的酶进行大量透析没有导致酶活性的恢复，表明抑制剂与酶共价结合或 k_6 的值非常小。

为了确定 DuP697 与酶的相互作用方式，用亚化学计量浓度的抑制剂处理了 10^{-6} mol/L 的该酶，并使所得溶液反应了很长时间。然后通过加入 4 体积的 1∶1 甲醇/乙腈混合物使酶变性并沉淀。将变性的蛋白质溶液通过 30 kDa 的截留过滤器离心，并将滤液在氮气下干燥，再溶解在少量的二甲基亚砜或乙腈中。然后通过反相高效液相色谱法（RP-HPLC）分析，并通过测量再溶解的滤液对酶的抑制效果，来确定经过处理后的酶中释放出的 DuP697 的量。发现以这种方式回收了原酶样品中 97%的 DuP697，结论是 DuP697 不是酶的共价修饰剂，而是符合图 5-13 的反应式 C 的抑制剂，其 k_6 值极小。

（五）慢结合抑制剂的实例

文献报道了很多酶的慢结合、慢紧结合、亲和标记和基于机理的抑制剂的实例[21]。如莫里森（Morrison）和沃尔什（Walsh）[17]的综述中提出了丝氨酸蛋白酶通过形成底物的肽羰基碳的四面体过渡态和作为攻击性亲核试剂的活性位点丝氨酸残基而水解肽键。该研究利用硼在制备过渡态类似物中作为丝氨酸蛋白酶抑制剂的四面体配体球的能力[22]。克特纳（Kettner）等[23]使用这一策略来制备基于 γ-氨基硼酸盐类似物的丝氨酸蛋白酶胰凝乳蛋白酶和白细胞弹性蛋白酶的选择性抑制剂。他们发现结合苯丙氨酸和缬氨酸的氨基硼酸盐类似物的琥珀酰胺甲酯分别是胰凝乳蛋白酶和白细胞弹性蛋白酶的高选择性抑制剂。白细胞弹性蛋白酶的选择性抑制剂在治疗呼吸系统的许多炎性疾病（如囊性纤维化、哮喘）中具有潜在的治疗价值。R-Pro-boroPhe-OH 结合胰凝乳蛋白酶和 R-Pro-boroVal-OH 与白细胞弹性蛋白酶结合的动力学研究表明，两种抑制剂都起到图 5-13 反应式 C 中的竞争性慢结合抑制剂的作用。对于 R-Pro-boroPhe-OH 抑制胰凝乳蛋白酶，这些工作者确定了 K_i 和 K_i^* 分别为 3.4 nmol/L 和 0.16 nmol/L。同样，对于由 R-Pro-boroVal-OH 抑制的白细胞弹性蛋白酶 K_i 和 K_i^* 分别为 15 nmol/L 和 0.57 nmol/L。有趣的是，Kettner 和 Shenvi 也发现 R-Pro-boroPhe-OH 是丝氨酸蛋白酶组织蛋白酶 G 的纳摩尔抑制剂，但在这种情况下，没有观察到慢结合行为[23]。他们表示这些抑制剂的慢结合行为反映了活性位点丝氨酸的初始四面体加合物的形成，随后是酶的构象重排以优化结合（推测在存在组织蛋白酶 G 的情况下不发生该构象变化）。

参 考 文 献

[1] Xu X F, Lyu P, Wang J J, et al. Design, synthesis and biological evaluation of 4-aminopyrimidine or 4, 6-diaminopyrimidine derivatives as beta amyloid cleaving enzyme-1 (BACE1) inhibitors. Chem Biol Drug Des, 2019, 93(5): 926-933.

[2] 朱小花. 组蛋白去乙酰化酶抑制剂 N-(6-氧代-6-(苯氨基)己基)-2-氨基苯甲酰胺类衍生物的设计、合成与活性评价. 兰州: 兰州大学硕士学位论文, 2017.

[3] 胡海峰, 朱宝泉, 龚炳永. 乙酰胆碱酯酶及其抑制剂的研究进展. 国外医药(抗生素分册), 1999, 20(2): 81-87.

[4] Min W, Mickens J, Gao M, et al. Design and synthesis of carbon-11-labeled dual aromatase-steroid sulfatase inhibitors as new potential PET agents for imaging of aromatase and steroid sulfatase expression in breast cancer. Steroids, 2009, 74: 896-905.

[5] Nilanga N A A, Arulmoly K, Priyankara S A S, et al. A forgotten cause of allergy at ER that is still difficult to diagnose and treat at poor resource setting: angioedema after using angiotensin converting enzyme inhibitors for 4 years. Case Reports Immunol, 2019: 1676391.

[6] Menteşe E, Emirik M, Sökmen B B. Design, molecular docking and synthesis of novel 5, 6-dichloro-2-methyl-1H-benzimidazole derivatives as potential urease enzyme inhibitors. Bioorg Chem, 2019, 86: 151-158.

[7] Min M W, Kim C E, Chauhan S, et al. Identification of peptide inhibitors of matrix metallo-proteinase 1 using an in-house assay system for the enzyme. Enzyme Microb Technol, 2019, 127: 65-69.

[8] Liu H, Yang X J, Zhao H L, et al. New method for detecting the suppressing effect of enzyme activity by aminopeptidase N inhibitor. Chem Pharm Bull, 2019, 67(2): 155-158.

[9] 张致平. 抗菌药物研究进展. 中国抗生素杂志, 2002, 27(2): 67-79.

[10] 张宇, 刘褚雯, 刘进兵, 等. 2, 4-噻唑烷二酮衍生物抑制酪氨酸酶活性研究. 邵阳学院学报(自然科学版), 2019, 16(2): 45-51.

[11] Akdemir A, Angeli A, Gkta F, et al. Novel 2-indolinones containing a sulfonamide moiety as selective inhibitors of candida β-carbonic anhydrase enzyme. J Enzyme Inhib Med Chem, 2019, 34(1): 528-531.

[12] 刘瑞丽, 丁美萍, 徐雯, 等. α-葡萄糖苷酶抑制剂研究进展. 药物生物技术, 2009, 16(4): 388-392.

[13] 蔡佳利, 李硕, 周成合, 等. 咪唑类抗癌药物研究进展. 中国新药杂志, 2009, 18(7): 598-608.

[14] Zhan F, Zhao G P, Li X, et al. Inositol-requiring enzyme 1 alpha endoribonuclease specific inhibitor STF-083010 protects the liver from thioacetamide-induced oxidative stress, inflammation and injury by triggering hepatocyte autophagy. Int Immunopharmacol, 2019, 73: 261-269.

[15] 郑卫. β-内酰胺酶及其抑制剂研究进展. 国外医药(抗生素分册), 2001, 22: 49-56.

[16] Wachter R, Viriato D, Klebs S, et al. Early insights into the characteristics and evolution of clinical parameters in a cohort of patients prescribed sacubitril/valsartan in Germany. Postgrad Med, 2018, 130(3): 308-316.

[17] Morrison J F, Walsh C T. The behavior and significance of slow-binding enzyme inhibitors. Adv Enzymol Relat Areas Mol Biol, 1988, 61: 201-301.

[18] Tipton K F. Enzyme kinetics in relation to enzyme inhibitors. Biochem Pharmacol, 1973, 22(23): 2933-2941.

[19] Wilson I B, Alexander J. Acetylcholinesterase: reversible inhibitors, substrate inhibition. J Biol Chem, 1962, 237(4): 1323-1326.

[20] Tian W X, Tsou C L. Determination of the rate constant of enzyme modification by measuring the substrate reaction in the presence of the modifier. Biochemistry, 1982, 21(5): 1028-1032.

[21] 徐倩玉, 兰玉, 刘嘉欣, 等. 乙酰羟酸合酶抑制剂类除草剂的植物抗性机制. 作物学报, 2019, 45(9): 1295-1302.

[22] 陈清西. 酶学及其研究技术. 厦门: 厦门大学出版社, 2015.

[23] Kettner C A, Shenvi A B. Inhibition of the serine proteases leukocyte elastase, pancreatic elastase, cathepsin G, and chymotrypsin by peptide boronic acids. J Biol Chem, 1984, 259(24): 15106-15114.

第六章 酶在合成中的应用

第一节 酶在生物合成中的应用

随着合成化学技术的日渐发展，越来越多具有各种生物活性的天然产物及其衍生物被合成出来。然而，在生产实际中，相当数量的目标分子具有如下的特点：①结构复杂；②反应过程中容易产生副产物；③产物要求光学纯；等等。使用常规合成方法及化学催化剂无法解决或很难解决这些问题，因此，寻找新型催化剂并用其简单、高效地合成复杂化合物具有重要的理论意义和研究价值。酶是具有催化作用的生物大分子，具有催化反应类型广、催化效率高、立体选择性好、反应条件温和等优势。所以，利用酶在体外进行生物合成是当今合成化学及合成生物学上的新热点。本节将对酶催化反应在生物合成中的应用进展作简要介绍。

（一）硫肽类抗生素药物的生物合成

黄素依赖的加氧酶（flavin-dependent oxygenase）是一类以黄素腺嘌呤二核苷酸或黄素单核苷酸为辅酶的氧化还原酶，在生命过程的各个阶段参与各种与氧化还原相关的生化反应。2017 年，中国科学院上海有机化学研究所生命有机化学国家重点实验室研究员刘文课题组和金属有机国家重点实验室研究员郭寅龙课题组合作，以硫肽类抗生素的典型代表硫链丝菌素（thiostrepton，TSR）为研究对象，报道了一例黄素依赖的加氧酶通过底物的立体专一性氧化来促进吲哚五元环的扩环重排，揭示了自然界中一种喹啉单元形成的酶学新机制[1]。

硫肽类抗生素是一类富含元素硫、结构被高度修饰的环肽类抗生素，大多具有良好的抗菌活性。含喹啉酸（quinoline acid，QA）单元的双环硫肽具备抗耐药菌活性，并具有抗癌、抗疟、抗支原体以及免疫抑制等活性。刘文课题组长期从事硫肽类抗生素的生物合成机制及分子改造研究，前期研究工作证实了 QA 部分的修饰对于硫肽类抗生素的生物活性和理化性质改善十分重要。QA 的生物合成起源于 L-色氨酸，但如何经过分子内的重排扩环反应形成关键的中间体喹啉酮（quinoline ketone）并不清楚。结合体内生物转化、体外生化验证等多种手段，研究人员发现黄素依赖的加氧酶能够以还原态黄素 $FADH_2$ 为辅因子，利用 O_2 立体专一性地氧化中间体 2-甲基吲哚-3-丙酮酸并形成 C3 位为 S 构型的高活泼性的羟基中间体，从而诱发了包括 C—N 键的断裂和重新形成紧密偶联在内的水解开环、环化和芳构化反应，促使吲哚转化为喹啉单元（这一过程如图 6-1 所示）；后者经过修饰与活化之后，与来源于前体肽的硫肽核心骨架整合，形成 TSR 型双环硫肽成员所特有的侧环体系。

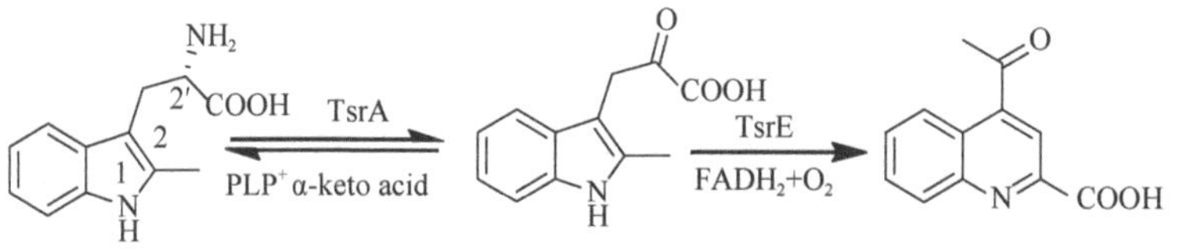

图 6-1　吲哚环转化为喹啉单元示意图

TsrA. 氨基转移酶；TsrE. 脱氢酶；PLP+. 磷酸吡哆醛；α-keto acid. α-酮戊二酸

郭寅龙课题组运用质谱分析手段，对这一不同寻常的扩环重排过程中产生的高活泼性中间体进行了捕获和鉴定。上述发现代表了色氨酸官能团化的一种新策略，丰富了有关 TSR 型双环硫肽侧环构筑的认知，所催化的选择性氧化反应在有机化学合成中具有潜在的应用价值。这种吲哚扩环机制在自然界中可能普遍存在，如植物来源的抗疟药奎宁（quinine）类天然产物的形成也经历了类似的选择性氧化诱发的扩环过程（奎宁结构如图 6-2 所示）。

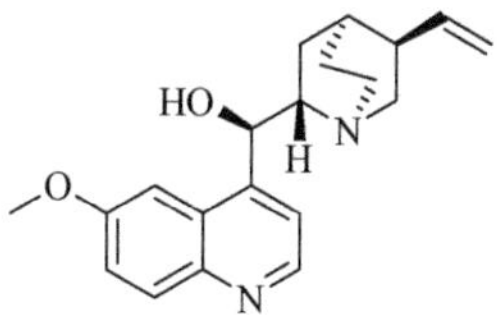

图 6-2　奎宁结构示意图

（二）脂肪酶在生物合成中的应用

脂肪酶催化反应因具有突出的对底物活性基团位置的专一性和对手性化合物的立体选择性，且反应条件温和的优点而受到人们的重视，在药物学、食品工业、农业化学等领域的新产品研究开发中起着越来越重要的作用。

脂肪酶能在有机溶剂中催化多种酯合成反应。米勒（Miller）等研究了固定化脂酶（lipozyme）在有机溶剂中催化酯键合成的反应，底物包括饱和的、不饱和的和带有各种侧链的脂肪酸与直链、支链（支链上带有各种基团如烷基、双键、环己基、苯基、氨基、腈基、羧基、芳环、杂环等）醇或多元醇之间的酯化反应，反应温度为 60℃，产物的产率达 96%以上，照此计算，每千克固定化脂酶可生产1.2 t 酯[2]。同时还通过两种异构体酯化反应速率的差别来辨别和分离异构体，如反式 4-甲基环己醇与肉豆蔻酸的酯化反应速率比顺式 4-甲基环己醇高 2 倍。类似的酯合成反应还被用于聚甘油脂肪酸酯、蜡酯、糖酯、2-辛基十二烷基肉豆蔻酸酯、脂肪酸三甲基硅烷酯、肉豆蔻酸异丙酯的合成，以及化学合成中间体的立体或区域选择性酰化。

有机溶剂中酶的专一性在多官能团化合物的区域专一性酰化反应中表现得非常突出。多官能团化合物包括从相对简单的脂族二醇和氨基醇到复杂的低聚糖。化学合成法普遍缺乏区域选择性，要实现区域专一性合成则需要昂贵的保护和去保护步骤。脂肪酶具有极高的基团专一性。例如，猪胰脂肪酶在转酯反应中对伯羟基具有极高的选择性，在多个伯羟基和仲羟基同时存在时，该酶只酰化伯羟基；由 *Mucor miehei* 脂肪酶催化脂肪酸与聚甘油的酯化反应，酯键只发生在甘油的伯位上；*Aspergillus niger* 脂肪酶在叔戊醇中催化 6-氨基-1-己醇的酯化反应时，羟基的酯化反应速率较氨基大 37 倍。猪胰脂肪酶及假单胞菌脂肪酶也有类似的结果。而化学法酯化反应则倾向于亲核性更强的氨基。这一发现对于在有机合成中制备选择性保护的多官能团中间体非常有用。通过对甾体分子进行修饰可得到各种光学活性药物。但由于甾体分子存在大量的潜在反应点，这种修饰难以用化学法完成。而具有位置选择性的脂肪酶可以实现甾类物质的区域专一性氧化，*Chromobacterium viscosum* 脂肪酶在无水丙酮中选择性地催化 5-雄（甾）烷-3β,17β-二醇与三氟乙基丁酸酯之间的转酯反应，产物中只有 3β-丁酸酯。这样便可对剩下的另一自由羟基进行化学氧化，接着进行酯的化学水解。这一方法为本类化合物的区域专一性氧化提供了一条新的途径。除了相对简单的脂族二醇、氨基醇、甾族二醇外，脂肪酶还能够催化碳水化合物的区域选择性酰化反应。猪胰脂肪酶在吡啶（少数几种能够溶解碳水化合物的溶剂之一）中可以催化葡萄糖、半乳糖、甘露糖及果糖的伯酰化反应，所用的酰化剂为高活性的三氯乙醇脂肪酸（C_2-C_{12}）酯，反应在克级规模上进行。*Candida antarctica*、*Mucor miehei* 及 *Humicola* sp.脂肪酶可催化糖苷化合物（从甲基到正丁基糖苷）与羧酸（从丁酸到十八酸）的直接酯化反应。由 *Candida antarctica* 脂肪酶催化糖苷化合物酯化反应生产生物表面活性剂现已达到中试规模。可以用甘油三酯代替三氯乙醇羧酸酯进行糖酯的合成。例如，猪胰脂肪酶在吡啶中可以催化植物或动物油脂与山梨糖醇间的酯化反应，使山梨糖醇的一个伯羟基发生单酰化。该酶对油脂的脂肪酸种类与位置无专一性，且所有合成的山梨糖醇单酯具有较好的表面活性，还可与其他糖醇如木糖醇、核糖醇、阿拉伯糖醇及甘露糖醇等发生反应。此反应的显著特点是二酰化和多酰化的产物较少，提高了最终产物作为表面活性剂的质量。

三氯乙醇羧酸酯也可被异丙烯醇或乙烯醇的乙酸酯或丙酸酯代替用于酰化糖、乙二醇、多元醇及有机金属化合物等物质的酰化反应。因离去基团是丙酮或乙醛的烯醇化物，它们很容易互变异构为丙酮或乙醛，易于从反应体系中除掉，从而消除了离去基团进攻新形成的酯的可能性，而且简化了产物的回收操作。

（三）β-胡萝卜素的生物合成

β-胡萝卜素是数百种类胡萝卜素（carotenoid）中可转化为维生素 A 效率最高的一种，已被人们视为第一防癌维生素，也是联合国粮食及农业组织和世界卫生组织所认定的 A 类营养色素之一。β-胡萝卜素目前主要用作食品添加剂（着色剂和营养增补剂）与饲料添加剂，少部分用作医药及化妆品添加剂。利用化学合成法生产 β-胡萝卜素在欧美发达国家有成熟的技术，但由于人们崇尚大自然和绿色食品的心理日益增强，化学品的市场售价远不及天然品的高，故近年来各国都已转向天然产品的开发。从植物原料中可以提取天然β-胡萝卜素，但受条件和产率限制而难以大量生产。随着食品生物技术的迅速发展，通过利用微生物技术已成功合成天然β-胡萝卜素。利用发酵技术生物合成β-胡萝卜素的具体工艺过程为：保藏菌种→菌种活化及扩培→深层好氧发酵培养→收集菌体→细胞破壁→溶剂萃取→低温浓缩、结晶→粗品→精制→精品→调配（水溶性制剂）。

第二节　酶在有机合成中的应用

酶是具有催化活性的生物大分子，在生物体内它们几乎参与了所有的代谢过程，催化生命体内化学反应的发生，使人体正常的新陈代谢得以运行。酶作为生物催化剂，具有极高的催化效率，但是它的反应条件比普通化学反应条件苛刻得多，一般都是在常压、接近常温（37℃左右）和近中性介质中进行的。这就使人们进入了一个思考误区，即酶只能在水溶剂中使用，避免酶被破坏，反应条件还要温和。那么要如何才能释放酶的应用潜力呢？

有机合成是当前发现新药物不可或缺的重要手段，并在新材料等诸多方面起着十分重要的作用。而很多有机合成反应需要用到很多有机溶剂，如二氯甲烷、四氢呋喃、甲苯等，同时很多反应需要在高温回流的情况下进行，如 Suzuki 偶联反应，其反应温度在 80℃以上，pH 常常大于 10。此外，现代合成有机化学要求反应具有高的立体选择性和产率。美国食品药品监督管理局规定，凡是不对称药物都必须以纯立体异构体上市。因为不对称药物在与体内受体结合时往往具有高度的选择性，就像钥匙与锁的关系一样，而它的对映体或差向异构体则往往是无效的，有时甚至是有副作用。因此在制备药品及农用化学品时，对于不对称的化合物，纯手性是其作为药物所必须具有的基本条件。

因此要想使酶在有机合成中得到广泛的应用，必须解决以下几大问题：①酶很敏感。大部分酶都是十分敏感的，高温高压通常会令其失活。②酶很昂贵。有机合成不仅要力求得到目标产物，同时还要强调成本，与化学催化剂相比，酶的价格较为昂贵，而且储存和运输不便。③酶在非水环境下的活性不佳。有机合成通常需要使用有机溶剂，而这些溶剂无疑会破坏酶的活性，导致酶失活。

针对以上的问题，经过几十年来不断研究发现，很多有机反应在酶的催化作用下只需在温和条件下就能反应。有些酶比较贵，但有些酶目前已能批量生产。与化学催化剂相比，酶通常具有高的催化活性，因而假如能使总反应过程的效率提高，即使使用了相当贵的酶也是值得的。酶在水中通常具有最高的催化活性，但酶在有机介质中进行生化转换也有规律可循。

最重要的是，酶不只对天然化合物才有活性。许多酶对非天然化合物也有活性，并具有与天然化合物同样高的专一性。因此酶具有广泛的底物特异性。尽管非天然化合物的反应速率会比天然化合物的稍低一些，但一般都能达到一定的速度。

到目前为止已有 2100 多种酶被国际生物化学协会认可，分属氧化还原酶、转移酶、水解酶、裂合酶、异构酶、连接酶六大类[1]。据推测，自然界存在 25 000 多种酶。由此可见，还有 90%以上的酶有待开发与利用。在已经研究过的酶中只有很小一部分已经上市。具体的酶的种类及其催化的化学反应类型如表 6-1 所示。

表 6-1　酶的种类及其催化的化学反应类型

酶的种类	催化的化学反应类型
氧化还原酶	氧化还原反应：C—H、C—C、C=O、C=C 键的氧化和加氢
转移酶	基团的转移：醛基、羰基、酰基、糖基和甲基等
水解酶	酯、酰胺、环氧化物、腈和酸酐的水解和形成
裂合酶	C=C、C=N、C=O 键上的小分子的加成与消除
异构酶	异构化：如消旋化和差向异构化等
连接酶	C—O、C—S、C—N、C—C 键的形成与开裂，伴有三磷酸键的断裂

（一）有机合成中常见的酶的类型

1. 水解酶

一直以来能够促进加成反应的酶比较少，直到后来发现在有机溶剂中水解酶对于加成反应具有一定的促进作用，如脂肪酶催化的不对称 Aldol 反应和水解酶催化的迈克尔（Michael）加成反应[3]。

1）脂肪酶催化的 Aldol 反应

2008 年，余孝其等首次报道了脂肪酶催化不对称 Aldol 反应（图 6-3）。他们选用了 7 种不同的脂肪酶催化醛与丙酮的 Aldol 反应[4]。研究结果表明，猪胰脂肪酶（porcine pancreas lipase，PPL）的催化效果最好，产率可以达到 96.4%，同时脂肪酶也表现出了一定的不对称催化活性。

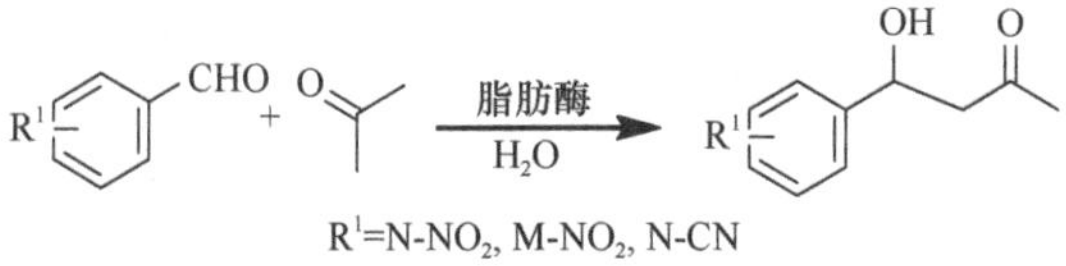

图 6-3 脂肪酶催化的 Aldol 反应

2）水解酶催化的 Michael 加成反应

加成反应是有机化学中常用的反应类别之一，它在有机合成中具有重要的意义。但是到目前为止，具有天然加成活性的酶较少。最近人们发现水解酶在一定的条件下具有催化加成反应的活性，利用酶的加成活性人们合成了各种天然、非天然氨基酸、芳香性氮杂环衍生物等具有生物活性或药物活性的化合物。

在酶催化的加成反应中，Michael 加成反应是研究最多的一类。水解酶通过催化 C—C 键，使其能够高效地催化 Michael 加成反应（图 6-4）[3]。

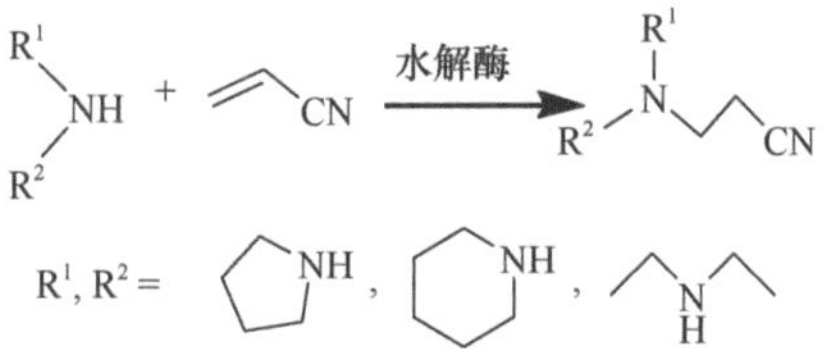

图 6-4 水解酶催化的 Michael 加成反应

3）酰化酶催化马尔科夫尼科夫加成反应

相关研究表明，某些酰化酶不仅可以催化迈克尔（Michael）加成反应，还能催化马尔科夫尼科夫（Markovnikov）加成反应（图 6-5）。起初青霉素 G 酰化酶能够有效地催化别嘌醇与乙烯酯的 Markovnikov 加成反应，在该酶的催化下别嘌醇能和不同链长的乙烯酯发生 Markovnikov 加成反应。通过控制实验考察不同乙烯酯结构对酶促 Markovnikov 加成反应的影响，结果发现是青霉素 G 酰化酶的活性中心催化了该反应过程[5]。

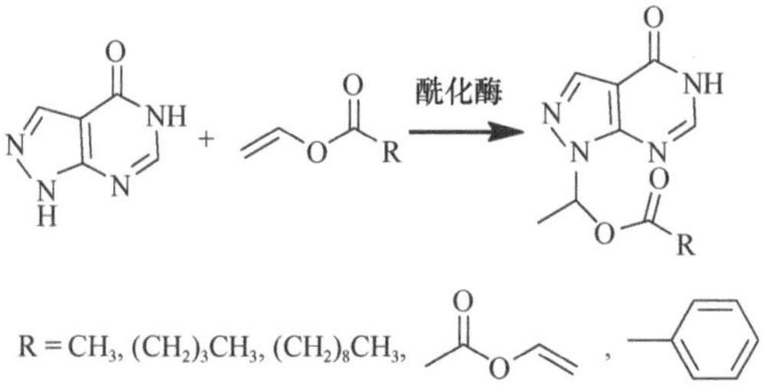

图 6-5 酰化酶催化 Markovnikov 加成反应

4）脂肪酶催化的羟醛缩合反应

另一类 C—C 键加成反应是 *Candida antarctica* 的脂肪酶 B（CAL-B）催化的正己醛的羟醛缩合反应（图 6-6）[6]。尽管这个反应不具备对映选择性，但是其非对映体选择性与自发的反应很有区别。实验结果证明，用丙氨酸代替丝氨酸后羟醛缩合反应活性增加了大约 2 倍。这个反应的机理与 Michael 加成反应类似，都是通过形成烯醇式中间体进行反应。

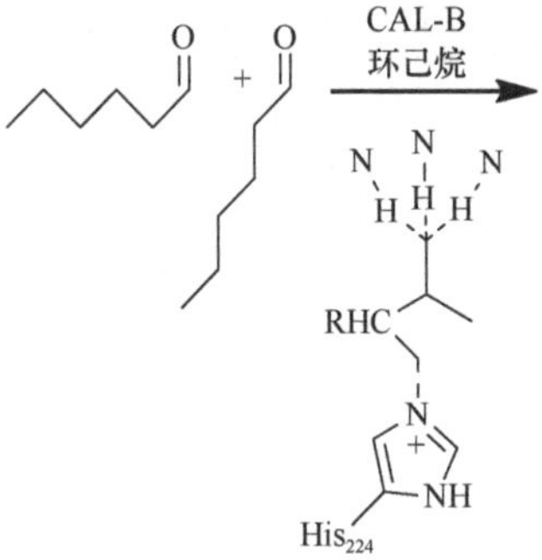

图 6-6　脂肪酶催化的羟醛缩合反应
R 代表任意基团

2. 氧化还原酶

氧化还原酶在有机合成中获得了广泛的应用，尤其是在手性药物、功能性高分子聚合物的合成方面，其中羰基的不对称还原是生物催化中最活跃的领域之一。

1）羰基的还原

用完整细胞或离体酶还原羰基化合物生成相应的醇已进行了系统的研究工作，可将前体酮经不对称还原得到相应的手性醇。如在辅酶 I（NADH）的参与下，7,7-二甲基-2-烯-二环-6-庚酮在一种被孢霉（*Mortierella*）产生的 3α,20-羟甾醇脱氢酶（3Q,20B-HSD）作用下还原生成等摩尔的两种醇的混合物，其反应如图 6-7 所示。催化生成的内醇（endo-alcohol）可用于合成农业害虫（如甘蔗蛀虫）的外激素[7]。

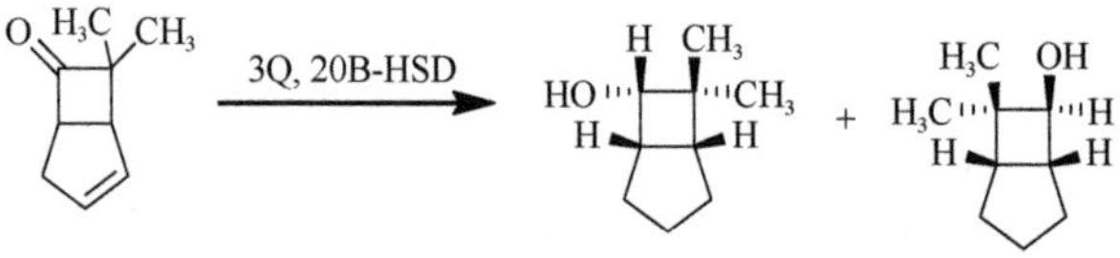

图 6-7　脱氢酶催化的羰基还原反应

对于一些特殊的含羰基化合物，也可以用相应的酶进行还原反应。例如，乳酸脱氢酶（lactate dehydrogenase，LDH）能催化 Q-酮酸还原为（R）或（S）-羟基酸，兔肌肉脱氢酶也常用于 α-酮酸的生物还原。另外，面包酵母（baker's yeast，或称酿酒酵母 *Saccharomyces cerevisiae*）含有多种脱氢酶而被广泛应用于酮的不对称还原中。简单的直链酮和芳香族酮的还原遵循普雷洛格（Prelog）规则，产生相应的（S）-醇，无环 β-酮酯的还原产物是 β-羟基酯，而 α-单取代的 β-酮酯的还原产物是非对映体顺式和反式 β-羟基酯，面包酵母脱氢酶还原无环酮的反应如图 6-8 所示[8]。

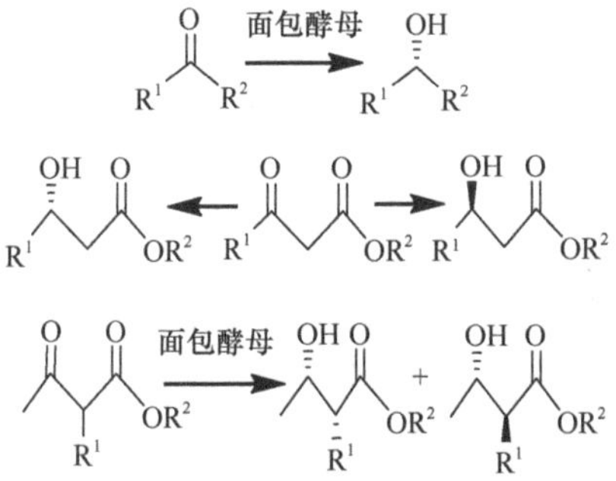

图 6-8　面包酵母催化的酮的还原

2）硝基的还原

苯胺是工农业生产中的一个重要中间体，它的合成非常重要。酵母中含有多种还原酶，能催化芳香族硝基化合物还原生成相应的苯胺。酵母还原二硝基芳香化合物时表现出一定的区位选择性，如酵母催化还原二硝基喹啉（dinitroquinoline）生成 6-硝基-氨基-喹啉（图 6-9），而没有别的区位异构体产生，在有机合成中有很大的意义[9]。

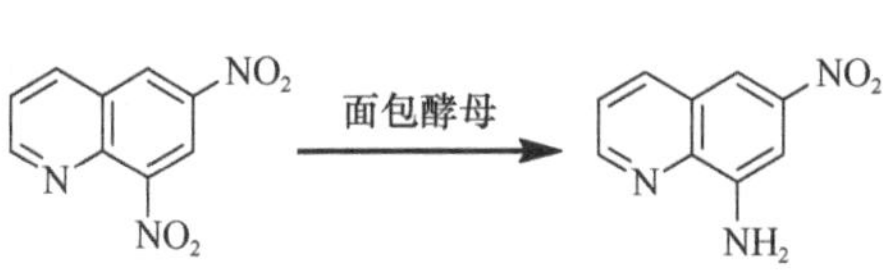

图 6-9　酵母还原酶还原硝基

3）Baeyer-Villiger 单加氧酶

Baeyer-Villiger 反应是一种在有机合成中广泛应用的转化反应，该反应可以将脂环酮、脂肪酮、芳香酮及醛成功氧化为内酯。催化 Baeyer-Villiger 反应的酶属于黄素类单加氧酶。在这种酶催化的氧化反应机理中，氧分子中的一个原子被结合到底物中，而另一个则被还原为 H_2O。催化活性需要两个辅因子。首先是一个在活性位点中非共价结合的、被还原的黄素[如 FAD 或黄素单核苷酸（FMN）]。黄素类单加氧酶除全蛋白质外，首先包含一个黄素辅因子作为其活性中心的组成部分；其次是一个被还原的烟酰胺辅因子（NADPH 或 NADH），为酶提供还原黄素用的电子。在 NADPH 存在下能发生从酮到内酯的有效转化，辅酶的循环由葡萄糖-6-磷酸脱氢酶催化，如图 6-10 所示。

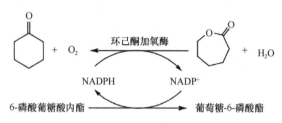

图 6-10　黄素类单加氧酶催化 Baeyer-Villiger 反应

4）烯烃的环氧化反应

手性环氧化物是一种重要的手性合成前体，可与多种亲核性试剂反应产生重要的中间体。单加氧酶催化的烯烃环氧化反应可用于制备小分子环氧化物，其中有些产物是传统化学法所不能制备的。单加氧酶可催化末端烯烃的环氧化反应，如食油假单胞菌（*Pseudomonas oleovorans*）中的羟化酶，它主要适用于中等长度直链烯的环氧化，生成（R）-1,2 环氧化物。对于 α,ω-二烯则转化为相应的末端（R,R）-二环氧化物，它对环状、分支、非末端烯烃、芳香族化合物和与芳环共轭的双键均不能进行环氧化作用。最近的研究还发现，一些微生物产生的单加氧酶可催化非末端烯烃的环氧化，例如，分枝杆菌和黄杆菌单加氧酶可将 2-戊烯氧化为（R,R）-2,3-环氧戊烷，ee［（R）型对映体的纯度］分别为 74%和 78%[10]。

5）单加氧酶对硫原子的催化氧化

手性亚砜越来越多地作为合成子应用于手性药物的合成，以及作为手性助剂应用于不对称合成中，是不对称合成中的重要手性试剂。单加氧酶逐步氧化硫醚就可得到手性亚砜。二硫缩醛分子中存在两个硫原子，可以被氧化为亚砜和双亚砜，例如，2-叔丁基-1,3-二硫杂环己烷被长蠕孢（*Helminthosporium* sp.）的单加氧酶氧化得到（1S,2R）-单亚砜，甲醛缩二硫醇可被马棒杆菌（*Corynebacterium equi*）的单加氧酶氧化为（R）-亚砜-砜化合物，其产物的对映体过剩率大于 95%[11]，如图 6-11 所示。

6）双加氧酶的氧化作用

双加氧酶（dioxygenase），或称双氧酶，能催化氧分子中两个氧原子都加入到

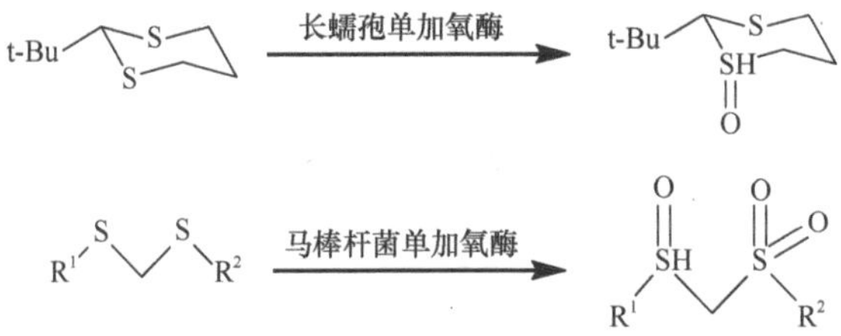

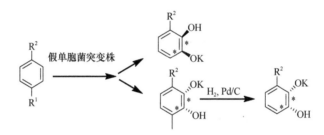

图6-11 单加氧酶对硫原子的催化氧化

一个底物分子中。这类酶一般含有紧密结合的铁原子，如血红素铁。双加氧酶催化的典型反应有烯烃受过氧化物间接氧化而产生的反应和芳烃的双羟化反应。Giison 等构建了一株高表达甲苯双氧化酶的基因工程菌，该工程菌可将联苯类化合物转化为相应邻二醇类化合物，许多二醇类化合物是功能高分子聚合物如聚酯片、聚酯纤维的中间体，手性邻二醇类化合物合成方法的建立对合成高纯度的功能聚合物有很大意义（图6-12）[12]。

图6-12 甲苯双氧化酶转化联苯为邻二醇化合物

*表示该原子或基团的空间取向

3. 转移酶

转移酶是一种可以实现官能团转移的酶，它可以将除氢以外的官能团从一种底物转移到另一种底物上，最常见的转移酶是转氨酶。谷氨酰胺转移酶催化醛与硝基烷烃的亨利（Henry）反应就是典型的反应。2010 年，何延红等首次报道了谷氨酰胺转移酶催化醛与硝基烷烃的 Henry 反应（图6-13）[13]。研究发现：谷氨

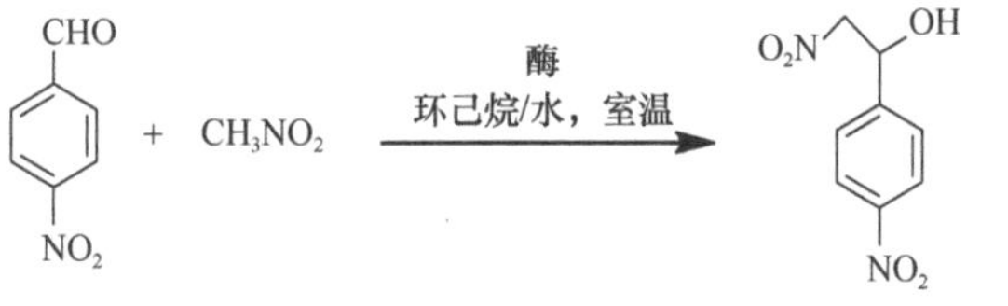

图6-13 谷氨酰胺转移酶催化醛与硝基烷烃的 Henry 反应

酰胺转移酶可以催化硝基烷烃与一系列的脂肪类、芳香类和芳杂环醛间的 Henry 反应，产率在 12%～96%。其中酶催化对硝基苯甲醛与硝基甲烷的产率最高，48 h 后产率达 96%。

4. 裂解酶

裂解酶又名裂合酶，它可以除去某个基团上面的残留双键或是将某个基团加到某个双键上，这也是它具有催化作用的独特之处。Gruber-Khadjawi 等报道了将羟腈裂解酶（hydroxynitrile lyase）应用于亨利（Henry）反应[14]。他们发现羟腈裂解酶除了自身具有的催化羟腈裂合的性质外，同样可以催化硝基烷烃与醛类的 Henry 反应，得到一系列的硝基醇类产物（图 6-14）。虽然该反应的产率都小于 80%，但是羟腈裂解酶表现出高的立体选择性，ee 值最高可达 99%。

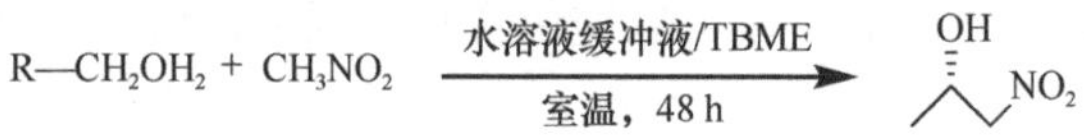

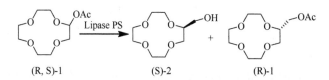

$$R{-}CH_2OH_2 + CH_3NO_2 \xrightarrow[\text{室温，48 h}]{\text{水溶液缓冲液/TBME}}$$

图 6-14　羟腈裂解酶催化醛类与硝基烷烃的 Henry 反应

（二）酶在有机合成中的应用实例

1. 酶催化在立体有机合成中的应用

在所有类型的酶促反应中，水解反应是比较简单和容易进行的一类反应，水解反应涉及醇和酯的对应异构体的拆分及酯水解的位置选择性（图 6-15）。

（R, S）-1　　　　Lipase PS　　　　（S）-2　　+　　（R）-1

图 6-15　水解酶选择性地水解 S 构型的醚

R, S：手性碳原子的两种不同的立体构型，R 构型（rectus）和 S 构型（sinister）；Lipase PS：洋葱假单胞菌脂肪酶

烯醇酯水解过程中，由于在酰基消除的同时受到质子的进攻，因此不生成烯醇中间体，而直接生成手性酮。

2. 酶催化不对称合成

利用酶的高度立体选择性，前手性的底物可以选择性地转化为光活性化合物。例如：光活性 1-吡啶基乙醇及衍生物用作不对称合成催化剂的载体，也是合成医药的中间体；（R）-（12-羟乙基）-2-呋喃-[2,3-C]-吡啶（FPH）是合成非核苷 HIV

反转录酶抑制剂的重要中间体，虽然脂肪酶拆分可以获得所需要的光学体，但微生物还原法制备（R）-2FPH 是更经济的方法，利用微生物 *Candida maris* IFO10003 还原相应的乙酰吡啶（AFP）可以获得光学纯度为 97%、收率达 99% 的（R）-2FPH（图 6-16）[8]。

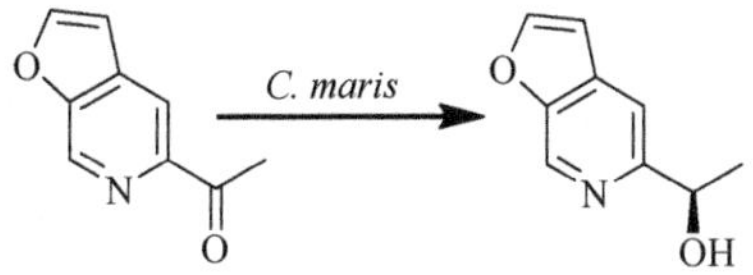

图 6-16 利用微生物 *Candida maris* IFO10003 还原相应的乙酰吡啶（AFP），产物为 R 构型

在羟腈裂解酶（hydroxynitrile lyase，HNL）催化下，醛或酮与氢氰酸的不对称加成是合成单一光学异构体氰醇的有效方法，利用不同来源的羟腈裂解酶可得到不同构型的氰醇（图 6-17）[12]。

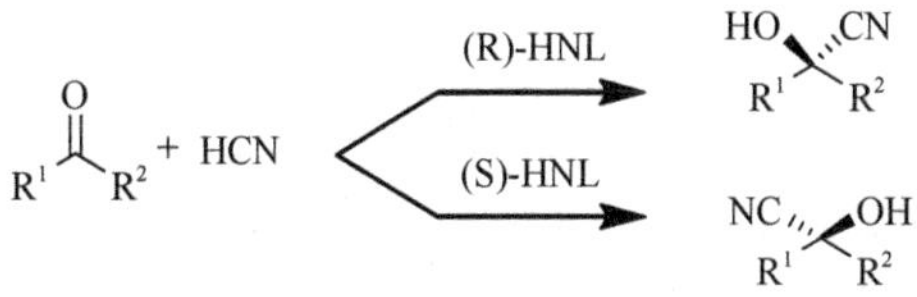

图 6-17 不同的羟腈裂解酶还原得到特定构型的氰醇

3. 酶催化在光学活性有机物合成中的应用

光学活性-氨基酸是光学活性天然物的重要组成单元，在自然界中广泛存在，其本身可以作为光学活性天然物的原料，可以利用酰化氨基酸水解酶催化的不对称水解反应十分容易地制取光学活性 α-氨基酸，而光学活性 α-氨基酸可转化为保持立体构型的光学活性 α-氨基酸。光学活性 α-氨基酸在天然物合成中用途很广泛，可以合成许多生理活性天然物，如图 6-18 所示。

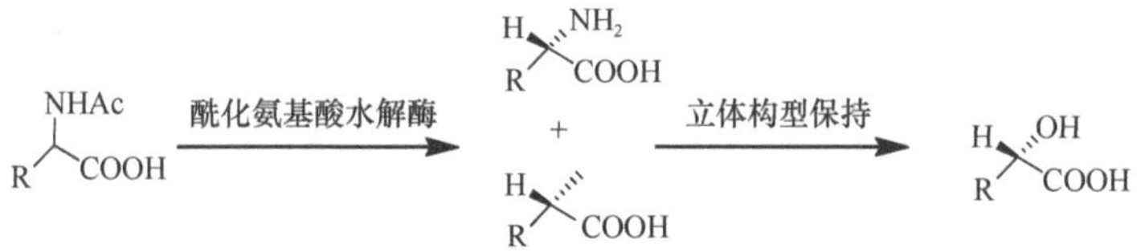

图 6-18 光学活性 α-氨基酸作用广泛

Naproxen（＋）-S-2-16-甲氧基-2-萘基-丙酸为一种治疗关节炎的药物，药物试验表明其只有（S）-型具有药效。利用念珠菌蛋白酶很容易从消旋化酯类化合物水解出 ee 值高的分子[11]，如图 6-19 所示。

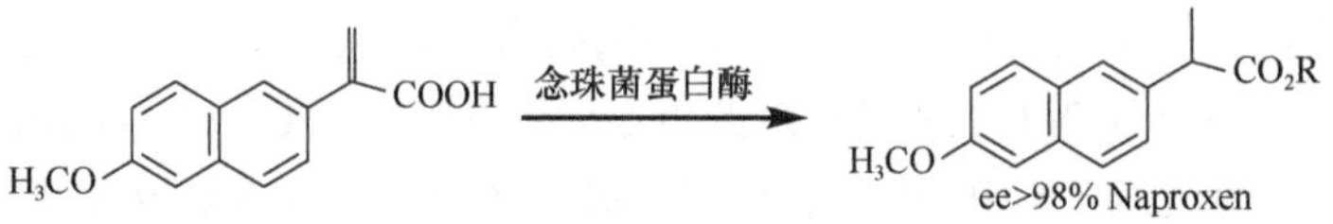

图 6-19　Naproxen（+）-S-2-16-甲氧基-2-萘基-丙酸的合成

又如香料薄荷醇中，D-薄荷醇缺乏 L-薄荷醇新鲜清凉的气味。将有机合成的 D-薄荷醇用酶法处理，可方便地制出 L-薄荷醇（图 6-20）[9]。

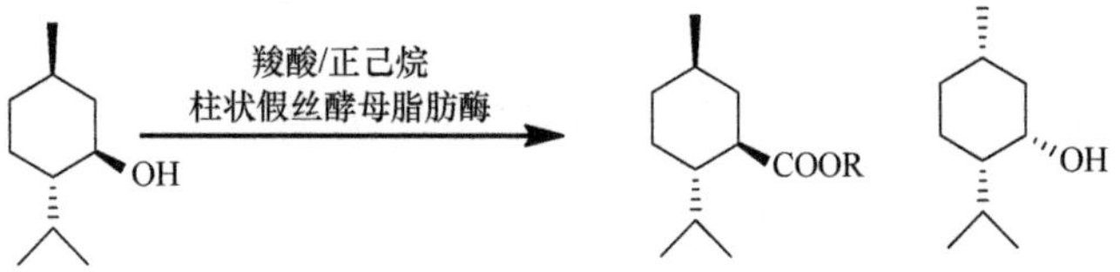

图 6-20　L-薄荷醇的酶合成

4. 多酶串联反应

单种酶具有催化多种反应的功能，将一种酶催化的多种反应加以组合，并以多步串联和一锅转化的方式实现多种生物活性化合物合成，对有机合成方法学具有重要意义。双环[2.2.2]辛烯二酮是很重要的有机合成中间体，米勒（Müller）等报道了在氯仿中，由固定化酪氨酸酶催化苯酚串联羟基化/氧化/第尔斯-阿尔德（Diels-Alder）反应生成双环[2.2.2]辛烯二酮的合成[15]。该反应首先是酪氨酸酶催化苯酚羟基化生成邻苯二酚，邻苯二酚在酪氨酸酶的作用下进一步被氧化成邻位苯醌，接着苯醌与烯烃化合物发生第尔斯-阿尔德（Diels-Alder）反应得到最终产物（图 6-21）。

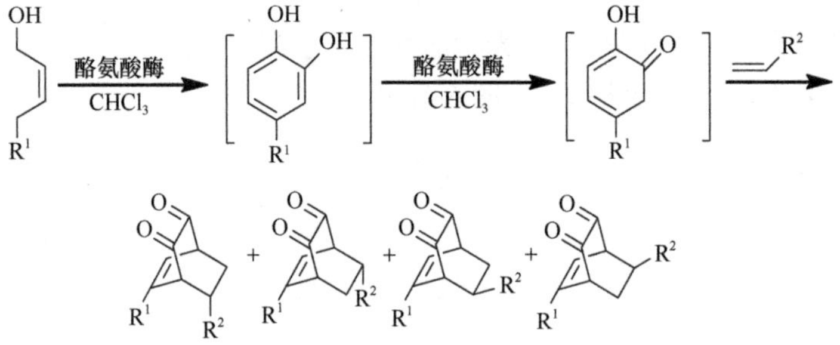

图 6-21　多酶串联反应

酶催化反应也有一定的局限性。酶反应的局限性在于酶很脆弱，容易失活；酶一般来说较贵；由于酶的专一性高，一种酶只催化一种或一类底物，适用性小；由于一般的酶来自生物，因此酶一般只催化天然存在的底物，对大量人工合成的有机物没有作用或是催化效率很低；酶一般只催化一步反应，产物和底物结构类似，变化不大。具体如下。

（1）绝大多数的酶是蛋白质，蛋白质由氨基酸组成，氨基酸可分为 D 型与 L 型，在自然界中氨基酸都以 L 型存在，因而不存在由 D 型氨基酸组成的蛋白质。假如某个酶反应得到的产物并不是所需要的手性化合物，为得到它的对映体，就无法用 L 型氨基酸的酶替代 D 型氨基酸的酶来实现，而必须寻找另一种具有正好相反立体化学选择性的酶，而这一寻找工作往往是费时费力的。

（2）酶在温和条件下进行反应这一明显的优点有时候也会变成缺点。如果一个反应在给定的条件（温度与 pH）下进行得很慢，人们往往显得束手无策，因为它只有很小的改变范围。升高温度或改变酸碱性会导致蛋白质的失活，降低反应温度以提高选择性在酶反应中也很难奏效。

（3）由于水的高沸点与高蒸发热，水通常是大部分有机反应避免选择的溶剂，而且大部分有机化合物在水中溶解度很低。因此，把酶反应从水溶液中转到有机介质中是令人向往的，这方面的研究已有所收获。

酶在有机合成中的应用逐渐被人们所认识，并且近年来已取得了较大进展，利用酶促催化不对称合成许多手性分子。酶催化反应的类型包括氧化还原、酯合成、酯交换、脱氧、酰胺化、甲基化、羟化、磷酸化、脱氨、异构化、环氧化、开环聚合、侧链切除、聚合及卤代等。随着酶技术的发展，已经克服了酶催化反应中存在的一些问题（如对有机介质的敏感性、对底物变化的适应性，以及醇的不稳定性等）。近年来有关酶技术的进展主要体现在以下几个方面。

（1）固定化酶：将酶固定在固定支持物上，或通过酶分子之间的交联而得以固定，通过固定可以更方便、更有效地利用酶，提高酶催化作用的效率。

（2）酶在含水量少的有机介质中催化反应：多数酶是在水溶液中催化化学反应的。近年来酶在非水相介质中催化有机反应取得了明显的进展，从而拓宽了酶应用的领域，打破了酶反应只能在水溶液中进行的传统观念。

（3）抗体酶：抗体酶是近年来才出现的新概念，是专一作用于抗原分子的有催化活性的、有特殊生物学功能的蛋白质。抗体酶兼备免疫反应的专一性和酶催化反应的活性，因此有可能通过人工制备来获取高选择性的催化剂以应用于化学、生物和医药学。

（4）模拟酶（合成酶）：通过人工合成制备模拟酶的识别和催化性能的分子，已经越来越引起化学家的注意。合成酶也能像天然酶一样加速某些化学反应，并显示出较强的立体选择性。虽然合成酶的研究刚刚起步，但已显示出了巨大的诱惑力。

（5）核酶：核酶的功能主要是切断 RNA，有阻断基因表达和产生抗病毒作用的应用前景，其底物都是 RNA 分子。

参 考 文 献

[1] 佚名. 上海有机所在硫肽类抗生素的生物合成机制研究方面获得进展. 河南化工, 2017, 34(9): 58.

[2] Miller C H, Parce J W, Sisson P, et al. Specificity of lipoprotein lipase and hepatic lipase toward monoacylglycerols varying in the acyl composition. Biochim Biophys Acta, 1981, 665(3): 385-392.

[3] 刘志平. 有机溶剂中酶多功能性催化有机合成反应. 化工管理, 2014, (2): 138.

[4] Li C, Feng X W, Wang N, et al. Biocatalytic promiscuity: the first lipase- catalyzed asymmetric aldol reaction. ChemInform, 2008, 10(6): 616-618.

[5] 许建明, 林贤福. 酶的催化多功能性及其在有机合成中的新进展. 有机化学, 2007, 27(12): 1473-1478.

[6] Branneby C, Carlqvist P, Magnusson A, et al. Carbon-carbon bonds by hydrolytic enzymes. J Am Chem Soc, 2003, 125: 874-875.

[7] 李纪敏, 李正名. 酶催化反应在本有机合成中的应用. 合成化学, 1996, 4(4): 352-357.

[8] 李玉新. 酶法合成光学活性化合物. 精细化工中间体, 2004, 34: 1-5.

[9] Gonzalez D, Schapiro V, Seoane G, et al. New metabolites from toluene dioxygenase dihydroxylation of oxygenated biphenyls. Tetrahedron Asymmetry, 1997, 8: 975-977.

[10] 汪秋安. 酶催化及应用于光活性有机物的合成. 化学工程师, 1995, (1): 21-23.

[11] 程定海, 山桂云. 酶催化与有机合成反应. 西华师范大学学报(自然科学版), 2007, 28(3): 229-233.

[12] 郑宇瑢, 郁惠蕾, 许建和. 羟腈裂解酶在合成化学中应用的研究进展. 中国科学:化学, 2023, 53: 300-311.

[13] Tang R C, Guan Z, He Y H, et al. Enzyme-catalyzed Henry (nitroaldol) reaction. J Mol Catal B Enzym, 2010, 63: 62-67.

[14] Yuryev R, Briechle S, Gruber-Khadjawi M, et al. Asymmetric Retro-Henry Reaction Catalyzed by Hydroxynitrile Lyase from Hevea brasiliensis. Chemcatchem, 2010, 2: 981-986.

[15] Müller G H, Lang A, Seithel D R, et al. An enzyme-initiated hydroxylation-oxidation carbo diels-alder domino reaction. Chem Eur J, 1998, 4: 2513-2522.

第七章 酶在药物发现中的应用

第一节 酶是重要的医药和农药靶标

随着现代科学技术的发展，科学家们对酶的探索在逐步深入。而酶作为生命活动的执行者之一，其含量和活性的变化与诸多生命活动密切相关。因此，在医药和农药的研究开发领域中，酶一直都是重要的靶标。

（一）酶是一类重要的药物

由于催化效率高、专一性强，酶在疾病的治疗方面具有疗效高及针对性强等优点。已知有药用价值的酶有 100 多种，疗效肯定、服用安全的有 30 多种。以前常用天然酶口服或外用，一些稳定性差、半衰期短的酶存在疗效不佳的问题。近年来对一些酶采用了固定化技术，使其发挥较大作用。如脂质体、红细胞等作为载体修饰注射用酶可延长其半衰期、降低抗原性，且可起导向作用。红细胞载体可将酶活性的 70% 集中在肝脏并保持活力至第五天。

（二）酶是重要的医药靶标

靶标药物最终能否成功上市受到许多因素的影响，主要涉及靶标内在的特点及靶标药物的"可药性"等问题。根据这些特点，我们对已上市药物的药物靶标进行初步分类。

1. 药物靶标分类

1）生物化学分类

对已上市的小分子药物和生物制品的药物靶标，根据其生化类别进行了统计分析，发现有超过 50% 的药物靶标属于 4 个关键的生化类别：G2 蛋白偶联受体（26.8%）、核受体（13%）、配体门控性离子通道（7.9%），以及电压门控性离子通道（5.5%）。其他有较多药物上市的靶标还包括青霉素结合蛋白、髓过氧化酶、神经递质、DNA 拓扑异构酶、纤维结合蛋白、细胞色素 P450 等。Betz 等总结已上市药物靶向的经典"可药性"靶标，涉及酶、G2 蛋白偶联受体、载体和核激素受体等[1]。以 G2 蛋白偶联受体为代表的前几位药物靶标，其药理作用机制研究得较为明确，靶标药物的开发经验也较为成熟，因此，靶向这些靶标的药物开发的成功率可能会更高。

2）生物结构位点

目前，大多数已上市药物的靶标的一个普遍特征是它们都位于细胞膜的表面（60%），其他的生物结构位点分布依次是细胞质（16%）、细胞核（10%）、细胞外分泌（8%）、线粒体（3%）、内质网（2%）及过氧化酶体（1%）。这些药物靶标都具有高级的结构特征，与细胞膜的构象构型非常相似，其中约有 1/3 的靶标就是细胞膜本身。尽管目前人们对基于靶标生物结构位点的有效药物设计能否在所有的情况下实现对接这一点还存在争议，但是这些高级结构覆盖区域已经清楚地揭示了结构生物学的进展及其是如何用于药物开发的。通过在线人类孟德尔遗传数据库（Online Mendelian Inheritance in Man，OMIM），可以找到基因位点与疾病之间相关性的资料。

3）疾病领域分布

对治疗性靶标数据库（TTD）中包含的 268 个已上市药物的靶标进行统计分析发现，某些疾病领域的靶标药物可能较其他靶标药物更容易开发成功。开发最为成功的药物靶标家族所属疾病领域依次是肿瘤、传染性疾病和寄生虫病、神经系统和感觉器官疾病，以及循环系统疾病等。例如，肿瘤：雌激素受体（乳腺癌）和促性腺激素释放激素（前列腺癌）；传染性疾病和寄生虫病：青霉素结合蛋白（细菌感染）；神经系统和感觉器官疾病：乙酰胆碱酯酶（阿尔茨海默病）；循环系统疾病：血管紧张素转化酶（高血压、心衰、心律失常）。这些疾病领域中都有代表性的靶标药物。

2. 药物靶标实例

在已知的约 500 种药物作用靶标中，酶是最重要的一类。商品化的药物中，以酶作为靶点的药物超过 20%。未来将有 5000～7000 种靶标成为药物设计与研究的实用性靶标，其中约 3500 种是酶靶标。下面将从以下几个实例中进行简单阐述。

1）NAD 合成酶

NAD（P）的生物合成途径是重要的药物靶标库。其中，NAD 合成酶作为重要的靶标酶而被广泛关注。乙醛酸循环是一个重要的能量代谢途径，普遍存在于微生物体内，它在微生物致病过程中发挥了至关重要的作用[2]。异柠檬酸裂合酶作为乙醛酸循环的第一个关键酶，是理想的抗感染药物靶标，了解该酶的基本结构性质、生物学功能及其分子生物学进展将有助于新型抗菌药物的开发[3]。

2）激酶

在过去的 30 年里，激酶抑制剂类药物得到长足发展，迄今为止共有 38 个激酶抑制剂药物获批上市，这些药物大多是受体酪氨酸激酶（RTK）抑制剂。RTK信号通路能够调控抑制细胞增生和血管生成，已经成功应用于癌症治疗，如伊马替尼（imatinib）。在人类的基因组中共有 518 个激酶编码基因。这些激酶能够对蛋白质组的三分之一进行磷酸化作用，而这一作用中，每一个信号传导的过程都要通过磷酸化级联反应来完成。因此激酶失调已经被证实参与众多疾病进程。近年来其应用已从癌症扩大到其他疾病，包括免疫系统疾病、炎症、退行性疾病、代谢性心血管疾病，以及感染等。

3）乙酰胆碱酯酶

乙酰胆碱酯酶（acetylcholinesterase，AChE）是一种丝氨酸蛋白酶，具有氨肽酶和羧肽酶的活性，主要存在于运动神经终板突触后膜和脑部的神经突触中，主要功能是将作为神经递质的乙酰胆碱水解，起着终止神经传导的作用，另外 AChE也参与了神经细胞的成熟和发育，能促进神经元的再生和发育。AChE 的活性部位有三个主要区域，主要起催化作用的位点位于一个深而狭长的"谷底"部，由 Ser_{203}、His_{447} 以及 Glu_{334} 三个残基组成；另一个位点称为外周阴离子位点，由 Tyr_{72}、Tyr_{124}、Trp_{286} 以及 Tyr_{341} 和 Asp_{74} 残基组成，主要起到固定底物乙酰胆碱的作用；还有一个疏水性区域是由酪氨酸或色氨酸等芳香族氨基酸组成，在与芳香基底物结合时起着重要的作用。

他克林（tacrine，四氢氨基吖啶）是第一个被美国食品药品监督管理局（FDA）批准的用于治疗轻-中度阿尔茨海默病（Alzheimer disease，AD）的上市药物，为非选择性可逆的乙酰胆碱酯酶抑制剂，属于第一代乙酰胆碱酯酶抑制剂，极易透过血脑屏障，但是临床研究表明其具有较强的肝毒性以及消化道不良反应。也有报道从食物和中药等天然来源中提取乙酰胆碱酯酶抑制剂。

4）4-羟基苯丙酮酸双加氧酶

4-羟基苯丙酮酸双加氧酶（4-hydroxyphenylpyruvate dioxygenase，HPPD）作为医药靶标具有重要的医学研究价值。其中，尼替西农（NTBC）可以用于治疗酪氨酸血症Ⅰ型（图 7-1）[4]。该疾病属于常染色体隐性遗传病，又称肝肾型酪氨酸血症。在医学界也对其发病机制进行了广泛的研究。目前得到认可的发病机制是由于肾脏及肝脏组织中的延胡索酰乙酰乙酸酶（FAH）的活性降低或缺失，酪氨酸代谢过程中的下游代谢产物出现紊乱，不能得到正常的代谢产物延胡索酸和乙酰乙酸。延胡索酰乙酰乙酸（FAA）的大量积累会造成上游代谢物酪氨酸、4-羟基苯丙酮酸的含量升高。上游产物的积累会加快中间代谢产物马来酰乙酰乙酸（MAA）的生成，同时高含量的 MAA 会刺激旁路代谢。MAA 在马来酰乙酰乙酸异构酶（MAAI）催化下形成延胡索酰乙酰乙酸，后者通过旁路代谢生成琥珀酰乙酰乙酸，再脱去一分子 CO_2 形成琥珀酰丙酮，二者含量增高会造成严重的肝损伤。目前临床上通过检测琥珀酰丙酮的含量来诊断酪氨酸血症 I 型。

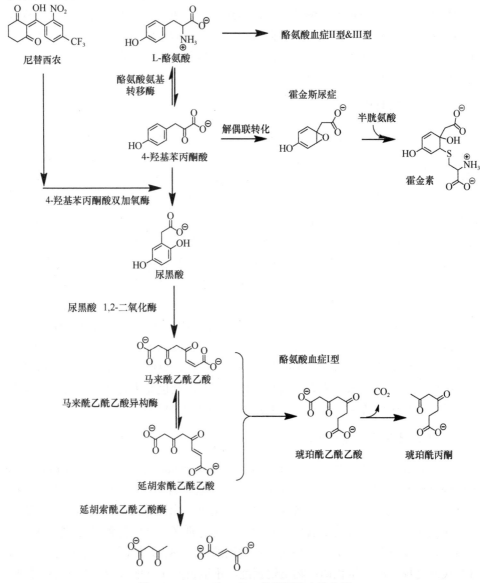

图 7-1　NTBC 在 HPPD 代谢通路中的作用

（三）酶是重要的农药靶标

靶标酶在农药研发中具有极其重要的作用，大多数新开发的超高活性农药的靶标是各种重要的代谢酶系统，了解靶标酶的作用机理，将有助于开发新型绿色、高效、低毒、选择性好和抗性低的农药。下面将通过几个实例详细阐述。

1. β-N-乙酰己糖胺酶

β-N-乙酰己糖胺酶是几丁质代谢过程中一种重要的酶，已被确定为医药和农药的潜在靶标[5]。通过含氟 N,N′-二芳基异硫脲对 β-N-乙酰己糖胺酶 OfHex1 和 OfHex2 的酶活性测试，表明含氟 N,N′-二芳基异硫脲对 OfHex2 显示出一定的抑制效果；通过 S-烷基-N,N′-二芳基异硫脲对 β-N-乙酰己糖胺酶 OfHex1 和 OfHex2 的酶活性测试，表明 S-烷基-N,N′-二芳基异硫脲同样对 OfHex2 显示出一定的抑制效果。

2. 线粒体琥珀酸脱氢酶

线粒体呼吸链复合体 II（EC1.3.5.1）又称为线粒体琥珀酸脱氢酶（succinate dehydrogenase，SDH），也称琥珀酸：泛醌氧化还原酶（succinate：ubiquinone oxidoreductase，SQR），是细胞线粒体呼吸链和三羧酸循环中非常重要的组成部分[6]。该酶催化从琥珀酸（succinic acid）氧化到延胡索酸（fumaric acid）和泛醌（ubiquinone，即辅酶 Q）还原到泛醇（ubiquinol）的反应。因其在生物体内起着非常重要的作用，线粒体呼吸链复合体 II 是医药和农药领域最重要的靶标之一，特别是对新型杀菌剂的发现有着重要的意义。到目前为止已经有 18 个该类抑制剂被成功开发。同时，这类杀菌剂因其新颖的作用机制和广谱的杀菌活性，成为目前市场上最重要的杀菌剂品种。为了快速、高效地发现先导化合物，华中师范大学杨光富课题组利用前期发展的基于碎片的虚拟筛选（fragment-based virtual screening，FBVS）策略，得到了 8 个命中分子，根据农药规则和合成的难易，首先选择了其中一个命中分子开展合成及结构优化研究，成功发现了化合物 Y12196 和 Y13149，它们对猪心来源的复合体 II 的 K_i 值分别达到了 400 nmol/L 和 48 nmol/L，较最初的命中分子分别提高了近 7 倍和 57 倍。通过室内杀菌活性筛选，发现这两个化合物对水稻纹枯病表现出优异的防效，进一步开展田间药效试验，结果表明，在同等剂量下，Y12196 对水稻纹枯病的防效与目前市场上防治水稻纹枯病的特效药噻呋酰胺相当，而 Y13149 的防效显著优于噻呋酰胺。水稻纹枯病是当前危害水稻的第一大病害，化合物 Y12196 和 Y13149 的发现有望为农业生产中防治水稻纹枯病这一重大现实需求提供有力武器。

3. 4-羟基苯丙酮酸双加氧酶

在农药领域,4-羟基苯丙酮酸双加氧酶(4-hydroxyphenylpyruvate dioxygenase, HPPD)的抑制剂同样应用十分广泛,以 HPPD 为靶标的除草剂具有低毒、高效、选择性高及环境相容性好等特点,目前在玉米地中已经得到了大范围应用[7]。HPPD 抑制剂类除草剂主要防治玉米地中阔叶杂草及部分禾本科杂草,同时对水稻田中禾本科杂草也有较好的防效。目前新开发的 HPPD 抑制剂将会进一步扩大其应用范围,如小麦地、高粱地、甘蔗地等。生物体 HPPD 的催化代谢途径见图 7-2。

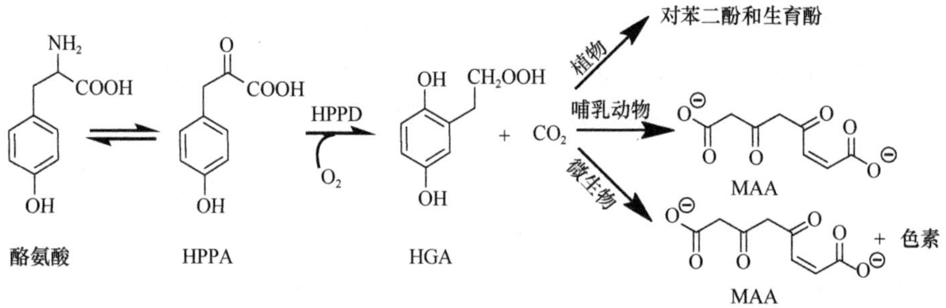

图 7-2　生物体 HPPD 的催化代谢途径

第二节　靶向酶的药物分子设计及实例

(一) 药物分子设计的发展

1894 年,费歇尔(Fischer)提出了药物作用的"锁钥原理",即药物作用于体内特定部位,犹如钥匙与锁的关系。这一思想虽然过于简单粗糙,但是其基本思路至今仍然富有活力和价值。

自 20 世纪 60 年代以来,经过 40 年的不断探索和努力,现代药物设计的策略和方法已经大为丰富,基本可以分成两大类:间接药物设计和直接药物设计。

1. 间接药物设计

这类方法是从一组(如几十个)小分子化合物的结构和生物活性数据出发,研究其结构-活性关系的规律,在此基础上预测新化合物的生物活性(药效)和进行高活性分子的结构设计。在药物设计研究的早期(20 世纪 60～80 年代),人们对于药物作用的靶标分子大多缺乏了解,只能从药物小分子化合物的结构和活性出发,去归纳和认识药物分子的构效关系,因此,间接药物设计成为这一时期药物设计研究的主要方法。

定量构效关系（quantitative structure-activity relationship，QSAR）是一种重要的间接药物设计方法[8]。最早的 QSAR 方法由汉施（Hansch）于 1962 年提出[2]。它对一组小分子化合物的理化参数和生物活性数据进行线性回归，拟合各项系数，得到反映化合物构效关系的方程，用于预测新化合物的生物活性，设计具有更高活性的药物分子。稍后出现的此类方法还有弗里-威尔逊（Free-Wilson）分析方法等。

汉施（Hansch）和弗里-威尔逊（Free-Wilson）模型，都没有考虑化合物的空间结构，因此被称为 2D-QSAR 方法[9]。从 20 世纪 70 年代末期至 90 年代前半期，各种在化合物三维结构基础上进行 QSAR 研究的方法，即 3D-QSAR 方法逐步发展起来，较重要的方法有距离几何算法（distance geometry）[10]、比较分子场分析（CoMFA）[11]方法和比较分子相似性指数分析（CoMSIA）[12]方法。

其中，CoMFA 方法应用较广，它采用化合物周围的静电场、范德瓦耳斯力场、氢键场的空间分布作为化合物结构描述变量，通过数学方法建立化合物的生物活性与化合物周围上述各力场空间分布之间关系的模型[13]。根据这一模型，即可通过计算机处理，显示出应当如何进行结构改造，以提高化合物的生物活性。

除了 2D-QSAR 和 3D-QSAR 方法之外，药效基团模型方法也是一种重要的间接药物设计方法。药效基团通常是指那些可以与受体结合位点形成氢键相互作用、静电相互作用、范德瓦耳斯力相互作用和疏水相互作用的原子或官能团。对一组具有生物活性的化合物进行化学结构的分析和比较，找出其共同的结构特征，即可建立药效基团的模型。

2. 直接药物设计

这类方法以药物作用的对象——靶标生物大分子的三维结构为基础，研究小分子与受体的相互作用，设计出从空间形状和化学性质两方面都能很好地与靶标分子相结合的药物分子。这种方法就像模仿"锁"的形状来配钥匙一样，因此被称为直接药物设计。随着分子生物学、细胞生物学和结构生物学的发展，越来越多的药物作用靶标分子（蛋白质、核酸、酶、离子通道等）被分离、鉴定，其三维结构被阐明，为直接药物设计方法的应用提供了有利的条件。20 世纪 90 年代以来，直接药物设计已逐渐成为药物设计研究的主要方法。

直接药物设计可以分为两类：一类是全新药物设计（*de novo* drug design），另一类是数据库搜寻（database searching），也称为分子对接（molecular docking）[14]。

1）全新药物设计

这类方法是根据靶标分子与药物分子相结合的活性部位（结合口袋）的几何

形状和化学特征，设计出与其相匹配的具有新颖结构的药物分子[15]。目前实现全新药物设计的方法主要有两种。一种方法称为碎片连接法，该方法首先根据靶标分子活性部位的特征，在其"结合口袋"空腔中的相应位点上放置若干与靶标分子相匹配的基团或原子，然后用合适的接头（linker）将其连接成一个完整的分子。另一种方法称为碎片生长法，该方法首先从靶标分子的结合空腔的一端开始，逐渐"延伸"药物分子的结构[16]。在"延伸"过程中，每一步都要对其延伸的片段（基团或原子）的种类及其方位进行计算比较，选择最优的结果，再向下一步延伸，直至完成。

2）数据库搜寻（分子对接）

这类方法首先要建立大量化合物（如几十万至一百万个化合物）的三维结构数据库，然后将库中的分子逐一与靶标分子进行"对接"（docking），通过不断优化小分子化合物的位置（取向）以及分子内部柔性键的二面角，寻找小分子化合物与靶标大分子作用的最佳构象，计算其相互作用及结合能[17]。在库中所有分子均完成了对接计算之后，即可从中找出与靶标分子结合的最佳分子（前 50 名或前100 名）。这类方法虽然计算量较大，但库中分子一般均是现存的已知化合物，可以方便地购得，至少其合成方法已知，因而可以较快地进行后续的药理测试，实际上这种方法就是在计算机上对几十万、上百万种化合物通过分子对接的理论计算进行一次模拟"筛选"。只要库中的化合物具有足够好的分子多样性，从中搜寻出理想的分子结构就是可能的。自 1982 年美国加州大学旧金山分校的 Kuntz 发展了第一个 Dock 程序后，这一方法开始得到广泛应用[18]。

3）靶标介绍

靶标生物大分子的三维结构是直接药物设计的基础，然而迄今为止仍有许多靶标生物大分子的三维结构未被解析。但是其中一些蛋白质，它们的一维结构（氨基酸序列）都已阐明。因此，蛋白质三维结构的研究，特别是从蛋白质的氨基酸序列预测其三维结构，就成为药物设计研究中必须解决的重要问题。现已发展起来的预测蛋白质三维结构的计算方法主要有以下三类：①同源模建法，即根据蛋白质一级序列的相似性，预测蛋白质的三维结构；②穿针引线法，即根据蛋白质的一级序列与某已知结构的相容性预测蛋白质的三维结构；③从头预测法，即从氨基酸序列以及氨基酸在水溶液中的理化性质来推测蛋白质的三维结构。

所谓药物靶标是指细胞内与药物相互作用，并具有药效功能的生物大分子，98%以上的药物靶标属于蛋白质。其中几乎 50%以上属 G 蛋白偶联受体（GPCR）、丝氨酸、苏氨酸和酪氨酸蛋白激酶，锌金属肽酶，丝氨酸蛋白酶，核激素受体，以及磷酸二酯酶等 6 个家族。从理论上说，作为药物靶标的蛋白质必须能以适当的化学特性和亲和力结合小分子化合物，并与疾病相关。具体来说，作为药物靶标的蛋白质必须在病变细胞或组织中表达，并且在细胞培养体系中可以通过调节靶标活性产生特定的效应，最后这些效应必须在动物模型中再现。最终，证明药物在人体内有效之后，才能真正确证药物靶标的价值。只要找到了药物作用的靶标分子，就能根据其特点开发和设计药物，以及进行靶向治疗。近年来大量分子生物学技术的出现，尤其是基因组学、生物信息学、蛋白质组学、质谱联用技术及生物分子相互作用分析技术（BIA）等推动了从纷繁复杂的细胞内生物大分子中发现特异性的药物作用靶标分子的进程。

（二）基于靶酶的药物设计

基于靶标分子结构的药物设计指的是利用生物大分子靶标及相应的配体-靶标复合物三维结构的信息设计新药。其基本过程是：①确定药物作用的靶标分子（如蛋白质、核酸等）；②对靶标分子进行分离纯化；③确定靶标分子的三维结构，提出一系列假定的配体与靶标分子复合物的三维结构；④依据这些结构信息，利用相关的计算机程序和法则如 Dock 进行配体分子设计，模拟出最佳的配体结构类型；⑤合成这些模拟出来的结构，进行活性测试。若对测试结果感到满意，可进入前期临床试验研究阶段，反复进行以上过程，直至满意为止。基于靶标分子结构的药物设计需要采用 X 射线衍射分析和核磁共振（NMR）波谱等结构生物学的研究手段，对靶标蛋白质的分子结构进行深入研究，获得相关信息，借助计算机技术建立靶标的蛋白质结构模型。例如，治疗艾滋病的安瑞那和奈非那韦就是利用人类免疫缺陷病毒（HIV）蛋白酶的晶体结构开发的药物。

随着药物设计方法的逐步建立、发展和完善，药物设计研究的深度和广度都有了空前的发展。目前已有一些应用理论方法设计而获得成功的药物上市或进入临床研究阶段，这标志着药物设计研究已开始向实用化方向迈进。

（三）药物靶标在药物开发及疾病治疗中的实例

在疾病相关的靶标分子被发现和确认以后，即可根据这些靶标分子的特点设计出相关的药物进行靶向治疗。例如，世界性的疑难病症阿尔茨海默病（Alzheimer disease，AD）是一种常见的神经退行性病变，发病率较高，已成为现代社会严重威胁老年人健康的疾病之一。AD 的病因复杂，发病涉及许多环节，包括神经递质与受体、淀粉样蛋白沉积、炎症反应等，这些环节为药物靶标的发现和选择提供了多种靶点，据此人们找到了针对这些靶点的相关药物。如胆碱酯酶抑制剂主要有多奈哌齐、加兰他敏、石杉碱甲等；N-甲基-D-天冬氨酸（NMDA）受体阻滞剂有美金刚。

人类免疫缺陷病毒（HIV）损害人体免疫系统的多个环节。阻断这些环节，就有可能找到治疗艾滋病的药物。HIV 蛋白酶、逆转录酶、整合酶是其中的三个重要靶点，罗氏（F. Hofmann-La Roche）公司的研究人员首先设计了 HIV-1 蛋白酶的底物模拟物。通过分子模拟，确定了该酶的抑制剂所需的最短长度，并确定了该抑制剂中心带羟基的碳原子倾向于 R 构型。在此基础上，成功设计了抗艾滋病药物沙奎那韦（saquinavir），该化合物具有很强的 HIV-1 蛋白酶抑制作用，1995年经美国 FDA 批准上市。雅培（Abbott Laboratories）公司的研究人员通过 HIV-1 蛋白酶三维结构的研究，发现该酶具有一个二重旋转轴的对称性（C_2）。针对这一特点，研究人员设计了一种对称性的抑制剂。分子对接模拟计算的结果表明，所设计的对称性抑制剂实际上以一种不对称的结合方式与 HIV-1 蛋白酶结合。于是研究人员重新设计了不对称的抑制剂，并考虑了抑制剂末端对口服生物利用度的影响，终于得到了抗艾滋病药物利托那韦（ritonavir），该药于 1996 年经美国 FDA 批准上市[19]。

第三节　靶向酶的农药研发

我国是农业大国，粮食的种植和保质保量离不开农药发挥的巨大作用。农药不仅能够在作物上发挥作用，使作物免受病虫害等的侵害，在我们日常的生活中也起着极为重要的作用，如治理虫害、鼠害等。农药与我们的生活息息相关，因此农药的设计研发成为科研工作者关注的焦点。采取以酶为靶标的方法，开发和设计出了很多高效、低毒、环境友好的农药品种，并得到了广泛的应用。本节以4-对羟基苯丙酮酸双加氧酶（HPPD）、乙酰辅酶 A 羧化酶抑制剂（ACCac）、原卟啉原氧化酶（PPO）为例，介绍其抑制剂对于靶标酶的作用机制和代表性抑制剂化合物。

（一）农药的重要性简介

几十年来，农药在人类粮食的供应和人类的安全健康，如在防御疾病传播和控制疾病传播范围等方面，起到了不可替代的作用。农药是确保农业稳产、丰产不可或缺的生产资料，也是十分重要的战略物资。

农药是保证粮食产量的必要手段。科学家们做过实验，如果不使用农药，由病虫害引起的减产率平均为 53.42%，因杂草引起的减产率平均为 21.33%，如果不使用农药，全球将有半数人因饥饿而死亡。目前，即使使用了农药仍有三分之一的作物产量因为病虫草害的危害而造成损失。农药在人类生活中也起着重要作用，在全球农药市场中，有14%左右为非农业用途，而且年年有增。这些用途包括：家庭与花园、白蚁防治、草坪、工业、公共卫生、木材防腐、苗圃、材料保护、灭鼠、粮食收获后保护、储存物资道路、铁路、机场、球场、养殖业、工艺品、文物、通讯、仪器仪表和医药治疗等，几乎涉及人类生产和生活所有领域，这些均离不开农药。农药为当今社会的重要战略物资，在人类生活中经常会遭遇各种灾害，如水灾、地震及战争等引起的瘟疫、虫害和鼠害等，这少不了使用农药进行防治[20]。可以说在生活的很多方面都需要农药的帮助，农药具有十分重要的意义。

　　然而随着农药的广泛应用，农药的一些缺点也逐渐暴露出来，如农药的不合理使用导致大量的农药在环境中残留，农药的长期使用导致作物产生了抗性等。农药由于毒性、抗性和对环境的不良影响等问题而不断被淘汰，一批新的农药又不断问世，如可生物降解的农药品种[21]。农药的不断更新，使农药的不利影响如抗性和环境毒性逐渐降低，其中以酶为靶标进行农药的合理设计与开发是农药研发的重要手段。

（二）农药的分类

　　农药的分类方式分为很多种，可以按防治对象、来源、作用方式、作用范围、化学组成、使用方法或时间以及作用靶标分类。

　　常见的农药分类如下：按防治对象分类可以分为杀虫剂、杀螨剂、杀菌剂、杀鼠剂、植物生长调节剂；按来源分类可以分为生物源和化学合成；按作用方式分类可以分为胃毒剂、触杀剂、熏蒸剂、内吸剂、驱避剂、拒食剂；按作用范围分类可以分为选择性除草剂、灭生性除草剂；按化学组成分类可以分为有机磷、有机氯、杂环类；按使用方法或时间分类可以分为土壤处理剂、芽后除草剂；按作用靶标分类，杀虫剂包括乙酰胆碱酯酶（AChE）抑制剂、电压门控性离子通道（Na^+）抑制剂等，除草剂包括乙酰乳酸合成酶抑制剂（ALS）、原卟啉氧化酶抑制剂（PPO）、乙酰辅酶 A 羧化酶抑制剂（ACCac）等。需要说明的是，大多数农药的靶标是生物体内的酶。

（三）农药靶酶的分类

　　作用于酶的小分子可以分为抑制剂与激活剂。酶激活剂是一类能够与酶结合并增强酶活性的分子。这类分子常常在控制酶代谢的协同调控中发挥作用。例如，激活剂 2, 6-二磷酸果糖可以激活磷酸果糖激酶，提高糖酵解的速率，以对胰高血糖素作出反应，起类似作用的还有 AMP 活化蛋白激酶（AMPK）激活剂。酶抑制剂[22]是一类可以结合酶并降低其活性的分子。由于抑制特定酶的活性，可以杀死病原体或校正新陈代谢的不平衡，许多相关药物就是酶抑制剂。一些酶抑制剂还被用作除草剂。

除草剂按照对靶标酶的作用机理可分为抑制氨基酸合成及代谢、抑制脂肪酸合成、抑制色素合成、干扰光合作用、抑制有氧代谢、抑制叶酸合成、抑制细胞壁的合成（破坏膜的完整性）等类型。其中抑制乙酰乳酸合成酶（ALS）、酮醇酸还原异构酶（KARI）、5-烯醇丙酮酸莽草酸-3-磷酸合酶（EPSPS）、吡唑甘油磷酸酯脱水酶（IGPD）或天冬酰胺合成酶（AS）的化合物都属于氨基酸生物合成抑制剂；抑制 4-羟基苯丙酮酸双加氧酶（HPPD）或八氢番茄红素脱氢酶（PDS）的化合物均属于色素合成抑制剂；抑制乙酰 CoA 羧化酶的化合物为脂肪酸生物合成抑制剂；抑制原卟啉原氧化酶或谷氨酰胺合成酶（GS）的化合物为光合作用抑制剂。

杀虫剂按照对靶标酶的作用机理可分为抑制神经传导过程中的关键酶、减少昆虫飞行时所需的能源物质、抑制昆虫生命运动中执行重要生理功能的蛋白酶等类型。乙酰胆碱酯酶是胆碱能神经传导的重要物质，抑制乙酰胆碱酯酶的化合物都会引起神经传递的阻断；抑制海藻糖酶的化合物通过减少害虫飞行时所需要的能源来杀死害虫；抑制 Na^+-K^+-ATP 酶的化合物通过抑制动物体内重要的功能蛋白来达到杀虫的目的。

杀菌剂按照对靶标酶的作用机理可分靶向核酸合成的关键酶、线粒体呼吸链复合体、氨基酸和蛋白质合成的重要酶、类脂和膜合成的酶，以及细胞壁合成的酶。目前发现，参与核酸合成的酶系中，RNA 聚合酶和腺苷脱氨酶均是重要的杀菌剂靶标。作为细胞内的"动力工厂"，线粒体最基本的功能就是通过呼吸作用提供生命活动所需的能量。呼吸作用由位于线粒体内膜上的四种蛋白复合物分步有序完成，这四种蛋白复合物分别是复合物 I（烟酰胺腺嘌呤二核苷酸脱氢酶）、复合物 II（琥珀酸脱氢酶）、复合物 III（细胞色素 c 还原酶）和复合物 IV（细胞色素 c 氧化酶）。呼吸作用对生命体至关重要。在高等动物中，呼吸链复合物异常是多种代谢疾病的直接原因；在微生物中，抑制呼吸链复合物是研发抗病原微生物药物的重要策略。尤其是植物类病原真菌，在孢子萌发阶段具有更高的细胞呼吸依赖性，抑制呼吸链复合物的活性则能够起到很好的杀菌效果。复合物 II 和复合物 III 都是非常重要的杀菌剂靶标。以这两种复合物为靶标的杀菌剂，几乎占据杀菌剂市场的半壁江山。

（四）靶向酶的农药研发实例

1. 4-对羟基苯丙酮酸双加氧酶（HPPD）

4-对羟基苯丙酮酸双加氧酶（4-hydroxyphenylpyruvate dioxygenase，HPPD）是 20 世纪 90 年代确定的除草剂靶标，它是一种非血红素亚铁离子依赖性的双加氧酶，广泛存在于各种微生物、哺乳动物和植物中（图 7-3）。HPPD 抑制剂有广谱的除草活性，能同时防除阔叶作物中的阔叶杂草。它们既可在芽前也可以在芽后使用，具有活性高，残留低，对哺乳动物安全和对环境友好等特点。在植物体内 HPPD 可以将对羟基苯基丙酮酸（4-hydroxyphenylpyruvic acid，HPPA）催化转化为尿黑酸（homogentisic acid，HGA），进而转化为光合作用中电子传递所需要的重要物质质体醌和生育酚[23]。在人体内该酶主要作用是促进酪氨酸的代谢。在微生物体内，HPPD 催化底物转化生成的尿黑酸除进一步代谢为马来酰乙酰乙酸外，还会被氧化生成色素[24]。纯的 HPPD 也可以从许多哺乳动物、植物以及假单胞菌等体内提取得到。

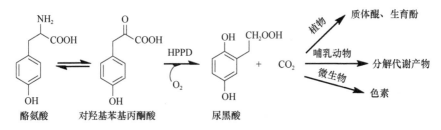

图 7-3　酪氨酸在不同生物体内的代谢途径示意图

　　HPPD 抑制剂的作用机制是利用了在植物体内 HPPD 能够催化质体醌和生育酚生物合成的起始反应。当 HPPD 受抑制时，会干扰质体醌的生成，造成植物分生组织中的酪氨酸积累，3～5 天内植物会出现黄化症状，随之出现枯斑，1～2 周后此症状遍及整株，最终植物白化而死亡。因此，HPPD 是最重要的除草剂作用靶标之一。在过去的近三十年里，以 HPPD 为靶标的商品化抑制剂主要有三种结构类型：三酮类，如磺草酮（sulcotrione）；吡唑类，如吡唑特（pyrazolate）；以及二酮腈类（前药形式为异噁唑），如异噁唑草酮（isoxaflutole）[23,25,26]。图 7-4 列举了代表性的商品化 HPPD 抑制剂及其化学结构。与其他除草剂相比，HPPD 抑制剂往往具有良好的作物选择性，且抗性的报道也较少。

2. 乙酰胆碱酯酶（AChE）

　　乙酰胆碱酯酶（acetylcholinesterase，AChE）是昆虫神经系统中最重要的酶系之一，在中枢及外周神经系统中与乙酰胆碱（ACh）受体一起参与完成神经与神经及神经与肌肉突触之间动作电位的传递[27]。在昆虫体内，乙酰胆碱酯酶是世界上使用最广的氨基甲酸酯类（CB）和有机磷类杀虫剂（OP）的靶标酶，沙蚕毒素类杀虫剂对乙酰胆碱酯酶抑制作用较弱，三类杀虫剂的作用方式为通过与活性位点的丝氨酸（Ser）残基形成共价键而抑制 AChE。杀虫剂与乙酰胆碱酯酶形成

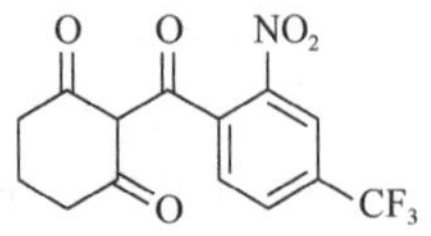

硝草酮

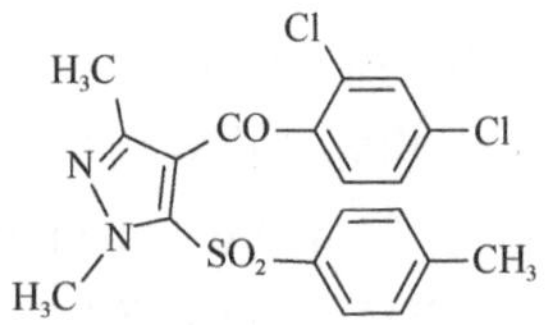

吡唑特

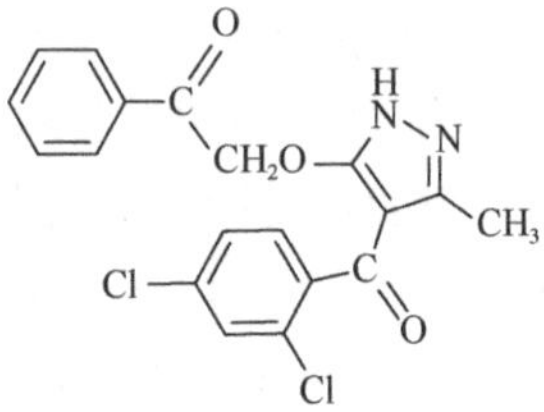

苄草唑

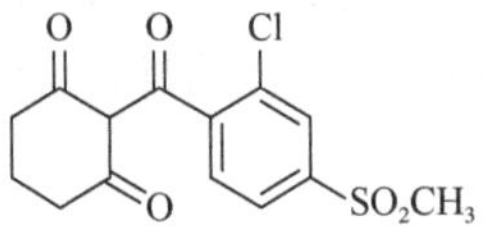

磺草酮

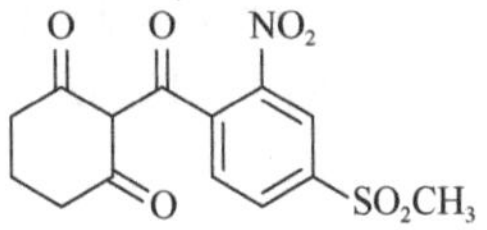

硝磺草酮

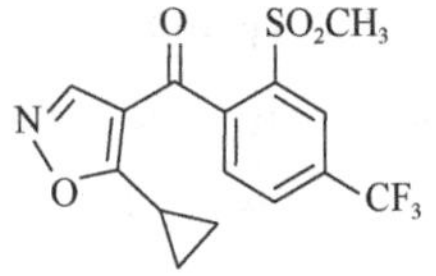

异噁唑草酮

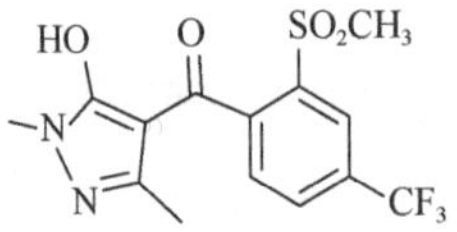

磺酰草吡唑

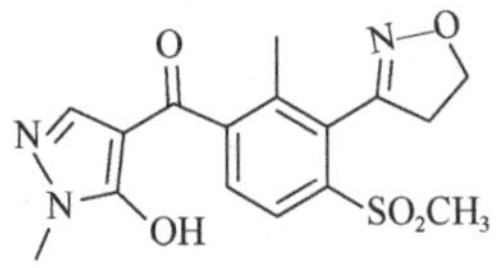

苯唑草酮

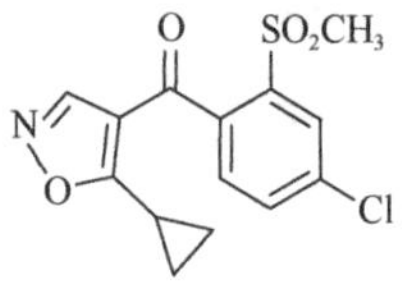

异噁氯草酮

图 7-4　已商品化的代表性 HPPD 抑制剂及其化学结构

复合体即磷酰化酶与氨基甲酰化酶，由于 AChE 受抑制失去活性，突触部位乙酰胆碱不能被乙酰胆碱酯酶分解为乙酰和胆碱，形成乙酰胆碱积累，不断刺激突触后膜，使神经冲动传导不能休止，昆虫中毒后出现高度兴奋症状，不停地运动、痉挛、呕吐、腹泻，最后死亡。

3. 原卟啉原氧化酶（PPO）

原卟啉原氧化酶（protoporphyrinogen oxidase，PPO）是植物体内血红素与叶绿素生物合成过程中的一种关键酶，其广泛存在于动物、植物、真菌和细菌中。PPO 是生命过程中四吡咯生物合成过程中的最后一个普通酶，生成叶绿素和血红素[28]。然后分别被 Fe、Mg 的螯合物催化形成不同的产物。原卟啉原氧化酶抑制剂是目前化学农药最活跃的研究领域之一，它的开发成功使除草剂进入了一个崭新的时代。其作用方式分为：①经过茎叶处理后，在抑制叶绿素生物合成过程中，引起原卟啉积累，使细胞膜脂质过氧化作用增强，从而造成敏感杂草的细胞膜结构和组织功能不可逆损害。其可被迅速吸收到植物组织中，使茎叶迅速脱水、干枯，最终导致植物迅速死亡；②土壤表皮经过处理后，药剂被土壤粒子吸收，在土壤表面形成处理层，杂草发芽时，幼苗一接触到药剂处理层就会枯死。

氧化酶抑制剂的作用机制主要是，原卟啉原氧化酶抑制剂抑制叶绿素合成中从原卟啉原 IX 至原卟啉 IX 反应过程中起催化作用的原卟啉原氧化酶，引起原卟啉原 IX 迅速积累，并渗出于细胞质中，在光和氧的作用下产生单态氧，作用于细胞膜脂，从而导致细胞膜结构的解离，细胞内源物的渗漏，最终导致细胞的死亡[29,30]。PPO 抑制剂作用机制如图 7-5 所示。

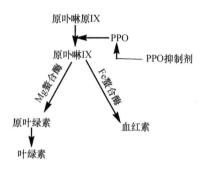

图 7-5　PPO 抑制剂作用机制

PPO 抑制剂大多是用于旱田除草，少数用于水田除草，应用作物主要有大豆、玉米、小麦等众多作物。该类除草剂有二苯醚类、吡唑类、咪唑二酮类等 30 个品种左右。几种代表性商品化 PPO 抑制剂的化学结构如图 7-6 所示。

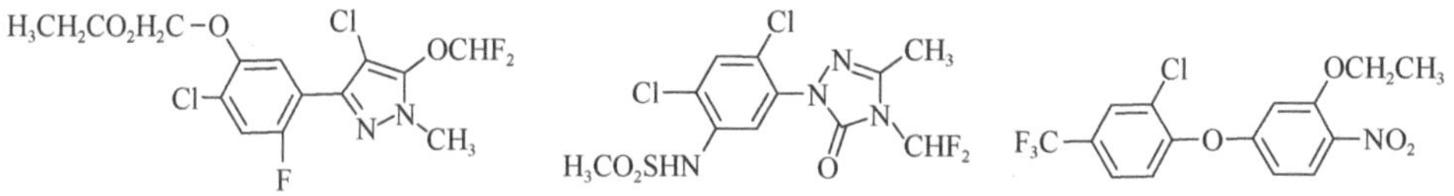

吡草酮　　　　　　　磺酰唑草酮　　　　　　乙氧氟草醚

图 7-6　PPO 抑制剂

4. 细胞色素 bc_1 复合物

细胞色素 bc_1 复合物（CIII），也称氢醌-细胞色素 c 氧化还原酶，是生物体呼吸链的重要组成部分。在整个呼吸链中，细胞色素 bc_1 复合物负责催化电子由氢醌（QH_2）向细胞色素 c 转移，同时伴随有质子的跨膜转移（图 7-7）[31]。如果细胞色素 bc_1 复合物的活性被抑制，呼吸链的电子传递和质子跨膜转移将受到影响，进而导致细胞内的能量分子 ATP 不能被正常生成。植物类病原真菌在孢子萌发阶段具有细胞呼吸依赖性，抑制其细胞色素 bc_1 复合物活性则可以达到杀菌目的。因此，细胞色素 bc_1 复合物是农用杀菌剂研发的重要靶标。细胞色素 bc_1 复合物位于真核生物线粒体的内膜（或原核细胞的细胞膜）上，以同源二聚体形式存在。每个单体又由多个亚单位组合而成，其中有三个亚单位是维持复合物催化功能所必需的：细胞色素 b（Cyt b，含有 2 个 b 型血红素，低电位 b_L 和高电位 b_H），细胞色素 c_1（Cyt c_1，结合 1 个 c 型血红素），铁硫蛋白（ISP，具有 1 个 2Fe-2S 簇）。关于细胞色素 bc_1 复合物的电子转移机制，目前以 Q 循环理论最为流行。按照这一假说，细胞色素 bc_1 复合物含有两个反应位点，即氢醌氧化位点（Q_o 位点）和醌还原位点（Q_i 位点）。

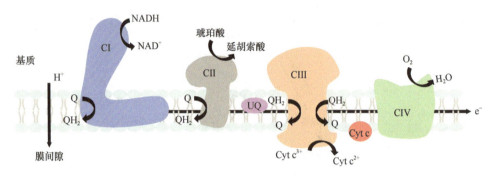

图 7-7　呼吸链复合物概述图

箭头表示质子和电子的传递方向；其中 UQ 表示泛醌，Cyt c 表示细胞色素 c

根据结合位点的不同，现有细胞色素 bc_1 复合物抑制剂主要分为两大类：Q_o 位点抑制剂和 Q_i 位点抑制剂。细胞色素 bc_1 复合物两个位点的代表性抑制剂及其化学结构如图 7-8 所示。Q_o 位点抑制剂影响氢醌在 Q_o 位被氧化以及电子向 cyt c_1 的转移，代表性的抑制剂有嘧菌酯（azoxystrobin）、醚菌酯（kresoxim-methyl）和噁唑菌酮（famoxadone）等。Q_i 位点抑制剂阻止醌在 Q_i 位点被还原以及细胞色素 b 在此处被再次氧化，代表抑制剂主要是抗霉素 A（antimycin A）、氰霜唑（cyazofamid）和吲唑磺酰胺（amisulborm）。其中，抗霉素 A 是天然产物，虽然具有皮摩尔级别的生物活性，但是它遇光不稳定且极易分解，无法在田间应用。除 Q_o 位点抑制剂和 Q_i 位点抑制剂之外，还有少数与泛醌结构高度类似的抑制剂分子［如 4-硝基喹啉-N-氧化物（NQNO）］，它们可以分别结合在 Q_o 位点和 Q_i 位点（与每个位点 1∶1 结合），但这类抑制剂的结合力一般都比较弱。

（五）展望

根据已知除草剂靶标酶进行新型抑制剂的合理设计，是推动新农药发展的有效方法。农药在我们生活中是不可或缺的，对于农药的优缺点我们要正确对待，同时加强农药的管理。我国农药界老前辈陈万义教授曾多次呼吁"必须善待农药"。只有这样，才能让绿色农药不断发展，使绿色农业和食品得到保证。

Qi 位点抑制剂

Qo 位点抑制剂

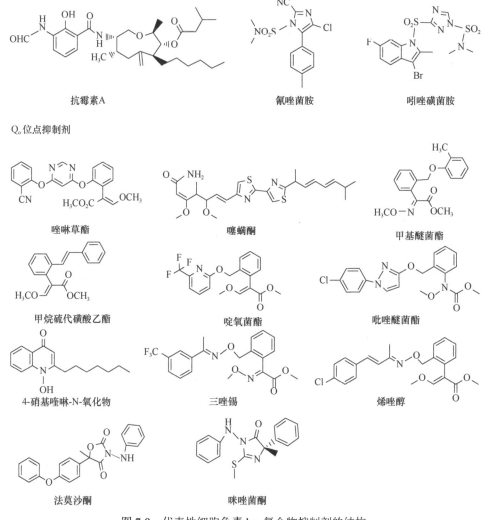

图 7-8　代表性细胞色素 bc₁ 复合物抑制剂的结构

参 考 文 献

[1] Berdigaliyev N, Aljofan M. An overview of drug discovery and development. Future Medicinal Chemistry, 2020, 12(10): 939-947.

[2] 毕继才, 谢建平. NAD 合成酶一个重要的药物靶标. 重庆微生物学会第九届会员代表大会暨学术年会论文摘要集, 2009.

[3] 柏冰, 谢建平, 王洪海, 等. 一类新广谱抗生素药物靶标: 异柠檬酸裂合酶的生物学研究. 生命的化学, 2005, 25(5): 365-368.

[4] 钟倩. 儿科酪氨酸血症治疗药尼替西农(nitisinone). 世界临床药物, 2004, 25(4): 253-254.

[5] 宋志凤. β-N-乙酰己糖胺酶的异源表达及酶学性质研究. 昆明: 云南师范大学硕士学位论文, 2016.

[6] 熊力, 杨光富. 靶向琥珀酸脱氢酶的绿色杀菌剂的计算设计. 中国化学会第九届全国有机化学学术会议, 2015.

[7] 朱晓磊, 杨光富. 以对羟基苯基丙酮酸双氧化酶为作用靶标的除草剂研究进展. 世界农药, 2005, 27(5): 19-24.

[8] 梁桂兆, 梅虎, 周原, 等. 计算机辅助药物设计中的多维定量构效关系模型化方法. 化学进展, 2006, 18: 120-130.

[9] Kubinyi H. Quantitative structure-activity relationships. 2. A mixed approach, based on Hansch and Free-Wilson Analysis. J Med Chem, 1976, 19: 587-600.

[10] Crippen G M. Distance geometry approach to rationalizing binding data. J Med Chem, 1979, 22(8): 988-997.

[11] Cramer R D III, Patterson DE, Bunce J D. Comparative molecular field analysis (CoMFA). 1. Effect of shape on binding of steroids to carrier proteins. J Am Chem Soc, 1988, 110: 5959-5967.

[12] Klebe G, Abraham U, Mietzner T. Molecular similarity indices in a comparative analysis (CoMSIA) of drug molecules to correlate and predict their biological activity. J Med Chem, 1994, 37(24): 4130-4146.

[13] 陈炯炯, 韩爽, 曹扬, 等. 分子动力学模拟, 结合自由能计算和 3D-QSAR 研究大麻Ⅱ型受体和其激动剂的相互作用. 药学学报, 2013, 48(9): 1436-1449.

[14] 仇亮加. 几种统计算法模型在药物构效关系中的研究和应用. 重庆: 重庆大学硕士学位论文, 2006.

[15] 陈菁. 蛋白质-配体相互作用研究及其在药物设计中的应用. 北京: 北京大学博士学位论文, 2006.

[16] 刘锴. 以FBPase和SBPase为靶标的抑制剂设计和理论研究. 武汉: 华中师范大学硕士学位论文, 2009.

[17] 李伟. 蛋白质配体结合位点柔性的系统分析及分子柔性对接方法的发展和应用. 北京: 北京协和医学博士学位论文, 2012.

[18] Kuntz I D, Blaney J M, Oatley S J, et al. A geometric approach to macromolecule-ligand interactions. Journal of molecular biology, 1982, 161(2): 269-288.

[19] 周明伟. 抗 HIV-I 蛋白酶抑制剂 RITONAVIR 和碳青霉烯类抗生素重要中间体的合成研究. 上海: 华东师范大学硕士学位论文, 2004.

[20] 张一宾. 从世界粮食的需求及世界农业发展看农药的重要性. 世界农药, 2009, 31(1): 1-3.

[21] 张一宾, 杨国璋. 必须正确认识和对待农药. 中国化工学会农药专业委员会第十五届年会论文集, 2012.

[22] Zorn J A, Wells J A. Turning enzymes ON with small molecules. Nat Chem Biol, 2010, 6: 179-188.

[23] 周蕴赟, 李正名. HPPD 抑制剂类除草剂作用机制和研究进展. 世界农药, 2013, 35: 1-7.

[24] 杨文超, 林红艳, 杨盛刚, 等. 对羟基苯基丙酮酸双氧化酶抑制剂筛选方法研究进展. 农药学学报, 2013, 15: 129-134.

[25] 华乃震. 三酮类除草剂产品及其应用. 世界农药, 2015, 37(6): 7-13.

[26] van Almsick A. New HPPD-inhibitors–a proven mode of action as a new hope to solve current

weed problems. Outlooks Pest Manag, 2009, 20: 27-30.

[27] 张晓芳, 任学祥, 牛芳. 乙酰胆碱酯酶抑制剂类杀虫剂在未来农药发展中的前景. 全国农药交流会, 2009.

[28] 张国生. 原卟啉原氧化酶抑制剂类除草剂进展概况. 农药科学与管理, 2001, 22(6): 21-25.

[29] 石小清, 沈晓霞, 王阿国, 等. 原卟啉原氧化酶抑制剂研究与开发进展. 浙江化工, 2000, 31(3): 33-35.

[30] 苏少泉. 靶标原卟啉原氧化酶除草剂的发展. 农药, 2005, 44(8): 342-346.

[31] Hao G F, Tan Y, Yu N X, et al. Structure-activity relationships of diphenyl-ether as protoporphyrinogen oxidase inhibitors: insights from computational simulations. J Comput Aided Mol Des, 2011, 25: 213-222.

第八章　靶向酶的探针及其应用

　　酶是人体最重要的物质基础之一，其活性水平的异常与多种疾病如癌症的发生、发展密切相关。因此，测定这些酶在细胞或其他生物样本中的位置和表达水平，对疾病的早期诊断和监测治疗具有重要的意义。小分子荧光探针以其较高的灵敏度、无损快速分析和实时检测能力，成为生物系统酶活性检测和成像的有力工具。此外，酶的小分子荧光探针由于其结构的可修饰性，已经开发出许多小分子荧光探针，以满足实时跟踪和细胞可视化等各种需求。本章综述了酶在疾病诊断中的重要性，并概述了近十年来酶的小分子荧光探针的研究进展，包括各种癌细胞中靶酶的荧光探针的设计策略和应用，同时也提出了小分子荧光探针在介入手术成像、重大疾病尤其是癌症诊断和治疗等快速发展领域的挑战与机遇。

第一节　酶在疾病诊断中的重要作用

　　酶在医学诊断上应用广泛，历史悠久。早在 1908 年，沃尔格穆特（Wohlgemuth）就通过测定尿液中淀粉酶的活力来诊断胰腺炎[1]；随后，酶的检测成为临床上常规的检测项目，比如通过测定碱性磷酸酶来诊断骨骼疾病；随后的 50 年代，分光光度法的建立大大促进了临床上连续测定酶活的方法。目前，酶的测定占临床化学总工作量的 25%以上，是疾病诊断和治疗的重要依据。酶学诊断一般主要分为两个方向：①通过体内原有的特定酶的含量与活力的变化来诊断某些疾病。②利用酶来测定体内某些物质含量的变化来进行相关疾病的诊断。

（一）体液中酶含量的变化是疾病的重要诊断指标

　　酶缺乏所导致的疾病多为先天性或遗传性，如白化病是因酪氨酸羟化酶缺乏，蚕豆病患者对伯氨喹啉敏感是因 6-磷酸葡萄糖脱氢酶缺乏。生活中许多中毒性疾病几乎都是由某些特定的酶被抑制所引起。如常用的有机磷农药（如敌百虫、敌敌畏、1059 以及乐果等）中毒时，因为它们与胆碱酯酶活性中心必需基团丝氨酸上的一个—OH 结合而使酶失去活性。胆碱酯酶能催化乙酰胆碱水解成胆碱和乙酸，当胆碱酯酶被抑制失活后，乙酰胆碱的水解作用受抑，造成乙酰胆碱堆积，出现一系列中毒症状，如肌肉震颤、瞳孔缩小、多汗、心跳减慢等。某些金属离子引起人体中毒，则是因为金属离子（如 Hg^{2+}）可与某些酶活性中心的必需基团

（如半胱氨酸的—SH）结合而使酶失去活性。

随着对酶的深入研究，人们越来越认识到酶在疾病的调理上发挥了越来越显著的作用。正常人体内酶活性较稳定，当人体某些器官和组织受损或发生疾病后，某些酶被释放入血清、尿液或体液内。例如，急性胰腺炎时，血清和尿液中淀粉酶活性显著升高；肝炎和其他原因肝脏受损，肝细胞坏死或通透性增强，大量转氨酶释放入血清，使血清转氨酶升高；心肌梗死时，血清中乳酸脱氢酶和肌酸磷酸激酶明显升高；通过一清二补（"一清"是通过酶抑制剂或低温保存等方法，清除血清、尿液或其他体液中的酶，使酶活性降低到最低限度；"二补"是通过酶激活剂或温度升高等方法，向清除后的体液中加入酶的特异性配体或底物，使酶活性恢复到正常水平或超过正常水平）等对各种复合酶的组合使用，在增强体质、提高机能后，甚至大幅提高了生育力。当有机磷农药中毒时，胆碱酯酶活性受抑制，血清胆碱酯酶活性下降；某些肝胆疾病，特别是胆道梗阻时，血清 γ-谷氨酰转移酶增高；等等。因此，借助血清、尿液或体液内酶的活性测定，可以了解或判定某些疾病的发生和发展。亮氨酸氨基肽酶（LAP）是一种广泛存在于人体各组织中的蛋白水解酶[2]，特别是肝、胆、胰等，当这些部位产生病变时，LAP 活性会升高[3]，因此加强对亮氨酸氨基肽酶的监测对乙肝的防治有重要的意义[4]。其实许多酶活力的监测可用于疾病诊断中（表 8-1）。

表 8-1　疾病与酶活力变化

酶	疾病与酶活力变化
淀粉酶	胰脏疾病、肾脏疾病时升高；肝病时酶活力下降
胆碱酯酶	肝病、肝硬化、有机磷中毒、风湿时酶活力下降
酸性磷酸酶	前列腺癌、肝炎、红细胞病变时酶活力升高
碱性磷酸酶	佝偻病、软骨化病、骨瘤、甲状旁腺机能亢进时酶活力升高；软骨发育不全等，酶活力下降
谷丙转氨酶/谷草转氨酶	肝病、心肌梗死时酶活力升高
γ-谷氨酰转肽酶	原发性和继发性肝癌时酶活力增高至 200 单位以上；阻塞性黄疸、肝硬化、胆道癌等时血清中酶活力升高
缩醛酶	急性传染性肝炎、心肌梗死时血清中酶活力升高
胃蛋白酶	胃癌时，酶活力升高；十二指肠溃疡时，酶活力下降
磷酸葡萄糖变位酶	肝炎、癌症时酶活力升高
乳酸脱氢酶	肝癌、急性肝炎、心肌梗死时酶活力升高，肝硬化时酶活力正常
端粒酶	癌细胞中有，正常体细胞中无端粒酶活性
山梨醇脱氢酶	急性肝炎时酶活力显著升高
脂肪酶	急性胰腺炎时，酶活力显著升高；胰腺癌、胆管炎时酶活力升高
肌酸磷酸激酶	心肌梗死时，酶活力显著升高；肌炎、肌肉创伤时，酶活力升高

续表

酶	疾病与酶活力变化
α-羟基丁酸脱氢酶	心肌梗死、心肌炎时，活力升高
磷酸己糖异构酶	急性肝炎时，活力极度升高；心肌梗死、急性肾炎、脑溢血时，活力明显升高
鸟氨酸氨基甲酰转移酶	急性肝炎时，活力急剧升高，肝癌时，活力明显升高
葡萄糖转化酶	测定血糖含量，诊断糖尿病
亮氨酸氨基肽酶	肝癌、阴道癌、阻塞性黄疸时，活力明显升高

（二）基于酶测定重要标志物含量的变化是疾病诊断的重要手段

酶具有专一性强、催化效率高等特点，可以利用酶来测定体液中某些物质的含量从而诊断某些疾病（表 8-2）。例如，利用葡萄糖氧化酶和过氧化氢酶的联合作用，检测血液或尿液中葡萄糖的含量，从而作为糖尿病临床诊断的依据，这两种酶都可以固定化后制成酶试纸或酶电极，便于临床检测。固定化尿酸氧化酶已在临床诊断中使用，利用尿酸氧化酶测定血液中尿酸的含量可以诊断痛风病；利用胆碱酯酶或胆固醇氧化酶测定血液中胆固醇的含量可以诊断心血管疾病或高血压等，这两种酶都可固定化后制成酶电极使用[5]。

表 8-2　依据酶测定液中某些物质的变化诊断疾病

酶	测定的物质	用途
葡萄糖氧化酶	葡萄糖	测定血糖、尿糖，诊断糖尿病
葡萄糖氧化酶+过氧化物酶	葡萄糖	测定血糖、尿糖，诊断糖尿病
脲酶	尿素	测定血液、尿液中尿素的量，诊断肝脏、肾脏病变
谷氨酰胺酶	谷氨酰胺	测定脑脊液中谷氨酰胺的量，诊断肝昏迷、肝硬化
胆固醇氧化酶	胆固醇	测胆固醇含量，诊断高血脂等
DNA 聚合酶	基因	通过基因扩增、基因测序，诊断基因变异、检测癌基因

（三）基于酶的癌症成像与诊断

据世界卫生组织估计，到 2035 年，全球每年将新增 2400 万癌症病例和 1450 万与癌症有关的死亡。在这些与癌症有关的死亡中，如果能够更早地诊断出癌症，大约 30%的人可能会获救。早期、准确的癌症诊断和癌症靶向治疗对于提高癌症治愈的机会和生存率具有重要意义[6]。特别是癌症相关生物标志物的临床测量在癌症的诊断、治疗和检测中具有重要意义。在许多潜在的生物标志物中，酶在许多生理、病理和药理过程中发挥着重要作用，受到越来越多的关注。此外，大量研究表明，某些酶的异常活动与各种癌症直接相关[7-9]。例如，碱性磷酸酶在一些骨癌中活性明显增强[10,11]；γ-谷氨酰转肽酶在几种癌症（包括肝癌、宫颈癌和卵巢癌）中高表达；与正常卵巢相比，β-半乳糖苷酶在原发性卵巢癌中的酶活性增强。因此，这些酶在癌细胞中的位置和表达水平的确定对于早期癌症诊断和监测治疗效果具有重要意义[10]。许多成像技术已被应用于检测或成像酶，如磁共振成像（MRI）、核成像[包括单光子发射计算机断层成像（SPECT）和正电子发射断层成像（PET）]以及荧光成像[11]。每一种成像技术都是不可替代的，都有其特有的灵敏度、深度穿透力和空间分辨率。例如，MRI 对活癌细胞中酶的低丰度缺乏足够的特异性和敏感性。SPECT 和 PET 具有较高的灵敏度和断层扫描能力，但空间分辨率较差（1～2 mm）[12]。其他一些检测方法，如使用标记抗体或蛋白质组学方法，可用于检测和跟踪固定细胞或体外的酶，但不能提供活细胞中酶的实时信息。

　　基于小分子荧光探针的荧光成像技术以其灵敏度高、无损快速分析、实时检测等优点，被广泛应用于活细胞中多个动态过程的可视化和量化[13-15]。小分子荧光探针由于其结构的可修饰性，能够检测各种生物目标[16-20]。因此，这为在细胞内实时检测和成像奠定了基础。探针的荧光性质可以通过其分子结构来调控。这使得探针在与某种酶的相互作用下，其光谱特性发生显著变化，表现出高信噪比和高灵敏度。因此，小分子荧光探针已经成为酶在其自然环境中实时检测和成像的强大工具，使癌症的早期诊断和研究癌症发展与治疗过程中的酶功能成为可能。然而，由于这种技术依赖于酶和探针的相互作用，而不是固有的物理性质，因此在复杂、异常的癌细胞微环境中，它面临着敏感性和选择性检测的挑战。异常表达的酶通常在癌症早期浓度很低，因而其活性检测往往受到其他高丰度生物大分子的干扰。荧光传感技术具有快速、灵敏和可视化等优点，但是其低穿透力阻碍了其在组织成像和临床上的应用。为了解决这些挑战，在过去的几年里，人们花费了大量的精力来开发高灵敏度和实时的小分子荧光探针来检测和成像癌细胞或活体内的酶。

第二节　酶的小分子荧光探针的设计策略

　　靶向酶的小分子荧光探针的设计大多基于该类小分子与酶活性位点的特定相互作用。前面提到过，与酶的活性空腔结合的配体分子主要分为两类：底物和酶抑制剂。一方面，酶对底物具有一定的相对专一性，不过底物的结构差异会导致酶对其催化能力的不同表现；另一方面，酶抑制剂是一种能与酶发生特殊的结合并降低酶活性的小分子化合物，通常对酶表现出很高的亲和力。根据上述两种配体分子与酶相互作用的机理，我们将小分子荧光探针分为底物型和抑制剂型两种。

本章总结了荧光探针设计中涉及的几种信号转换机制，包括分子内电荷转移（intramolecular charge transfer，ICT）、荧光共振能量转移（fluorescence resonance energy transfer，FRET）、光诱导电子转移（photoinduced electron transfer，PET）、分子内运动限制（restriction of intramolecular motion，RIM）以及聚集诱导发光（aggregation-induced emission，AIE）等。

（一）底物型小分子酶荧光探针

　　酶具有可以快速、高效催化其底物转化为产物的能力，而且相当数量的酶对底物具有一定的普适性（如键的专一性和基团专一性等）。因此，在深入理解酶对底物的识别和催化机制的基础上，模拟底物的结构将识别基团连接到荧光团上，从而设计发现能被酶催化的底物型探针是完全可能的。对于这种探针来说，由于PET 效应整个探针的荧光是淬灭的，而当酶催化探针反应时探针的 PET 效应被破坏，或释放出荧光团，或生成具有强烈荧光的物质（图 8-1）。在过去的二十年中，研究者基于该思路发展了两种策略，开发了大量底物型探针用于酶活性的检测和成像。如图 8-1A 所示，最常规的底物型荧光探针主要由两部分组成：一个荧光团和对应的识别基团。另外一种策略就是使用自焚连接剂/交联剂（self-immolative linker/crosslinker）连接识别基团和荧光团（图 8-1B）。引入探针的自焚连接剂（self-immolative linker）可以防止解离位点附近体积较大的荧光团的空间位阻，阻止其与酶活性口袋的结合。值得一提的是，1981 年，自焚连接剂首次被引入前体药物的设计中[21]。自焚连接剂在基于底物的荧光酶探针的设计中具有重要的作用。

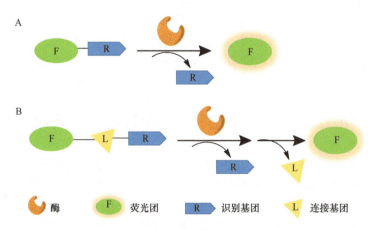

图 8-1　底物型探针

A. 一般的底物型探针；B. 含有自焚连接剂的底物型探针

（二）抑制剂型荧光探针

抑制剂型探针主要依赖酶与抑制剂（或抑制剂的药效团）之间的高亲和力，从而实现探针的高特异性和高灵敏度。如图 8-2 所示，典型的抑制剂型探针一般有三个组分：①结合基团（识别基团），以共价或非共价方式与酶的活性位点相互作用；②信号报告基团（荧光团），用于可视化标记的荧光团；③柔性连接子（连接基团），连接荧光团和结合基团的柔性连接物，防止荧光团的空间位阻对抑制剂与酶活性腔的结合产生影响[22,23]。将酶特异性天然配体与合适的荧光团偶联，可以制备出天然的基于配体的荧光探针[24]。因此，当合适的抑制剂与和靶点无相互作用的荧光团连接时，就可以开发出高效的、特异的抑制剂型荧光探针。前面提到过，研究发现药物的很多靶标是酶，因此针对酶的抑制剂研究非常广泛和深入。得益于此，许多基于酶抑制剂的荧光探针已经被开发出来，用于不同生物样品（如细胞和活体）中靶酶的检测和成像。

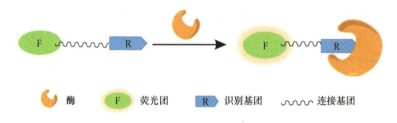

图 8-2　抑制剂型荧光探针的结构示意图

考虑到抑制剂分为可逆和不可逆两种，我们也可以基于荧光探针与酶是否形成稳定的共价键将抑制剂型荧光酶探针分为非共价结合和共价结合的两类（图 8-3）。共价结合的荧光探针也称为不可逆结合标签，与酶发生直接交联反应。具体来说，以共价键为基础的酶探针中的反应基团通常是亲电基团（如环氧化物、氟磷酸盐等），可与酶活性位点的亲核残基（如羟基或巯基等）发生特异性反应，形成稳定的共价键[25]。各种共价结合荧光探针已被开发用于显像酶，包括激酶、蛋白酶和磷酸酶。然而，由于多余的游离探针和酶结合探针的荧光信号难以区分，这类探针在体内成像中的应用具有挑战性。此外，由于活性腔的关键残基被亲电基团修饰，必然会造成酶的活性急剧降低甚至完全丧失，因此不能做到无损标记以及对正常生物过程的探究。

为了解决这一难题，研究人员开发了一种共价键结合的非底物荧光探针，这种探针在与感兴趣的酶反应时释放淬灭基团。基于共价结合的酶探针是活细胞成像应用的理想选择，因为它可以实时监测酶的激活情况，并与目标酶保持结合，

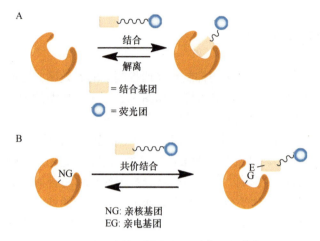

图 8-3　抑制剂型荧光探针的作用示意图
A. 非共价结合；B. 共价结合

从而对酶的激活和定位进行动态研究。2018 年，新加坡国立大学的姚少钦教授课题组成功设计了一种可以选择性共价标记磷酸甘油酸脱氢酶（PHGDH）的新型化学探针，具有基于反应的"荧光打开"特性，从而可以对活细胞内 PHGDH 的活性进行成像，并能同时研究该蛋白与配体的结合[26]。这种"双功能"探针由以下几个部分组成：一个针对 PHGDH 活性位点的结合基团，一个能共价结合 PHGDH 的亲电基团，一个具备当探针与 PHGDH 结合后"荧光打开"特性的报告基团以及一个基于点击化学的可追踪基团用于检测探针结合的靶蛋白。通过前期的分子对接计算实验，作者发现商业化的苯基乙烯砜能够很好地与 PHGDH 的活性口袋相结合，且结合位点附近存在的半胱氨酸残基可成为乙烯砜亲电基团的潜在靶点。此外，人们知道，不饱和基团同时拥有羧基反应性和荧光淬灭性，作者由此推测具有相似结构的乙烯砜很可能也拥有这种双重特性，并设计了一系列荧光小分子。作者将这些小分子与半胱氨酸共孵育，评估其与半胱氨酸的结合能力以及荧光打开效率，最终选定 DNS-pE。随后的体外实验证实，该探针确实能与 PHGDH 共价结合，同时打开荧光。作者在该探针的基础上进一步引入炔基，合成出基于点击化学的"可追踪"探针 DNS-pE2（图 8-4）。

（三）荧光信号机制

虽然荧光探针的设计原理有多种，但是用于解释探针对被分析物作用前后的荧光信号机制是一致的。如图 8-5 所示，在靶向酶的小分子探针设计中主要采用了以下几种信号转换机制：①分子内电荷转移（intramolecular charge transfer，ICT）；②荧光共振能量转移（fluorescence resonance energy transfer，FRET）；③激发态分

A

图 8-4　共价键结合的非底物荧光探针的设计与应用

A. 研究设计和测试的小分子探针的化学结构；B. 双用途探测器 DNS-pE2 的荧光启动机制，通过与 PHGDH 进行共价标记，实现随后的活细胞成像和原位目标识别

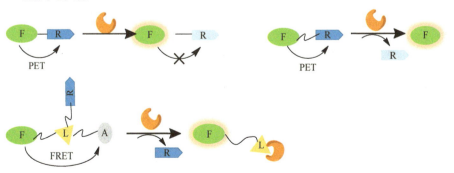

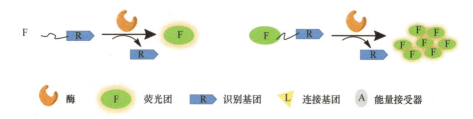

图 8-5　小分子酶探针设计的响应机制

A. ICT 或 ESIPT；B. FRET；C. PET；D. 共轭重构（conjugation reconstruction）；E. RIM

子内质子转移（excited-state intramolecular proton transfer，ESIPT）；④光诱导电子转移（photoinduced electron transfer，PET）；⑤分子内运动限制（restriction of intramolecular motion，RIM）和聚集诱导发光（aggregation-induced emission，AIE）。基于 ICT 的策略通常需要通过酶促反应改变荧光团分子内的给/供电子平衡，从而实现吸收光谱和发射光谱发生变化，一般是光谱红移或蓝移。在基于 FRET 的探针中，荧光团和淬灭剂（或受体）通过酶可切割的接头在一定距离内彼此连接，以产生预淬灭（或比率）探针，其淬灭剂通过特异性释放后恢复荧光。基于 PET 的方法需要通过酶促转化改变分子内的富电子或缺电子基团。在基于 ESIPT 的探针中，荧光团的羟基或氨基与附近的活泼官能团形成分子内氢键，而这种分子内氢键的形成或破坏可以通过酶的催化来实现，进而导致荧光信号的变化。具体方法涉及基于酶介导的反应调节分子缀合系统，导致探针的光物理性质变化。RIM 是一种更具体的机制，其中亲水探针在酶介导的反应后变成疏水分子，导致聚集诱导的荧光增强[27]。值得注意的是，基于 AIE 的酶探针也是一种环境敏感的开启荧光探针。这些探针可以响应极性或分子旋转受限环境的变化，在低极性（低黏度）的细胞质中表现出弱荧光，当与疏水蛋白质口袋结合时表现出强荧光。这种方法的关键是高度环境敏感的荧光团，如 4-磺酰胺基-7-氨基苯并恶二唑，它在极性环境中显示出弱荧光，但在疏水环境中具有强荧光。这些产物仅部分参与少数酶探针，所以在这种情况下，环境敏感性不包括在一般问题中。

　　实际上，在设计小分子酶探针时，一般应考虑如下一些原则：①灵敏度和选择性。作为生物分析化学的核心要求，灵敏度和选择性是一个探针具备应用潜力的必要属性。通常，酶在生物样品中的含量较低，而样品中其他酶、蛋白和其他分子的干扰又很多。因此，高灵敏度和高特异性是小分子荧光探针得以应用的基本前提。②水溶性、细胞通透性和细胞毒性。如同药物分子一样，一个好的荧光探针，也需要具备良好的脂水分配系数，才能具有一定的生物相容性，顺利地在细胞和活体中实现较好的吸收、传导和靶向。当然，探针分子的细胞毒性也是一个必须考虑的因素。③化学稳定性。虽然探针分子对靶酶具有较好的特异性，但是其自身的化学稳定性也很重要。尤其是在生理条件下，如果探针自发水解或被氧气氧化，就会对检测产生假阳性信号。④光学性质。一般认为，探针的光学性质直接影响探针的灵敏度以及成像能力。

第三节　水解酶探针

水解酶是自然界最丰富的一种酶。人体内数千种酶中，有三分之一是水解酶，包括常见的蛋白水解酶和酯酶等。很多水解酶既是药物发现的重要靶标，又是临床上疾病诊断的重要标志物。因此，针对水解酶开展小分子荧光探针的发现，一直都是一个重要的研究领域。

（一）靶向羧酸酯酶的小分子荧光探针

在过去的几十年里，研究者发展了一系列小分子荧光探针用于细胞中的羧酸酯酶的检测和成像（图8-6）[28-35]。目前的研究表明，羧酸酯酶有两种，羧酸酯酶1（carboxylesterase 1，CE1）和羧酸酯酶2（carboxylesterase 2，CE2）。其中，CE1主要在肝脏中表达，更倾向于水解小醇基和大酰基的底物。而CE2一般在小肠中表达，主要识别具有大醇基、小酰基的酯。基于这一原理，杨凌等于2015年报道了荧光探针1用于人类CE2的检测[29]。他们还开发了近红外（探针2）和双光子（探针3）荧光探针用于CE2活性的检测和成像。在此基础上，研制了用于人体CE1体外监测和细胞成像的比率荧光探针4[28]。

比率型双光子荧光探针5，可用于定量检测羧酸酯酶。这种探针与羧酸酯酶反应时，其对人体羧酸酯酶活性的反应呈现出从蓝到黄的敏感发射变化，且易于组装入细胞，对pH、活性氧（ROS）和活性氮（RNS）等不敏感，光稳定性高，细胞毒性低。利用活的肝细胞和肝组织，他们发现使用探针5进行比率双光子显微成像是监测活组织亚细胞水平羧酸酯酶活性的有效工具。其他荧光酯酶探针也被报道用于研究其他酯酶活性，包括脂肪酶、乙酰胆碱酯酶（AChE）、丁酰胆碱酯酶（BChE）等（探针6~11）[33-35]。例如，唐波等于2019年将谷氨酸功能化TPE作为一种基于AIE机制的具有新的识别单元的启动荧光探针（探针9）[36]。通过模拟天然底物设计探针10，针对BChE和AChE活性囊袋的结构差异，操纵设计探针的空间特征和反应活性逐步优化探针6[35]。探针11基于石杉碱骨架和Cy5染料合成的，并对其在不同组织中检测AChE进行了原位评价，结果显示AChE比BChE具有更高的亲和力和选择性。

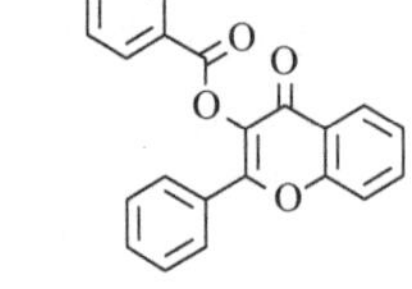
探针1

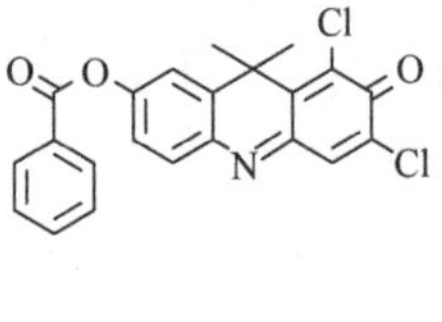
探针2

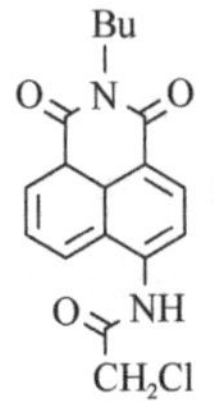
探针3

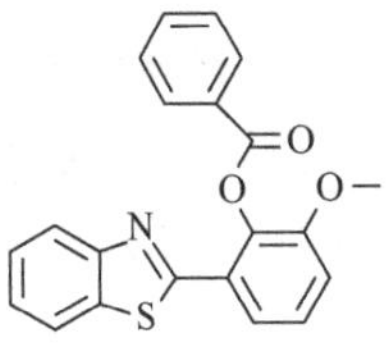
探针4

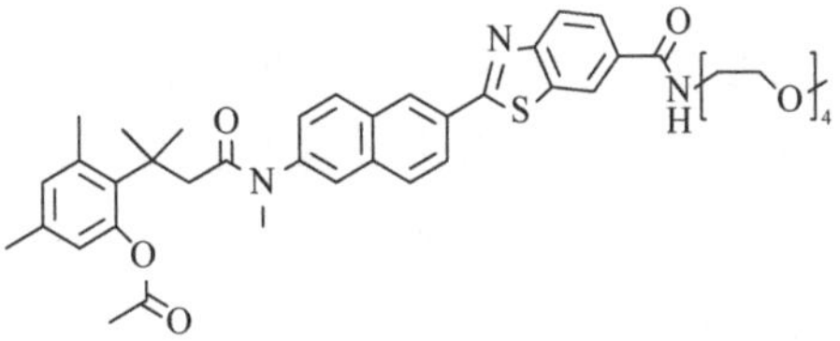
探针5

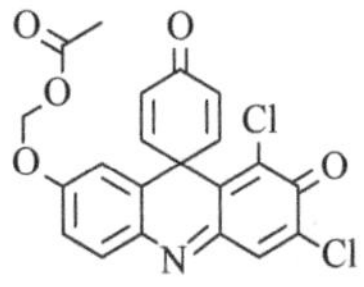
探针6a

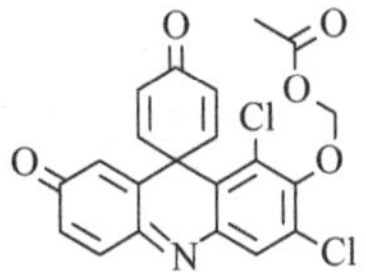
探针6b

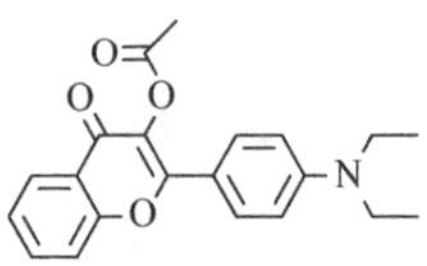
探针7

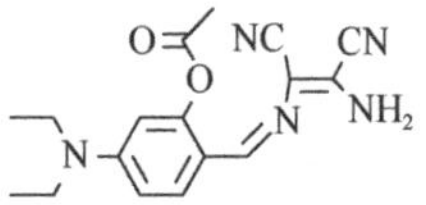
探针8

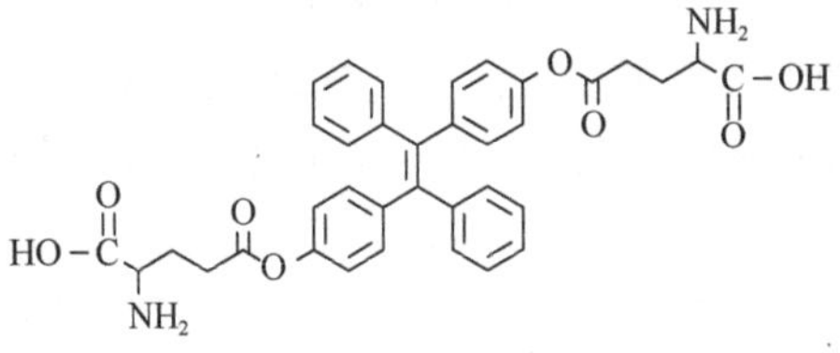
探针9

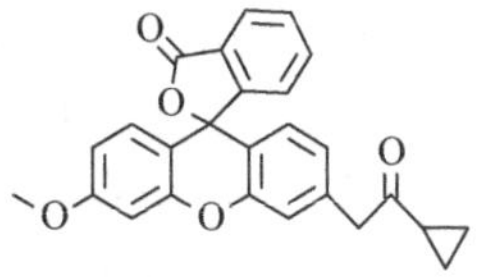
探针10

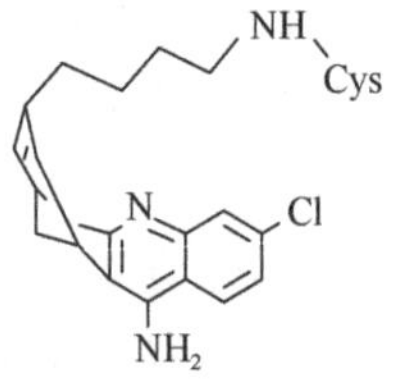
探针11

图 8-6　荧光探针 1～11 结构
Bu 为丁基

（二）靶向胆碱酯酶的小分子荧光探针

胆碱酯酶（ChE）包括乙酰胆碱酯酶（AChE）和丁酰胆碱酯酶（BChE）两种同工酶[37]。其中，AChE 能将乙酰胆碱水解成乙酸和胆碱，具有羧肽酶和氨肽酶的活性。它主要参与细胞的发育和成熟，能促进神经元发育和神经再生。由于 AChE 中 I 型底物特异性高，只分解以乙酰胆碱为中心的狭窄范围的底物。许多文献报道通过检测 AChE 水解底物（硫代）乙酰胆碱的变化来反映酶的活性变化情况，也有根据 AChE 抑制剂而设计的标记型荧光分子探针。

2016 年，雷纳德（Renard）等设计了抑制剂型的 AChE 荧光探针 12（HupNIR1）

与探针 13（HupNIR2）（图 8-7）[7]。该探针是将近红外荧光基团 Cy5.0 和经典抑制剂石杉碱甲衍生物 Hup1 与 Hup2 通过缩合反应得到，这两个探针的主要差别在于荧光团与抑制剂的距离。实验结果显示，这两个探针对 AChE 和 BChE 表现出不同的选择性，其中 HupNIR2 对 AChE 的选择性要高于 HupNIR1。不仅如此，探针 HupNIR2 对人源 AChE 的半抑制浓度（IC_{50}）值为 31 nmol/L（对照药剂石杉碱甲的 IC_{50} 值为 71 nmol/L），显示出与商品化抑制剂相当的活性，这说明荧光团的引入并没有影响到抑制剂本身对酶的抑制活性。在对肌肉神经接点部位进行成像时，HupNIR2 能对神经元细胞中的 AChE 起到识别作用并呈现近红外的荧光信号[发射波长为 650 nm，磷酸盐缓冲液（PBS）缓冲体系]，其荧光量子产率高达 0.43，相比单独的荧光团 Cy5.0 提高了 0.23。值得一提的是，该探针在神经肌肉接头处进行了 AChE 与 BChE 的区分，这也是目前首例报道使用抑制型探针区分 AChE 与 BChE 的方法。另外，近红外荧光团能有效地消除细胞成像时本底荧光的干扰，充分展示出探针 HupNIR2 对于 AChE 的成像和检测具有良好的应用潜力。不过，HupNIR2 对 AChE 的 IC_{50} 值比传统抑制剂还要低，虽然有助于探针的定位，但在一定程度上对生物体内靶酶的活性产生影响。

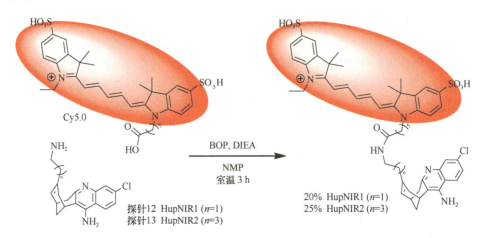

图 8-7　AChE 抑制剂型探针 HupNIR1、HupNIR2

BOP. 卡特缩合剂；DIEA. N,N-二异丙基乙胺；NMP. N-甲基吡咯烷酮

　　值得注意的是，抑制型探针与酶的结合势必会降低酶分子的生物活性，进而影响原位检测和生物学过程的研究。因此，基于底物的直接或间接荧光分析方法具有更加广阔的应用前景，也引起了研究者的广泛关注。

　　在涉及 AChE 底物型探针的时候，我们特别需要注意该酶水解的特异性。比如说，我们设计一种探针来检测溶酶体中的乙酰胆碱酯酶，就特别需要考虑对酯酶的选择性，因为溶酶体中可能会有很多种酶可以水解探针。如乙酰胆碱酯酶探针 14 的设计[38]。

随后，作者使用图 8-8 中的化合物进行了 AChE 的检测，但是最后表征实验发现，该探针与 AChE 未能发生反应。通过这个实验可以得出结论，在设计探针时不能片面地根据其水解性质来进行设计。如果只关心其水解性质，该探针也可能会被其他酶水解；如果只关心其特异性，可能连靶标酶也无法进行水解。识别基团的确定需要多次设计结构进行筛选尝试，以得到选择性、灵敏度俱佳的探针，绝不是通过简单的通式就可以一概而论的。

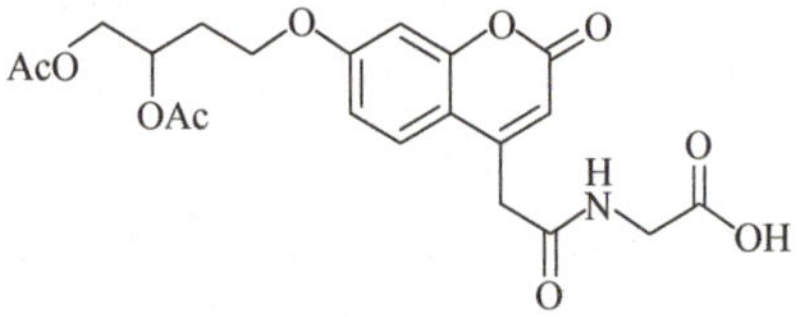

图 8-8　乙酰胆碱酯酶探针 14

然而，作为 AChE 的同工酶，靶向 BChE 探针的相关文献报道则相对较少，其主要原因在于目前大多数水解底物不能明显地将两种胆碱酯酶很好地区分开来。杨光富教授团队尝试从酶活性空腔的结构差异性入手寻找突破点[35]。通过深入分析比较这两种酶的活性空腔，尤其是它们对底物的动态响应机制，发现它们结构的差异性主要体现在 AChE 活性空腔中部的两个芳香氨基酸残基（Tyr_{124} 和 Phe_{337}，人源序列）。这两个芳香残基使得 AChE 的活性空腔中部狭窄，不能允许位阻过大的基团通过。于是该团队保留天然底物的酯键，在酯键两边分别引入荧光团和识别基团，随后分别进行系统优化。当 R 基团为环丙基，荧光团为荧光素时，最终找到了对 BChE 能够高响应的荧光探针 BChE-FP1（图 8-9）。另外，作者还对探针的细胞（PANC-1 细胞）成像和内源性 BChE 活性的检测进行了研究与定量。

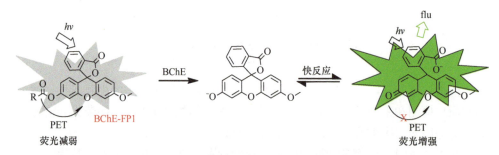

图 8-9　基于荧光素的"关-开"型 BChE 探针

为了进一步提升探针的灵敏度和特异性，并增强其在复杂生物系统中的应用能力，该团队在 2018 年度进一步优化荧光团得到了一个近红外的 BChE 底物型荧光探针（图 8-10）。该探针性能更加优越，发射波长大于 700 nm，在体外实现了 BChE 的专一性检测，基本不被 AChE 干扰。更具意义的是，在活细胞、斑马鱼和 AD 小鼠模型中，该探针均能很好地实现内源性 BChE 的快速、原位检测，以及 BChE 含量的实时动态监测。当前尚未发现其他关于 BChE 实时原位检测的报道。

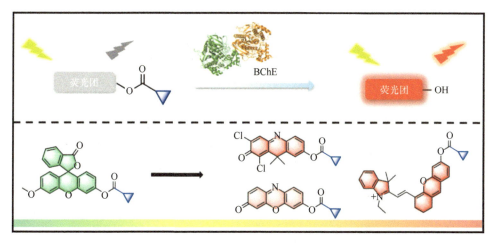

图 8-10 近红外的"关-开"型 BChE 底物型荧光探针

以该探针作为工具，该团队深入开展了 BChE 介导的 AD 病理机制研究。发现在 AD 模型中 BChE 水平上调可能是纤维化 β 淀粉样蛋白和胰岛素抗性共同导致的。这一 BChE 特异性探针将为 AD 的早期诊断以及 AD 病理机制的研究提供可靠有力的工具。

（三）人中性粒细胞弹性蛋白酶的小分子荧光探针

人中性粒细胞弹性蛋白酶（human neutrophil elastase，HNE）可以看作是单一肽链，它可使结缔组织蛋白质中的弹性蛋白消化分解。图 8-11 所示探针为杨光富教授团队设计合成的底物型 HNE 探针[39]。该项工作主要是以香豆素为荧光团，通过不同的取代基修饰得到了图中所示的 4 个探针分子。测试结果发现探针 15 中的酰胺键比较稳定，HNE 无法将其水解；之后便合成了化合物探针 16 和探针 17，因为酯基比氨基更容易水解，而三氟甲基可以降低酰胺键的电子云密度，使其更容易被亲核进攻。结果表明，探针 16 和探针 17 都能够被弹性蛋白酶水解，探针 17 表现出更好的选择性，但是它们在测试条件下会自发水解，从而导致实验的不准确；于是最终合成了探针 18，它在测试环境下不会自发水解，而且产生了更好的选择性。

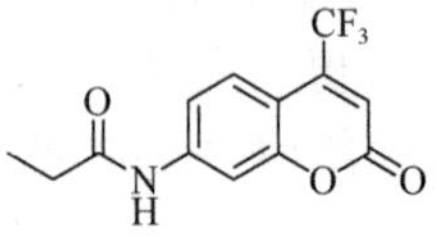

探针15

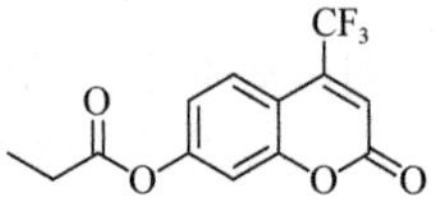

探针16

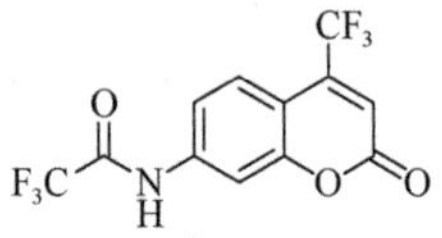

探针17

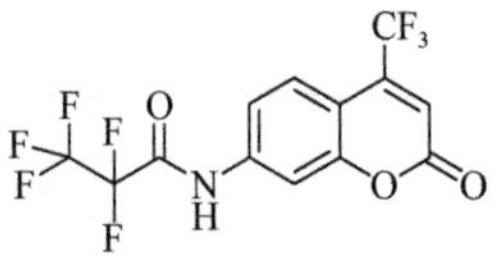

探针18

图 8-11 弹性蛋白酶荧光探针

以上的探针相较于已经商品化的肽类底物荧光探针（图 8-12），具有许多明显的优势。例如，非肽类底物合成方法更为简单，以至于更利于产业化；其次，其稳定性也丝毫不亚于肽类底物[39]。

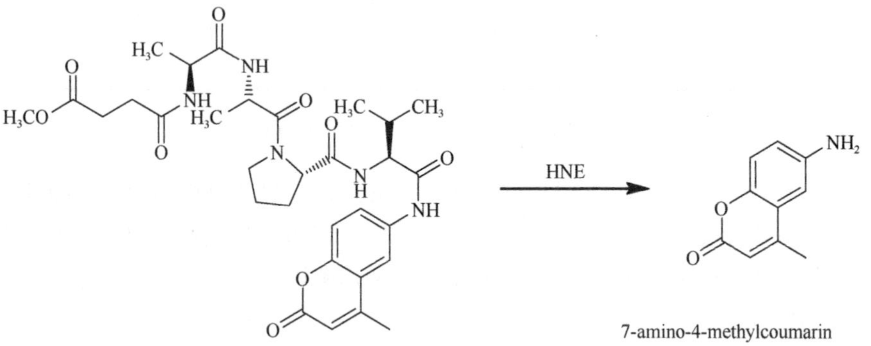

MeO-Suc-Ala-Ala-Pro-Val-AMC
探针19

HNE

7-amino-4-methylcoumarin
(AMC, l_{ex} = 460 nm)

图 8-12 靶向 HNE 的肽类底物荧光探针

MeO：甲氧基；Suc：琥珀酸；7-amino-4-methylcoumarin：7-氨基-4-甲基香豆素；l_{ex}：波长

另外，也有文献报道基于 FRET 机理设计的 HNE 荧光探针。该探针的设计原理主要是以能被 HNE 特异性水解的肽链为底物，在肽链的 C 端和 N 端接上荧光供体和受体，而 HNE 水解该肽链后供体向受体传递的能量会发生显著变化，进而在宏观上表现为荧光信号的变化。如图 8-13 所示，为两个 FRET 探针 NEmo-1 和 NEmo-2，实验证实这两个探针都能被 HNE 很好地水解，其中 NEmo-2 能很好地反映 HNE 在细胞膜上的活性情况，可以说是一个很好的 HNE 活性检测探针[40]。

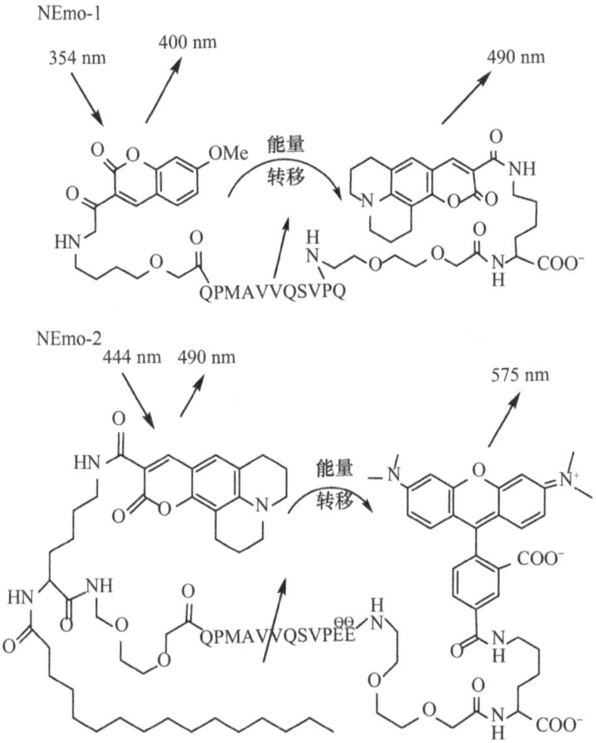

图 8-13 基于 FRET 机理设计的 HNE 底物型荧光探针

第四节 氧化还原酶探针

酪氨酸酶是一种氧化酶，是控制黑色素生成的限速酶。该酶主要参与两种不同的黑色素合成反应：①单酚羟基化；②邻二酚转化为相应的邻醌[41]。这种酶被认为是黑色素瘤癌细胞的生物标志物，因为它在这些细胞中含量高。此外，酪氨酸酶的异常水平可能导致白癜风和帕金森病（Parkinson's disease，PD）[42]。活体组织中酪氨酸酶的检测对临床研究具有重要意义，因此多个靶向该酶的荧光探针被陆续报道（图 8-14）。

马会民等将酪氨酸（酪氨酸酶的一种底物）结合到花青素结构中，开发了用于监测酪氨酸酶活性的近红外荧光探针[43]。探针 20 上的酪氨酸部分在 O_2 存在的情况下与酪氨酸酶反应生成醌，能通过 PET 机制使荧光猝灭，导致荧光信号关闭[43]。探针 21 的设计基于类似的策略，但在酪氨酸酶转换时获得了一个打开的荧光信号[44]。双光子荧光探针 22，可用于成像活细胞中酪氨酸酶活性[45]。14 号探针通过尿素将 4-氨基苯酚基团连接到双光子荧光团上。酪氨酸酶引发的两步氧化反应产生了一种在水溶液条件下不稳定的对苯二酚中间体，从而迅速进行分子内环化

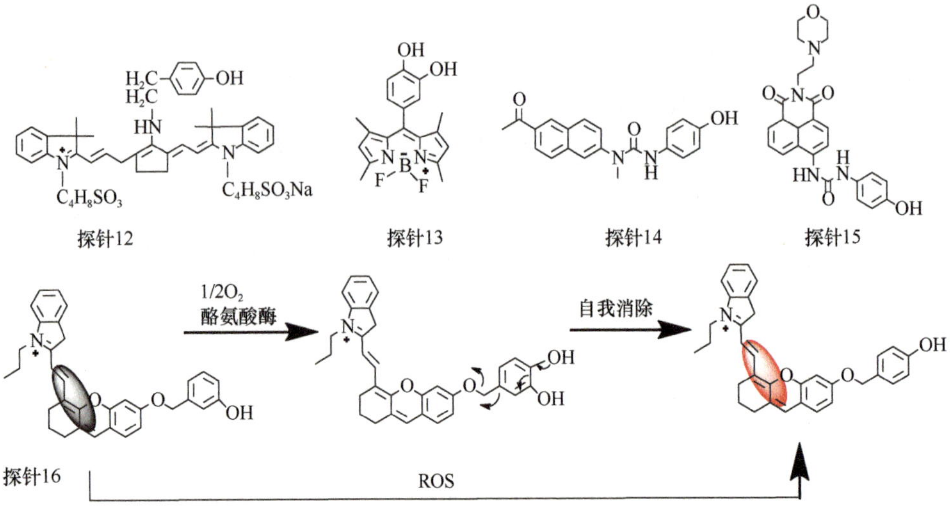

图 8-14　荧光探针 12~16 的结构

释放自由的二光子荧光团[45]。由于酪氨酸酶主要位于黑色素细胞的黑素体中，新开发的探针 23 以吗啉基团为黑素体靶向基团，4-氨基苯酚为酪氨酸酶反应组。利用探针 23 实时成像了 inulavosin（一种黑色素生成抑制剂）刺激下小鼠黑色素瘤 B16 细胞酪氨酸酶从黑素体向溶酶体的不均匀分布。同时检测了补骨脂素/紫外刺激下 B16 细胞黑素体酪氨酸酶的上调[44]。然而，对酪氨酸酶活性的敏感性和选择性检测仍然是一个巨大的挑战，因为以前的荧光探针受到 ROS 的干扰。为了解决这个问题，马会民等提出的荧光酪氨酸酶探针 24 使用一个新的酪氨酸酶识别组，3-羟基苯基[46]，3-羟基（而不是 4-羟基）的存在促进了酪氨酸酶而不是活性氧在 4 位空位上的羟基化，不稳定的中间产物在随后的 1,6-重排消除过程中自发被除去。由于对酪氨酸酶的特异性较高，我们成功地利用探针 16 对活细胞中的酶活性进行了准确的检测，结果表明，探针 16 可以对不同活癌细胞中酪氨酸酶的相对活性进行可视化[46]。

第五节　转移酶探针

γ-谷氨酰转移酶（γ-glutamyl transferase，GGT）是一种细胞膜结合的转移酶，它催化 γ-glutamyl（γ-Glu）官能团从谷胱甘肽等分子转移到合适的受体，如氨基酸、肽或水（形成谷氨酸）。GGT 在 γ-Glu 循环中起关键作用，γ-Glu 循环是谷胱甘肽合成和降解的途径。恶性细胞高度依赖半胱氨酸，GGT 介导的细胞外谷胱甘肽代谢产生半胱氨酸，使肿瘤细胞具有生长和生存优势[47]。事实上，已经发现 GGT 的过表达水平与几个人类癌细胞有关。有人认为 GGT 可能通过调节细胞内氧化还原代谢，促进肿瘤演化、侵袭和耐药。因此，GGT 可以被视为癌症的诊断标志和治疗靶点。由于 GGT 在生理和病理过程中的重要作用，检测和成像生物样品中的 GGT 活性具有十分重要的意义。

2011 年，浦野泰照（Yasuteru Urano）等首次开发了荧光探针 17，用于检测和成像 GGT 在体内和体外的活性（图 8-15）[48]。探针 17 是将 γ-Glu 基团附着在羟甲基罗丹明绿（HMRG）上，经螺环封闭完全淬灭而成。通过谷氨酸与 GGT 的快速一步裂解激活，对 11 个人卵巢癌细胞系进行了探针 17 的体外激活实验。扩散性的人腹腔卵巢癌小鼠模型体内成像结果显示，探针 17 在肿瘤局部喷涂 1 min 内激活，肿瘤与背景形成高信号对比。此外，可以将探针 17 喷洒到疑似有肿瘤的组织表面。探针 17 与癌细胞表面的 GGT 接触后迅速而强烈地活化，在外科或内镜手术中具有实际的临床应用价值[48]。

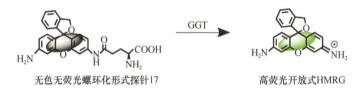

无色无荧光螺环化形式探针17　　　　　　高荧光开放式HMRG

图 8-15　探针 17 结构及 GGT 的关-开响应

浦野泰照等在前人工作的基础上，设计了基于非对称硅罗丹明的荧光探针 18 和 19，用于 GGT 活性的体内成像[48]。2016 年，吴水珠等报道了双光子荧光探针 20 用于药物诱导的肝脏损伤引起的 GGT 水平变化的体内跟踪[49]。将谷氨酸与二氰亚甲基-4H-吡喃衍生物连接制备探针；GGT 的存在裂解了探针 17 的 γ-Glu 酰胺基团，从而恢复 635 nm 处的荧光发射。20 号探针可以荧光响应斑马鱼肝脏中临床药物苯妥英（phenytoin）治疗产生的 GGT，说明苯妥英是一种常用的临床药物，可引起肝脏 GGT 水平显著升高[50]。他们还开发了另一种 GGT 荧光探针 21，该探针容易聚集并在 GGT 催化 γ-Glu 从 TPE 衍生物中裂解时发出强烈的蓝色荧光。2017 年，张晓兵等设计了双光子荧光探针 22，用于测量肿瘤细胞和组织氧化应激过程中 GGT 的活性[51]。荧光探针 18～29 的结构见图 8-16。

叶德举等报道了将 γ-Glu 底物和自交联剂对氨基苯甲醇（p-aminobenzyl alcohol，PABA）结合到近红外荧光花青素中的近红外荧光 GGT 探针 23[51]。通过将 cRGD 多肽与上述探针结合，他们还开发了肿瘤靶向近红外荧光探针 24 和 25，用于实时无创检测和成像给药后异种移植物 U87MG 肿瘤中 GGT 活性[52]。马会民和同事报告了用于测定 GGT 活性的长时间分析波长（$\lambda_{ex}/\lambda_{em} = 585/615$ nm）[53]。基于 ICT 机制，他们又设计了探针 26，将 γ-Glu 基团作为识别单元掺入甲酚紫（CV）的荧光团中，产生低背景荧光信号，有利于实现对 GGT 活性的高灵敏度检测[54]。最近，另一个研究小组使用探针 25 进行结直肠癌的诊断。令人印象深刻的是，

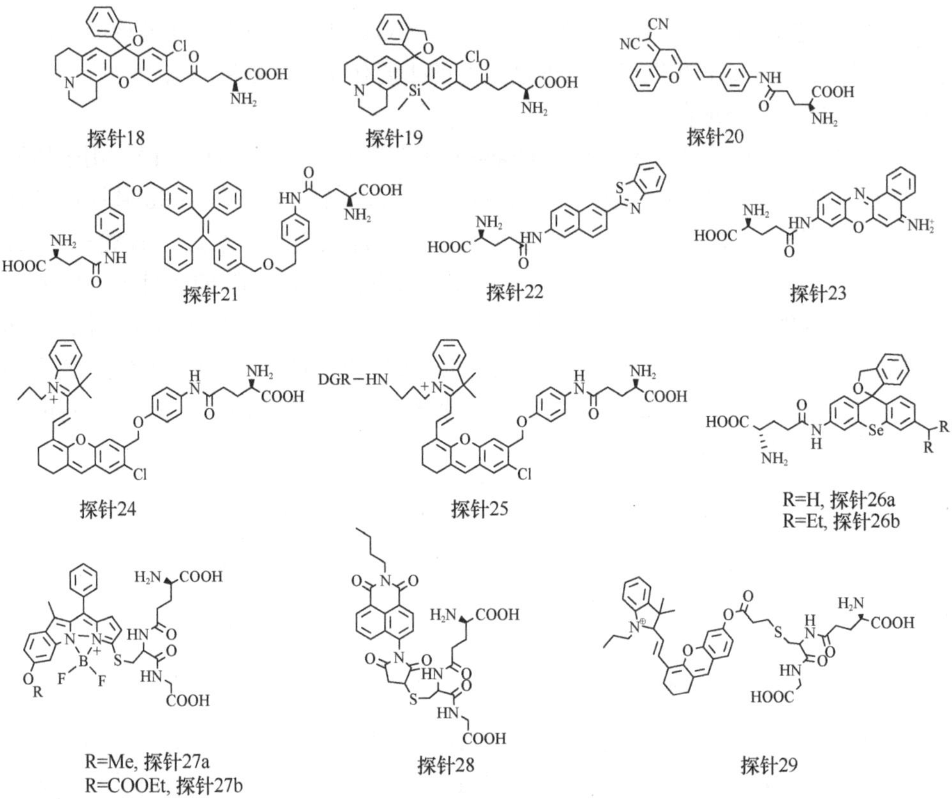

图 8-16　荧光探针 18～29 的结构

DGR. DNA 结合染剂

浦野泰照等设计了一种针对 GGT 活性的可激活光敏剂。通过采用基于螺旋环的策略，将治疗诊断探针 26a 和 26b 开发为光钝化化合物，这些光钝化化合物将被肿瘤相关的 GGT 特异性裂解，从而产生有效的光敏剂。赵春常和樊春海等报道了两种用于监测 GGT 活性的 GGT 栓系荧光探针 27a 和 27b 的设计[55]。在他们的设计中，探针以 GSH 部分作为靶向 GGT 的底物，游离的硫醇共价附着在氟硼二吡咯化合物（BODIPY）支架上。在用 GGT 酶切γ-Glu 部分后，半胱氨酸-甘氨酸残基中释放的氨基发生分子内重排，生成氨基取代的 BODIPY。重要的是，这些探针可以通过测定 GGT 活性进行活细胞成像，将卵巢癌细胞与正常细胞区分开来。基于类似的策略，他们分别研制了 28 号和 29 号 GSH 附加荧光 GGT 探针[56,57]。

　　小分子荧光探针能够直接检测和成像癌细胞中酶的异常水平，为癌症诊断及研究癌症发展和治疗过程中的酶功能提供了强有力的手段。本章总结了小分子荧光探针在癌细胞中各种酶的检测和成像中的设计策略与应用，以及靶向治疗等方面的研究进展。

　　首先，高灵敏度和高选择性是酶荧光探针的基本要求，是癌症早期诊断中准确检测低丰度酶的必要条件。为了提高新探针的信噪比和灵敏度，还需要进一步的智能设计策略。其次，开发酶荧光探针选择性鉴别同工酶也需要付出努力，同工酶具有相似的催化活性，但在生理和病理功能上有一定的差异。最后，在某些情况下，需要定量检测酶的活性。例如，COX-2 在炎症和癌症中表现出不同程度的活性。含有对微环境不敏感的内部参考的酶探针非常适合用于定量检测，以便准确区分正常状态和疾病状态之间酶活性的不同程度。新型的酶荧光探针能够实现原位检测，不过需要一个小时才能获得酶活性的实时信息。目前，利用最常用的小分子酶荧光探针进行原位检测是困难的，因为释放的荧光团往往会从反应位点扩散出去。为了解决这种扩散问题，一种有效的方法是使用化学附件，如脂类和细胞穿透肽，以增加信号保留，或者应用潜在的溶酶体诱导效应来达到同样的目的。另一种更方便的方法是设计一种在酶转化后能释放出沉淀的荧光团的探针，这也可以有效地解决这些问题。此外，为了提高诊断的准确性和提供更有效的生物学信息，在实践中需要同时进行分析，因此开发多色探针在一次试验中同时检测几种酶是至关重要的。随着越来越多的酶被报道为癌症生物标志物，有必要开发更多的荧光探针来应用于医学上的酶。

基于酶荧光探针的成像有助于外科医生在手术过程中准确地观察肿瘤和正常组织之间的边界。图像引导的癌症治疗将为小分子酶荧光探针的研究提供新的进展。在推动学术研究实验室的小分子酶荧光探针进入临床方面，获得 FDA 的批准是一个重大的挑战。因此，功能化 PET 放射性标签或磁共振成像荧光探针，来制造双荧光/PET 或磁共振探针将是一个潜在的方法。酶荧光探针的不断发展及其在肿瘤细胞酶活性成像、临床前动物模型甚至人类的酶活性成像等方面的潜在应用，将有助于为基础生物学和疾病提供新的见解，并最终改善临床癌症的诊断和治疗。

参 考 文 献

[1] Somogyi M. Micromethods for the estimation of diastase. Journal of Biological Chemistry, 1938, 125(1): 399-414.

[2] 王念跃, 常伟, 武军. 血清芳香基酰胺酶连续监测法测定. 陕西医学检验, 1997, 12(4): 9-11.

[3] 杜丽娜, 孟宪铺, 徐克成, 等. 谷氨酰转肽酶, 碱磷酶, 亮氨酸氨基肽酶及其高分子酶测定在黄疸鉴别中的意义. 临床肝胆病杂志, 1989, 5(4): 205-208, 231.

[4] 饶绍琴, 邓君. 亮氨酸氨基肽酶在肝病诊断中的应用. 四川省卫生管理干部学院学报, 1998, (3): 39-40.

[5] 王灏. 酶在医疗行业中的应用综述. 安徽预防医学杂志, 2005, 11(6): 370-373.

[6] Pohanka M. Inhibitors of acetylcholinesterase and butyrylcholinesterase meet immunity. Int J Mol Sci, 2014, 15: 9809-9825.

[7] Chao S, Krejci E, Bernard V, et al. A selective and sensitive near-infrared fluorescent probe for

acetylcholinesterase imaging. Chem Commun, 2016, 52: 11599-11602.

[8] Dill K, Liu R H, Grodzinsky P. Microarrays: preparation, microfluidics, detection methods, and biological applications. Springer Science & Business Media, 2009.

[9] Gehrig S, Mall P A, Schultz P. Spatially resolved monitoring of neutrophil elastase activity with ratiometric fluorescent reporters. Angew Chem Int Ed Engl, 2012, 51: 6258-6261.

[10] Liu H W, Chen L, Xu C, et al. Recent progresses in small-molecule enzymatic fluorescent probes for cancer imaging. Chem Soc Rev, 2018, 47: 7140-7180.

[11] Chatterjee S K, Bhattacharya M, Barlow J J. Glycosyltransferase and glycosidase activities in ovarian cancer patients. Cancer Res, 1979, 39: 1943-1951.

[12] Pysz M A, Gambhir S S, Willmann J K. Molecular imaging: current status and emerging strategies. Clin Radiol, 2010, 65: 500-516.

[13] Urano Y. Novel live imaging techniques of cellular functions and *in vivo* tumors based on precise design of small molecule-based 'Activatable' fluorescence probes. Curr Opin Chem Biol, 2012, 16: 602-608.

[14] Qian L, Li L, Yao S Q. Two-photon small molecule enzymatic probes. Acc Chem Res, 2016, 49: 626-634.

[15] Chen L, Li J, Du L, et al. Strategies in the design of small-molecule fluorescent probes for peptidases. Med Res Rev, 2014, 34: 1217-1241.

[16] Mei J, Leung N L, Kwok R T, et al. Aggregation-induced emission: together we shine, united we soar! Chem Rev, 2015, 115: 11718-11940.

[17] Wu D, Sedgwick A C, Gunnlaugsson T, et al. Fluorescent chemosensors: the past, present and future. Chem Soc Rev, 2017, 46: 7105-7123.

[18] Fan J, Hu M, Zhan P, et al. Energy transfer cassettes based on organic fluorophores: construction and applications in ratiometric sensing. Chem Soc Rev, 2013, 42: 29-43.

[19] Hou J T, Ren W X, Li K, et al. Fluorescent bioimaging of pH: from design to applications. Chem Soc Rev, 2017, 46: 2076-2090.

[20] Verwilst P, Kim H S, Kim S, et al. Shedding light on tau protein aggregation: the progress in developing highly selective fluorophores. Chem Soc Rev, 2018, 47: 2249-2265.

[21] Carl P L, Chakravarty P K, Katzenellenbogen J A. A novel connector linkage applicable in prodrug design. J Med Chem, 1981, 24: 479-480.

[22] Macchiarulo A, Nobeli I, Thornton J M. Ligand selectivity and competition between enzymes in silico. Nat Biotechnol, 2004, 22: 1039-1045.

[23] Yu Y, Xia J. Affinity-guided protein conjugation: the trilogy of covalent protein labeling, assembly and inhibition. Sci China Chem, 2016, 59: 853-861.

[24] Speers A E, Cravatt B F. Profiling enzyme activities *in vivo* using click chemistry methods. Chem Biol, 2004, 11: 535-546.

[25] Greenbaum D, Medzihradszky K F, Burlingame A, et al. Epoxide electrophiles as activity-dependent cysteine protease profiling and discovery tools. Chem Biol, 2000, 7: 569-581.

[26] Pan S, Jang S Y, Liew S S, et al. A vinyl sulfone-based fluorogenic probe capable of selective labeling of PHGDH in live mammalian cells. Angew Chem Int Ed Engl, 2018, 57: 579-583.

[27] Hong Y, Lam J W, Tang B Z. Aggregation-induced emission. Chem Soc Rev, 2011, 40: 5361-5388.

[28] Liu Z M, Feng L, Ge G B, et al. A highly selective ratiometric fluorescent probe for *in vitro* monitoring and cellular imaging of human carboxylesterase 1. Biosens Bioelectron, 2014, 57: 30-35.

[29] Feng L, Liu Z M, Hou J, et al. A highly selective fluorescent ESIPT probe for the detection of

Human carboxylesterase 2 and its biological applications. Biosens Bioelectron, 2015, 65: 9-15.

[30] Jin Q, Feng L, Wang D D, et al. A two-photon ratiometric fluorescent probe for imaging carboxylesterase 2 in living cells and tissues. Acs Appl Mater Interfaces, 2016, 7: 28474-28481.

[31] Kim S, Kim H, Choi Y, et al. A new strategy for fluorogenic esterase probes displaying low levels of non-specific hydrolysis. Chem Eur J, 2015, 21: 9645-9649.

[32] Jin Q, Feng L, Wang D D, et al. A highly selective near-infrared fluorescent probe for carboxylesterase 2 and its bioimaging applications in living cells and animals. Biosens Bioelectron, 2016, 83: 193-199.

[33] Peng L, Xu S, Zheng X, et al. Rational design of a red-emissive fluorophore with AIE and ESIPT characteristics and its application in light-up sensing of esterase. Anal Chem, 2017, 89: 3162-3168.

[34] Shi J, Deng Q, Wan C, et al. Fluorometric probing of the lipase level as acute pancreatitis biomarkers based on interfacially controlled aggregation-induced emission (AIE). Chem Sci, 2017, 8: 6188-6195.

[35] Yang S H, Sun Q, Xiong H, et al. Discovery of a butyrylcholinesterase-specific probe via a structure-based design strategy. Chem Commun, 2017, 53: 3952-3955.

[36] Shi J, Deng Q, Li Y, et al. Homogeneous probing of lipase and α-amylase simultaneously by AIEgens. Chem Commun, 2019, 55: 6417-6420.

[37] Pohanka M. Inhibitors of acetylcholinesterase and butyrylcholinesterase meet immunity. Int J Mol Sci, 2014, 15: 9809-9825.

[38] Wentzell P. Microarrays: preparation, microfluidics, detection methods, and biological applications. J Am Chem Soc, 2007, 131: 13181-13182.

[39] Sun Q, Li J, Liu W N, et al. Non-peptide-based fluorogenic small-molecule probe for elastase. Anal Chem, 2013, 85: 11304-11311.

[40] Thiry A, Dogné J, Masereel B, et al. Targeting tumor-associated carbonic anhydrase IX in cancer therapy. Trends Pharmacol Sci, 2006, 27: 566-573.

[41] Kumar C M, Sathisha U V, Dharmesh S, et al. Interaction of sesamol (3, 4-methylenedioxy-phenol) with tyrosinase and its effect on melanin synthesis. Biochimie, 2011, 93: 562-569.

[42] Lin J Y, Fisher D E. Melanocyte biology and skin pigmentation. Nature, 2007, 445: 843-850.

[43] Li X, Shi W, Chen S, et al. A near-infrared fluorescent probe for monitoring tyrosinase activity. Chem Commun, 2010, 46: 2560-2562.

[44] Kim T I, Park J, Park S, et al. Visualization of tyrosinase activity in melanoma cells by a BODIPY-based fluorescent probe. Chem Commun, 2011, 47: 12640-12642.

[45] Bobba K N, Won M, Shim I, et al. A BODIPY-based two-photon fluorescent probe validates tyrosinase activity in live cells. Chem Commun, 2017, 53: 11213-11216.

[46] Wu X, Li L, Shi W, et al. Near-infrared fluorescent probe with new recognition moiety for specific detection of tyrosinase activity: design, synthesis, and application in living cells and zebrafish. Angew Chem Int Ed Engl, 2016, 55: 14728-14732.

[47] Courtay C, Oster T, Michelet F, et al. Gamma-glutamyltransferase: nucleotide sequence of the human pancreatic cDNA. Evidence for a ubiquitous gamma-glutamyltransferase polypeptide in human tissues. Biochem Pharmacol, 1992, 43: 2527-2533.

[48] Urano Y, Sakabe M, Kosaka N, et al. Rapid cancer detection by topically spraying a γ-glutamyltranspeptidase-activated fluorescent probe. Sci Transl Med, 2011, 3: 110-119.

[49] Zhang P, Jiang X F, Nie X, et al. A two-photon fluorescent sensor revealing drug-induced liver injury via tracking γ-glutamyltranspeptidase (GGT) level *in vivo*. Biomaterials, 2016, 80: 46-56.

[50] An R, Wei S, Huang Z, et al. An activatable chemiluminescent probe for sensitive detection of

gamma-glutamyl transpeptidase activity *in vivo*. Anal Chem, 2019, 91(21): 13639-13646.

[51] Wang P, Zhang J, Liu H W, et al. An efficient two-photon fluorescent probe for measuring γ-glutamyltranspeptidase activity during the oxidative stress process in tumor cells and tissues. Analyst, 2017, 142(10): 1813-1820.

[52] Luo Z, Huang Z, Li K, et al. Targeted delivery of a γ-glutamyl transpeptidase activatable near-infrared-fluorescent probe for selective cancer imaging. Anal Chem, 2018, 90: 2875-2883.

[53] Li L, Shi W, Wang Z, et al. Sensitive fluorescence probe with long analytical wavelengths for γ-glutamyl transpeptidase detection in human serum and living cells. Anal Chem, 2015, 87: 8353-8359.

[54] Chiba M, Ichikawa Y, Kamiya M, et al. An activatable photosensitizer targeted to γ-glutamyltranspeptidase. Angew Chem Int Ed Engl, 2017, 56: 10418-10422.

[55] Wang F Y, Zhu Y, Zhou L, et al. Fluorescent insitu targeting probes for rapid imaging of ovarian-cancer-specific γ-glutamyltranspeptidase. Angew Chem Int Ed Engl, 2015, 54: 7349-7353.

[56] Tong H, Zheng Y, Zhou L, et al. Enzymatic cleavage and subsequent facile intramolecular transcyclization for in situ fluorescence detection of γ-glutamyltranspetidase activities. Anal Chem, 2016, 88: 10816-10820.

[57] Li L, Shi W, Wu X, et al. Monitoring γ-glutamyl transpeptidase activity and evaluating its inhibitors by a water-soluble near-infrared fluorescent probe. Biosens Bioelectron, 2016, 81: 395-400.

第九章 酶的从头设计及应用

第一节 酶的理性设计——从头设计

酶作为一种重要的生物催化剂，广泛应用于医药、化工等领域，但由于新酶及酶的新用途开发的不足，其应用受到了限制。酶的理性设计是新酶发现的一个重要来源，对于扩大酶的应用范围发挥重要作用。近年来，采用传统基于实验结果设计的方法已取得了可喜的进展。然而，随着计算机技术的发展，基于计算机辅助设计和从头设计的方法与策略得到了更为迅猛的发展，已成为理性设计新酶的有力工具和新的研究前沿。从头设计已被证明是一种强有力的方法，用于理解蛋白质折叠和功能，以及模仿甚至改善天然蛋白质的特性。

酶是具有催化功能的大分子物质，几乎可以催化生命过程中所有的化学反应，其精确的空间结构使它们具有催化效率高和专一性强的优点。酶作为生物催化剂广泛应用于医药化工等领域，具有经济、环保等优势。目前新酶的来源主要是从自然界中筛选，然而近年来新酶以及酶的新用途的开发速度远不能满足当今工业化生产的需求。如何进行合理的设计和改造以获得催化效率更高、选择性更强、底物谱更广的新酶已成为一个巨大的挑战和研究热点。

迄今为止，最为有效的改造和获得新酶的方法依然是"定向进化"，从随机突变产生的大量突变体中筛选出理想的突变体。定向进化已成为成熟的蛋白质工程形式之一，并已进入现代工业规模应用。它是一种强大且常用的酶工程方法，依赖于诱变和选择的迭代循环。包括改进耐受性的有机溶剂，加强蛋白质-蛋白质相互作用，改变底物特异性，增强酶活性和对映选择性的反转。在催化功能的定向进化中，诱变起始基因以产生突变体文库，筛选具有所追求性质（稳定性、底物特异性、活性等）的改善的酶。通常，任何一轮的改进都很小，并且该过程重复多次。此外，位点饱和或靶向策略集中于酶的某些区域（即活性位点），并且需要关于蛋白质的结构或生物化学方面的知识。减小可随机化的序列空间增加了在活性位点内发现多个有益突变的可能性[1]。定向进化的关键挑战是在大量的变体中有效地鉴定出那些具有所需改进特征的个体变体。这种方法不需事先了解酶的空间结构和催化机理，而是通过模拟自然进化过程以改善酶的性质。与之不同的是，理性设计需要对酶的空间结构和催化机理有非常充分的了解，在此基础上对酶的结构进行精确的调控，从而获得具有所需催化活性的新酶[2]。与"定向进化"

相比，理性设计目的性更强，更为高效和快捷。目前酶的理性设计方法主要分为基于实验结果的设计（design based on experimental results）和计算机辅助设计（computer aided design），前者主要针对活性中心进行人为改造。随着计算机技术的兴起和飞速发展，计算机辅助设计已经成为酶的理性设计的主要发展方向，尤其近期在酶的从头设计（*de novo* design）方面取得了一系列重要进展[3]。

从头设计是计算机辅助设计的一部分，随着计算机计算能力的逐渐提高，从头设计已经成为新酶设计的一个重要方向。这种方法需要给定一个明确的目标空间结构，找出能折叠成目标结构的氨基酸序列。成功地从头设计出一个蛋白质或活性位点需要已知所有相关的相互作用，所设计的蛋白质就是由一个算法采用一组描述相互作用的参数而产生的，例如，阿尼先科（Anishchenko）等利用一个基于物理化学性质和立体化学构象的计算机设计算法，在巨大的序列库中筛选出具有特定结构的目标序列[4]。

运用从头设计方法可以创造出自然界尚未发现的酶，且能以很高的专一性和催化效率完成化学反应[5]。酶的活性中心是酶分子中的核心部分，从头设计方法需要根据催化机理设计过渡态模型，在此基础上精确模拟出理想活性中心的结构，将产生催化作用的关键残基引入合适的蛋白质骨架，从而使蛋白质支架具有目标酶的活性（如图 9-1 所示）。

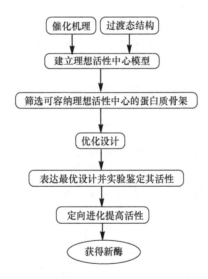

图 9-1　从头设计方法示意图

对于从头药物设计来说，其是基于结构的药物设计（SBDD）的一种设计思路。它依赖于对靶标三维结构的深入理解以及对化合物合成知识的全面掌握。从头药物设计提供给药物化学家一种强有力的工具，使用这种工具，药物化学家可以先在计算机上进行药物的设计、模拟与验证，然后进行化学合成、生物学验证及结晶结构解析，从而高效而艺术地实现新药发现[6]。从头药物设计的一般流程如图 9-2 所示。

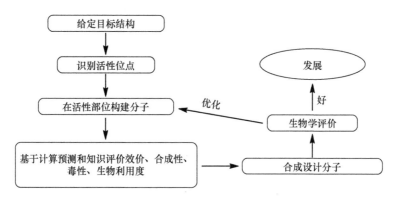

图 9-2　从头药物设计的一般流程

从头药物设计技术优点在于为新药研发提供全新思路，充分利用了已知化合物的结构信息，也在一定程度上避免了研发资源的浪费，加快了新药研发的速度[7]。然而，作为一种计算机辅助药物设计（CADD）技术，它也存在一些问题：①可靠性。并非所有受体的三维结构均可通过 X 射线衍射进行测定，且蛋白质结构存在可变性。②合成可行性。设计出的药物分子能否顺利进行合成存在疑问。③体内稳定性。设计出的分子可能在体内酶的作用下降解成其他物质，势必影响与受体的结合。因此，从头药物设计需要与其他技术联用，还需要与实验方法相互配合。另外，使用范围更广的蛋白质结构测定技术有待研发。

具体地说，从头设计是根据受体的三维结构和性质要求，直接借助计算机自动构造出形状和性质互补的全新配体分子，没有化合物种类和结果的预先限制。从头设计方法，在受体的受点配上基本构建块，通过数据库的搜索和计算，在构建块安置合适的原子或原子团，得到与受体的性质和形状互补的真正分子[8]。

（一）从头设计方法类型

1. 模板定位

一级结构的生成：在受体活性部位使用模板构建出一个性质互补的骨架。二级结构的生成：根据其他作用性质把分子骨架转化为具体分子（图 9-3）。

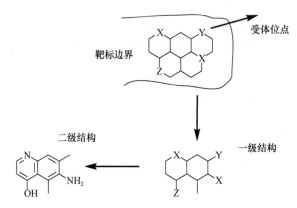

图 9-3 模板定位

2. 原子生长法基本步骤

在受体活性部位根据静电性质、氢键性质、疏水性质逐个增加原子，以生长出与受体活性部位的形状、性质互补的新分子。

第一步：产生起始点（图 9-4）。

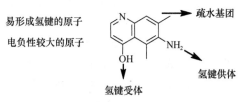

图 9-4 原子生长法第一步

第二步：原子生成，见图 9-5。

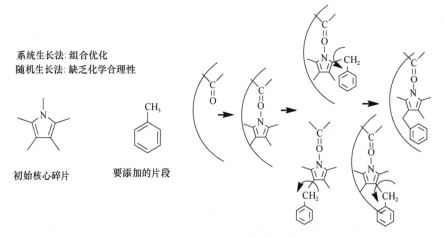

图 9-5 原子生长法第二步

3. 分子连接法

用单一官能团作为基本碎片，连结为分子。分子连接法分为碎片生长法、碎片连接法。重点介绍碎片连接法。第一步：指定活化区的特性。在受体的受点区域产生网格，将受点区域划分为碎片的子区域；第二步：在每个区域中填入合适的小片段；第三步：连接各个片段；第四步：结构优化。具体如图9-6所示。

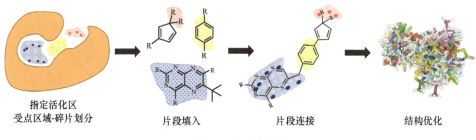

指定活化区
受点区域-碎片划分　　　　　片段填入　　　　　片段连接　　　　　结构优化

图9-6 碎片连接法

（二）酶蛋白结构的从头设计

当前的从头酶蛋白设计策略，通过控制环（loop）长度来调节蛋白质的二级和三级结构，以及通过实施一般的片段组装计算方法来允许系统设计具有原子级精确度和高的热稳定性的一系列褶皱（如罗斯曼褶皱和铁氧还蛋白）。这些规则后来进一步扩展到结构定义的环的设计，同时这种方法显示了在微调特定折叠的形状方面的巨大潜力。通过设计第一个结构确认的新型磷酸丙糖异构酶（TIM）桶骨架（天然酶采用的最常见折叠）作为四重对称TIM桶，证明了控制β-链和氢键环之间对称的重要性（图9-7C），以及实现新型酶功能从头骨架设计的可能性。

通过控制小蛋白质"模块"的局部包装和环状构象，以构建更大的结构。基于这种思想，所有螺旋重复蛋白已被设计为具有开放和关闭功能的体系结构，并且呈现出各种各样的几何形状，包括一些在自然界中未见过的（图9-7E）。从头设计重复蛋白倾向于具有允许大量氨基酸修饰的大表面，并且能够具有大蛋白质-蛋白质界面的大分子组装体。

从头蛋白质设计参数方法已被证明是优异的方法，用于设计具有优异稳定性的螺旋束（图9-7F）和各种尺寸的中央孔桶α螺旋（图9-7G）。这些设计策略随后用于精细调整重建螺旋几何形状，以便引入完全令人满意的埋藏氢键网络（HBNet方法），用于在同型寡聚螺旋束组件中设计增强蛋白质-蛋白质结合特异性（类似于DNA碱基配对）。最近，埋藏氢键网络的引入也实现了跨膜蛋白的首次工程化。

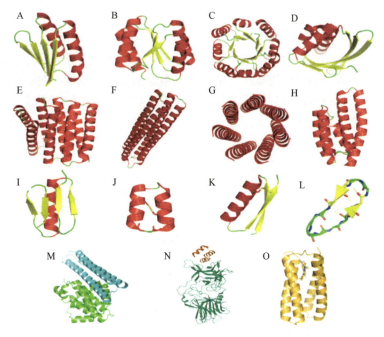

图 9-7　部分从头设计的不同类别的蛋白质的例子

A. 铁氧还蛋白［蛋白质数据库编号（PDB ID）：2kpo］；B.罗斯曼褶皱（PDB ID：2lnd）；C. 四重对称 TIM 桶（PDB ID：5bvl）；D. 弯曲的 β 折叠（PDB ID：5l33）；E. 螺旋重复（PDB ID：5cwb）；F. 参数四螺旋束（PDB ID：4uos）；G. 卷曲螺旋桶（PDB ID：4pna）；H. 用 SEWING 程序设计的螺旋形折叠（PDB ID：5e6g）；I. ββαββ 微蛋白（PDB ID：5up1）；J. 具有右旋和左旋螺旋的双螺旋肽（PDB ID：5kx0）；K. βαβ 肽（PDB ID：5jhi）；L. 具有混合手性的大环肽（PDB ID：6bet）；M. 三螺旋束 BINDI（青色）与其靶 BHRF1（绿色）的复合物（PDB ID：4oyd）；N. 迷你三螺旋束（青色）与肉毒杆菌神经毒素（绿色）的复合物（PDB ID：5vid）；O. 与其靶卟啉配体（PDB ID：5tgy）复合的四螺旋束。颜色突出显示不同的二级结构类型（红色的 α 螺旋、黄色的 β-链和绿色的环）。用于增加稳定性的二硫键在图 J 和 K 中突出显示

　　许多从头设计方法的缺点之一通常是所得到的蛋白质设计遵循高度规则的二级结构模式（即均匀/直的 α 螺旋，规则的 β-链和短环）并且具有紧密的核心。在引入功能方面，这可能不是完全可取的。对天然蛋白质的检查表明，功能的引入通常需要将不规则性和空腔结合到蛋白质结构中。许多工作也致力于设计具有明确结构的从头小蛋白和小环肽。雅各布斯（Jacobs）等使用高通量计算和实验方法来学习构建新蛋白质的原理，最终设计数千种小蛋白质（30~50 个氨基酸），其具有稳定且抗蛋白酶降解的各种折叠[9]。设计的小蛋白质数量大大超过天然结构在 PDB 具有类似尺寸和稳定性的数量（图 9-7I）。此外，具有不同二级结构含量和手性的小环肽（单 L 和混合 L/D）采用自组装方法从头开始设计，并得到了与计算设计模型非常接近的高度有序结构（图 9-7J）。

（三）酶蛋白功能的从头设计

从头酶蛋白设计的最终目标是设计具有新功能的蛋白质，并且上述结构设计的进展已经使得其在治疗、生物传感和纳米材料中的新应用成为可能。在许多情况下，从头设计的问题是产生具有正确几何形状、取向（相对于结合配偶体）的蛋白质骨架以及平衡靶向结合相互作用与骨架内部组装的蛋白序列的挑战。对于纳米材料，螺旋肽已被设计为自组装和包裹碳纳米管，控制金纳米颗粒的组装，三螺旋卷曲线圈被设计成在预定义的空间群中形成晶体。对于酶蛋白功能从头设计在治疗方面的应用，第一，设计三螺旋束以模拟疫苗设计的病毒表位结构；第二，将与癌症相关的蛋白质-蛋白质相互作用中的螺旋基序支架模拟成大蛋白质用于抑制肿瘤生长（图 9-7M）。DNA 合成和高通量筛选的后续进展允许对基于新蛋白质靶标设计的数千种结合物进行平行测试。数千种具有五种不同拓扑结构的从头小蛋白被设计用于支持在已知的复合物与靶蛋白（流感血凝素和肉毒杆菌神经毒素结合域）中发现螺旋基序。进一步优化设计以提供额外的相互作用以增强结合亲和力，结果产生了数千个实验验证的高亲和力结合小蛋白。从细胞质中提取的一些典型的高亲和力结合剂设计被证明可以提供对感染的保护，比抗体更稳定，并且在小鼠模型中是非免疫原性的（图 9-7N）。

对于小分子黏合剂和酶的从头设计，伯顿（Burton）等[10]引入催化三联体用于水解反应进入 α-螺旋桶中；而波利齐（Polizzi）等[11]通过参数化设计了具有两个特征螺旋束的黏合剂：第一，用于结合特定配体的非包装区域（非天然卟啉）；第二，用于稳定蛋白质结构的紧密堆积的核心（图 9-7O）。这种设计是从零开始设计的小分子蛋白质黏合剂的第一个例子。跨膜四螺旋束也被设计用于选择性转运 Zn^{2+} 离子，通过结合在两个不对称构象之间交替的动态界面来实现离子的传输。

第二节　酶的从头设计应用

最早的酶从头设计的案例，设计目标都是一些结构简单、规律明显的分子。最著名的是四螺旋束结构，这个结构可以作为一个独立的折叠单位，易于独立研究。四螺旋束结构也是早期从头设计成功的例子，研究过程中采取的是"设计循环"策略[12]。第一步，是在 1986 年完成了一个四聚体螺旋束，每个单体有 16 个残基，这个序列仅使用 Leu 作为疏水残基，放在螺旋的内侧，用 Lys 或 Glu 作为极性残基，置于螺旋的外侧，每个螺旋用 Gly（螺旋终结者）结束，而 Gly 又为将来加环区埋下了伏笔。第二步，1987 年，科研者在两个反平行的螺旋区域加了环区，并根据第一步的结果对螺旋进行了一些修改。环区开始是用单个 Pro，与两个螺旋的终结者 Gly 构成 Gly-Pro-Arg-Gly 的连接区,结果发现产物为三聚体(含 6 个螺旋)而不是期望的二聚体(4 个螺旋),随后将连接的环区改成 Gly-Pro-Arg-Arg-Gly 才得到二聚体。第三步,在二聚体之间加了第三个连接体,用的仍是 Pro-Arg-Arg,这个肽链共 74 个残基,于是通过基因合成并由 E. coli 表达该蛋白。这项工作被誉为蛋白质分子设计的里程碑。目前,酶结构设计的目标除了螺旋外还有片层结构。相比而言,设计β片层比 α 螺旋要困难一些,后者主要靠局域性的氢键即可设计出来,而前者却涉及了序列上靠近或不靠近的不同股之间的氢键。著名的案例是贝塔钟形桶状蛋白质 Betabellin(beta barrel bell shaped protein),其是由前后两个片层组成,每个片层由四股组成[13]。随着理论和技术的发展,人们又把目标瞄向混合蛋白质,以及进一步优化已经成功的结果和将设计工作自动化。如融锌结构域蛋白质的自动化蛋白质从头设计,共 28 个残基,结构中同时包含了 α 螺旋、β片层及转角,全部使用天然氨基酸,更重要的是,这是第一个全自动设计的蛋白质[14]。除了完成具有目标结构的蛋白质设计外,人们更希望设计出有目标功能的蛋白质[14]。例如,应用二元模式成功地设计出了具有血红素结合活性的蛋白质[15]。

酶的活性中心可以提供最优的微环境以促进催化反应的进行,由此可见,改变酶活性中心内的相关残基可以对催化过程产生很大影响,甚至获得新的催化活性[16]。目前,基于实验结果的设计方法主要有定点突变、环(loop)改造及催化金属离子替换。例如,可卡因是一种滥用的酯类药物,而天然 BChE 是可卡因失活的主要因素。BChE 突变体可以改善这种功能,提高其对可卡因的水解活性。为接近这一目标,不同实验室在计算机的酶活性位点可卡因对接模型的辅助下取得了快速进展,成功预测酶的新催化活性以改善药物结合和水解。通过对人类丁酰胆碱酯酶(BChE)基因突变得到一种可以在体内有效降解可卡因的酶——可卡因水解酶,该酶注射入动物体内可以有效阻断可卡因引起的生理效应,有效减弱可卡因毒性和减少可卡因诱发的复吸。目前,已经产生了近乎最佳的 BChE 版本,这些版本将可卡因失活率提高了一千多倍。高效的可卡因水解酶理论的重要性在于,它可能提供了一种有效的治疗方法,帮助寻求治疗的成瘾者在一段时间内减少或消除药物奖励,从而在他们试图戒除药物依赖时降低复发的风险。我们对这些药物的研究表明,基因转移可以产生非常高水平的 BChE 而没有明显的干扰。总之,BChE 是在整个动物界进化的相关酶。BChE 的生理作用以前是模糊的。事实上,这种酶除了在植物性食品和酯类药物中解毒生物活性酯之外是否还有其他作用尚未达到共识,但这一现状正在迅速改变。通过使用胆碱酯酶抑制剂治疗了许多临床疾病。通常,任何涉及胆碱突触中乙酰胆碱受体活化减少的病症均可通过应用胆碱酯酶抑制剂而达到部分或完全缓解。

新的酶可以通过在具有不同折叠的蛋白质中嵌入已知的酶功能模块来设计,也可以通过将在天然酶中未观察到的活性引入选定的蛋白质支架中来设计。然而,最大的挑战是设计不基于自然序列的新生酶，而从头设计完整的蛋白质。大多数的酶设计方法依赖于计算方法，这些方法在过去的二十年中得到了发展和改进。

对反应机理和过渡态的详细了解是至关重要的，以便能够预测哪些氨基酸需要在哪些位置和距离形成活性位点并催化所需的化学反应。通过对周围的侧链进行优化，使其与底物/过渡态模型发生良好的相互作用，从而稳定蛋白质折叠。

设计的具有非天然酶活性的新型酶最突出的例子是肯普（Kemp）消除酶、第尔斯-阿尔德反应酶（Diels-Alderase）和逆醛醇反应的酶。虽然目前通过计算方法重新设计的酶不能达到实验室中自然酶或变异酶的性能，但在某些情况下，它们可以通过标准的蛋白质工程方法得到改善。

（一）Kemp 消除酶

Kemp 消除反应通过单一过渡态进行，该过渡态可以通过去除质子化的碳和分散所得的负电荷来稳定过渡态（图 9-8）；氢键供体也可用于稳定酚氧上的部分负电荷。活性位点基序突出了用于去质子化的催化碱基[羧酸盐（左）或 His-Asp 二元组（右）]（9-8B）和用于过渡态稳定化的 π-堆积芳香族残基的两种选择。对于每个催化碱基，将氢键供体基团（Lys、Arg、Ser、Tyr、His、水或无）和 π-堆积相互作用（Phe、Tyr、Trp）的所有组合作为活性位点基序输入。

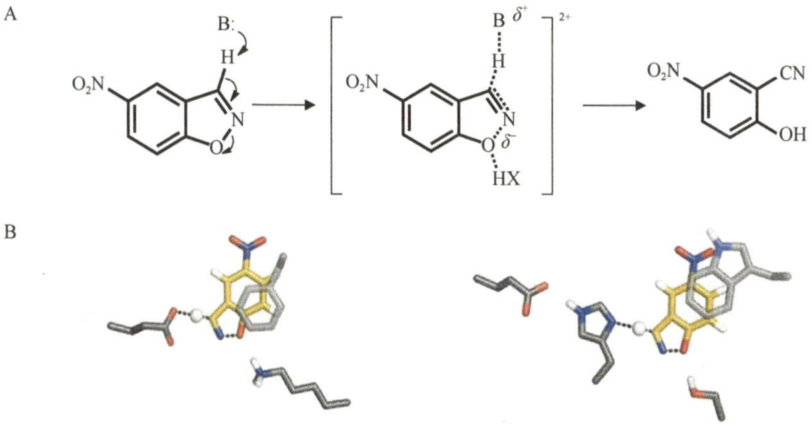

图 9-8　Kemp 消除酶从头设计中使用的反应方案和催化基序
A. 去质子化催化碱基；B. π-堆积芳香族残基；δ 表示带负电，δ^+ 表示带正电

（二）Diels-Alderase

Diels-Alder 反应是有机合成的基石，一步形成两个碳-碳键和多达四个新的立

体中心。没有天然存在的酶催化双分子 Diels-Alder 反应，使用 Rosetta 软件设计具有所需特性的活性位点的计算机模拟酶模型（图 9-9）。设计方法从最小活性位点（酶）的三维原子模型开始，该模型由反应过渡态和参与结合和催化的蛋白质官能团组成。我们选择谷氨酰胺或天冬酰胺中的羰基氧与二烯氨基甲酸酯的 NH 键结合，以及来自丝氨酸、苏氨酸或酪氨酸的羟基与亲二烯体酰胺部分的羰基氧形成氢键。进行量子力学（QM）计算以确定在这些氢键基团存在下基板和产物之间的最低自由能垒过渡态的几何形状。

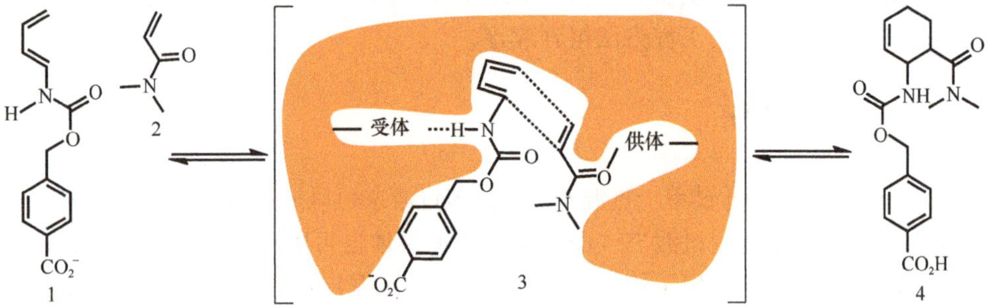

图 9-9　Diels-Alder 反应二烯

（E）-4-（（（丁-1，3-二烯-1-基氨基甲酰）氧）甲基）苯甲酸酯（1）和亲二烯体（2）经历周环[4 + 2]环加成（3）以形成手性环己烯环（4）。（3）中还显示了设计目标活性位点的示意图，其中氢键受体（acceptor）和供体（donor）基团活化二烯和亲二烯体，以及互补结合袋，保持两个底物在最佳催化方向上是通过氢键受体和供体基团与底物之间的相互作用来实现的

（三）逆醛醇反应的酶

新型逆醛缩酶的设计是第一个使用计算方法由内到外构建功能活性位点的例子。其采用散列技术构建多步反应活性位点的新算法，设计了使用四种不同催化基序的复合醛缩酶，以催化非天然底物中碳-碳键的断裂。得到的逆醛缩酶催化 4-羟基-4-（6-甲氧基-2-萘基）-2-丁酮中的 C≡C 键断裂（图 9-10）。类似于由 I 型醛缩酶所使用的策略，反应机制依赖于一个亲核赖氨酸残基对醛或酮的亲核攻击，从而形成一个亚胺中间体。

重新设计天然存在的蛋白质以赋予其新功能，如添加催化活性位点，是蛋白质设计的前景和挑战之一。为了引入该功能而改变大量氨基酸残基将不可避免地改变结构的各个方面；这可以通过从头设计的酶晶体结构来证明，这些酶具有意想不到的环（loop）重构。天然蛋白质通常是边缘稳定的，并且序列变化可导致展开或聚集。从头设计蛋白质的高稳定性应该使它们成为创造新功能的更强大的起点。

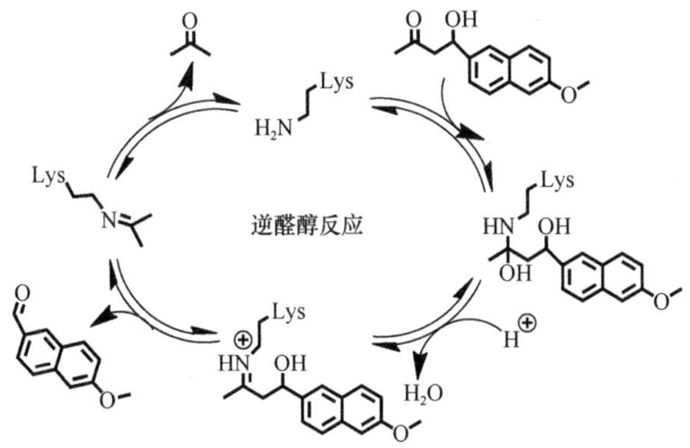

图 9-10　逆醛缩酶催化的 4-羟基-4-（6-甲氧基-2-萘基）-2-丁酮的逆醛醇反应步骤

　　蛋白质设计的下一步并非没有挑战。到目前为止几乎所有从头设计的结构都有助于它们的稳定性，而功能性位点和绑定接口的引入将不可避免地损害结构的稳定性。与其他蛋白质结合的蛋白质通常在其表面上具有疏水性残基，而大多数蛋白质的理想极性表面更容易聚集，并且酶的活性位点具有一定的移动性以便于底物进入和产物的释放。凹陷的空腔，对于目前大多数从头设计蛋白质来说都不是配体和底物结合所必需的。天然蛋白质展示了多样的生物功能，如变构效应和信号传导。这些功能通常存在于能够采取多种低能量构象的蛋白质中，并且它们的运动部分可以通过外部刺激进行调节。

　　在未来几年，人们将致力于克服上述挑战。一旦挑战成功将标志着技术的巨大进步，类似于从石器时代到铁器时代的划时代跨越。现在，蛋白质设计可以努力精确地制造新分子来解决特定问题，是从已经存在的蛋白质中构建新的蛋白质，而不是像现代技术那样超越生物学领域。

参 考 文 献

[1] Kiss G, Çelebi-Ölçüm N, Moretti R, et al. Computational enzyme design. Angew Chem Int Ed Engl, 2013, 52: 5700-5725.

[2] 陈勇, 王淑珍, 陈依军. 酶的理性设计. 药物生物技术, 2011, 18(6): 538-543.

[3] Böttcher D, Bornscheuer U T. Protein engineering of microbial enzymes. Curr Opin Microbiol, 2010, 13: 274-282.

[4] Anishchenko I, Pellock S J, Chidyausiku T M, et al. *De novo* protein design by deep network hallucination. Nature, 2021, 600(7889): 547-552.

[5] 张翼, 段吉国, 靳刚, 等. 用 3DS MAX 解决立体化学教学难点. 计算机与应用化学, 2004, 21(3): 505-507.

[6] McClain R D, Daniels S B, Williams R W, et al. Protein engineering of betabellins 9, 10 and 11. Peptides: Chemistry, structure and biology. Leiden, The Netherlands: ESCOM Science Publishers, 1990: 682-684.

[7] 李贞双, 李超林. 计算机辅助药物设计在新药研究中的应用. 电脑知识与技术(学术版), 2009, 5(31): 8812-8813.

[8] Toscano M D, Woycechowsky K J, Hilvert D. Minimalist active-site redesign: teaching old enzymes new tricks. Angew Chem Int Ed Engl, 2007, 46: 3212-3236.

[9] Jacobs T M, Williams B, Williams T, et al. Design of structurally distinct proteins using strategies inspired by evolution. Science, 2016, 355 (6329): 1101-1106.

[10] Burton A J, Thomson A R, Dawson W M, et al. Installing hydrolytic activity into a completely *de novo* protein framework. Nature Chemistry, 2016, 8(9): 837-844.

[11] Polizzi K M, Bommarius A S, Broering J M, et al. Stability of biocatalysts. Current Opinion in Chemical Biology, 2007, 11(2): 220-225.

[12] 盛振, 黄琦, 康宏, 等. 一种新的化合物指纹及其在药物筛选中的应用. 化学学报, 2011, 69(16): 1845-1850.

[13] 翟红梅, 曹长春, 韩永红, 等. 从头药物设计技术. 北方药学, 2013, 10(2): 69-70.

[14] Damborsky J, Brezovsky J. Computational tools for designing and engineering enzymes. Curr Opin Chem Biol, 2014, 19: 8-16.

[15] 王夔. 生物无机化学研究的动向和趋势. 化学通报, 1985, (7): 1-8.

[16] Pope C N, Brimijoin S. Cholinesterases and the fine line between poison and remedy. Biochem Pharmacol, 2018, 153: 205-216.

第十章　仿生化学与模拟酶

第一节　仿生化学

　　仿生化学是用化学方法模拟自然界中生物体功能的一门学科。如模拟酶的反应、模拟生物膜功能等。生物体内有成千上万种化学反应是在酶催化下进行的。化学仿生学的任务之一就是仿照天然酶结构合成出人工酶。从生物体内分离出某种酶之后，研究其化学结构和作为催化剂的催化机理，在此基础上通过人工设计合成该酶或其类似物，用以实现相应的酶催化反应功能。目前，已成功通过人工制得了合成氨基酸的酶和用于消化蛋白质的酶。此外，对固氮酶的研究是一项非常重要的工作。固氮酶是豆科植物根部产生的一种酶，它在常温常压下就可以使空气中的氮气与某种或某些含氢物质发生反应变成氨提供给植物作氮肥。因此，模拟固氮酶研究如果获得成功，将是化学仿生学上的一个十分重大的成果[1]。

　　生物在物质输送、浓缩、分离方面的能力也是惊人的，例如，海带能从海水中富集碘，其中碘的浓度比海水中提高了千倍以上[2]，大肠杆菌体内外钾离子浓度差达 3000 倍等[3]，这些都是生物通过细胞膜来进行调节控制的。所以人们设想，如果能模拟生物膜的这种输送、分离功能，合成一种高效、选择性强的分离膜，将会使物质的分离和提纯达到一个新的层次，从而实现快速、精确的分离。这将在人类对海洋资源的开发利用、微量元素的提取、特殊的化学物质的分离以及污染物的控制等方面带来质的飞跃。

　　迄今为止，人们在开发新能源及提高能源转化率等方面已取得了不少成就，但和生物界相比则又显得十分渺小。一般的电灯，有 90% 以上的电能是转变为热能而被浪费掉的，即便是节能灯也要浪费 65% 以上的电能。而生物体内进行的光能、电能、化学能等各种能量间的转换，其效率之高令人惊叹。如萤火虫通过自身萤光素和萤光素酶的作用，发光率竟达 100%[4]。生物体利用食物氧化所释放能量的效率是 70%～90%[5]，而我们利用燃烧煤或石油释放能量的效率通常只有20%～40%[6]。在能源日趋短缺的今天，模仿生物高效利用能量的技能已成为节能研究的重要课题，同时对开发新能源也有极其重大的指导意义。

　　仿生化学包括仿生光化学、仿生农药、仿生材料和仿生传感器等。例如，绿色农药的开发，许多天然植物如苦楝、臭椿等在长期的进化中形成了完善的自我保护机制，产生能够杀灭病虫害而不危害人畜和有益生物、环境、生态的化学物质。有些植物还能够通过叶、皮、根等分泌释放某些化学物质，对周围其他植物的生长产生抑制或促进作用，譬如洋槐树皮挥发一种物质，能杀死根株周围的杂草，使其附近寸草不生。将植物中的这些成分进行提取分离，进而通过人工合成制成仿生农药，将会是名副其实的绿色农药。利用昆虫的性外激素合成的性引诱剂是仿生农药的另一个方面。昆虫的觅偶、标记、聚集等活动的信息传递是通过分泌、释放微量化学物质即"化学信使"来实现的，这种"化学信使"就是昆虫的性外激素。近年来，我国合成了大量昆虫性外激素，利用昆虫性引诱剂来诱杀害虫和进行虫情测报，使害虫自投罗网[7]。科学家还发展了许多调节昆虫生长发育的药剂，即昆虫生长调节剂，如蜕皮素或其类似物、保幼素等，这也是灭杀害虫的一种手段[8]。

第二节　模　拟　酶

（一）模拟酶的概念

　　模拟酶通常指用来模拟天然酶的结构、特性以及酶在生物体内的化学反应过程的合成高分子，其从原理上定义为用人工方法合成具有酶性质的一类催化剂。酶是一类有催化活性的蛋白质，它具有催化效率高、专一性强、反应条件温和等特点。天然酶容易受到多种物理、化学因素的影响而失活，所以不能用生物体内的酶广泛取代工业催化剂。模拟酶的研究主要是为了克服酶的以上缺点。模拟酶是 20 世纪 60 年代发展起来的一个新的研究领域，是仿生高分子的一个重要的内容。模拟酶的研究不仅对分析化学有重要意义，而且对生物原理和生命过程实质的揭示都有重要意义。生物无机化学中[9]，有关生物活性配合物的模拟大致分为三个层次：①模拟物只含有与生物活性酶相同的金属离子，如超氧化物歧化酶（SOD）是以铜为辅基的蛋白质配合物，而铜的某些氨基酸或羟基配合物可用作模拟物，它们具有一定程度的 SOD 活性。尽管模拟物的作用机理、选择性及反应效率不同于原来的酶，但因其可大量合成，仍有实用价值。②模拟活性中心结构，人们用三亚乙基四胺合成铁（III）配合物来模拟过氧化氢酶。用该化合物来进行催化机理的研究显得很方便。结果证明该铁（III）配合物催化分解过氧化氢的速度与过氧化氢酶的催化速度相当。③整体模拟，活性中心必须处在一个特定的微环境和整体结构之中，所以整体模拟是包括微环境在内的整个活性部分。

　　目前模拟酶的研究主要有以下几方面：模拟酶的金属辅基、模拟酶的活性功能基团、模拟酶的作用方式、模拟酶与底物的作用和模拟酶的性状等。

1. 模拟酶分子中的金属辅基

　　部分复合酶由蛋白质和金属辅酶或辅基组成。金属辅基在催化反应中起着重要的作用。例如，模拟过氧化氢酶分子中的铁卟啉辅基，合成了分解过氧化氢的酶模型——三亚乙基四胺与三价铁离子的络合物（图 10-1）。在 pH = 9.5 和 25℃的条件下，其催化速率是血红蛋白或正铁血红素在同样条件下的 1 万倍[10]。化学模拟生物固氮同样是模拟固氮酶的金属辅基。

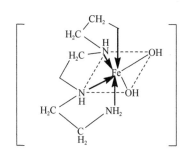

图 10-1　三亚乙基四胺与三价铁离子的络合物

近年来，随着纳米材料及其技术的发展，模拟酶有了新的突破方向。因为纳米材料具有比表面积较大等优异性能[11]，能够极大地改善传统模拟酶催化性能低下等问题。由纳米材料形成的模拟酶则被称为纳米模拟酶。例如，DNA 纳米模拟酶是在金属协同因子存在的情况下可以发生催化反应的 DNA 分子，通过体外筛选技术，不需要预先了解金属离子的性质即可得到特异性金属离子探针。

2016 年，彭池方课题组基于陈国南等 2014 年报道的合成方法[12]，稍作调整制备出了 DNA-Ag/Pt 纳米模拟酶，建立了针对汞离子、L-半胱氨酸和铜离子的比色检测方法[13]。研究结果表明，当体系中加入 Hg^{2+} 后，DNA-Ag/Pt 纳米模拟酶中的 Pt^{2+} 含量减少，HgO 和 Hg^{2+} 分别与纳米材料整合，抑制了纳米材料表面的活性位点，同时促使纳米材料聚集，进而降低催化活性。在 37℃、pH=4.0 的柠檬酸盐缓冲溶液、1.0 μmol/L 的 DNA-Ag/Pt 纳米模拟酶、1.0 mol/L H_2O_2 和 2.0 mmol/L TMB 溶液反应条件下，DNA-Ag/Pt 纳米模拟酶对 Hg^{2+} 的检测线性范围是 10～200 nmol/L，检出限为 3.0 nmol/L。此外，该 DNA-Ag/Pt 纳米模拟酶在 pH=6.0 Tris 缓冲盐溶液及巯基丙酸（MPA）的作用下，还可以建立一种 MPA 介导的高灵敏度及高选择性的 Cu^{2+} 比色检测方法，检测的线性范围是 10～100 nmol/L，检测限为 5.0 nmol/L[14]。该检测方法已应用于自来水和湖水样品中 Cu^{2+} 的测试，其中自来水的回收率在 98.5%～112.1%，湖水的回收率在 94.2%～128.0%，表明上述检测方法对实际样品中 Cu^{2+} 的检测具有良好的准确性和可靠性。

基于金纳米颗粒经典合成方法，邹柏舟课题组[15]在研究中发现，当单链 DNA 如核酸适配子包被在金纳米颗粒表面时，金纳米颗粒的过氧化物模拟酶活性被增强，能催化更多的酶底物 3,3',5,5'-四甲基联苯胺（TMB）生成氧化态的蓝色产物，在 650 nm 处出现特征吸收峰。进一步加入能与核酸适配子结合的靶标如 K^+，由于靶标可与核酸适配子特异性结合形成 G-4 折叠而从金纳米颗粒表面脱落，导致模拟酶活性降低，溶液颜色变浅，650 nm 处的吸光度随之降低。以此为反应基础，邹柏舟等建立了 K$^+$ 的可视化检测分析方法，发现在 $1.5 \times 10^{-4} \sim 2.8 \times 10^{-3}$ mol/L 范围内有良好的线性关系，相关系数（r）为 0.9916。此方法有很好的选择性，同时具有较强的普适性，可应用于其他具有核酸适配子的物质检测。

2011 年，美国伊利诺伊大学陆艺教授设计了一种含有胸腺嘧啶残基、与金纳米粒子（AuNP）上 DNA 互补的连接体 DNA 分子，构建了一个比色汞传感器[16]。当 Hg^{2+} 离子引入该体系时，它们通过形成胸腺嘧啶-Hg^{2+}-胸腺嘧啶键诱导连接体 DNA 折叠。连接体 DNA 的折叠致使 AuNP 迅速分解，这导致溶液中的颜色从紫色变为红色。该传感器能快速、简便地检测和定量水溶液中的 Hg^{2+}，对竞争金属离子具有较高的灵敏度和选择性。在 0～1500 nmol/L 的 Hg^{2+} 浓度范围内，吸光度比与 Hg^{2+} 浓度呈线性关系，检测限为 5.4 nmol/L，比美国环保署规定的饮用水最高污染水平 10 nmol/L 低 46%左右。

DNA 与金、银复合而成的纳米模拟酶具有低成本、高灵敏度和高选择性等优点。通过制备的 DNA 纳米模拟酶，研究者们可以构建针对 K$^+$、Hg^{2+}、Cu^{2+} 等物质的检测分析方法，并且其检测限较低，在水资源等方面具有较好的应用前景。但是，纳米模拟酶在应用过程中所选样品种类还较少，后续相关研究还需要进一步考察它们在其他种类样品中的应用效果。

2. 模拟活性功能基团

酶分子中直接与酶催化反应相关的部分，被称为活性中心，通常是由几个活性功能氨基酸组成。例如，牛胰核糖核酸酶的催化中心是肽链序列中第 12 位和第 119 位的两个组氨酸[17]。

奥弗贝格等根据胰凝乳蛋白酶的催化中心（丝氨酸的羟基、组氨酸的咪唑基和天冬氨酸的羧基），用乙烯基苯酚与乙烯基咪唑进行共聚合，制得带有羟基和咪唑基的胰凝乳蛋白酶模型（图 10-2A），用这个模型聚合物作为 3-乙酰氧基-N-三甲基碘化苯胺（图 10-2B）水解的催化剂，当 pH 为 9.1 时，其活性比单一的乙烯基咪唑高 63 倍[10]。

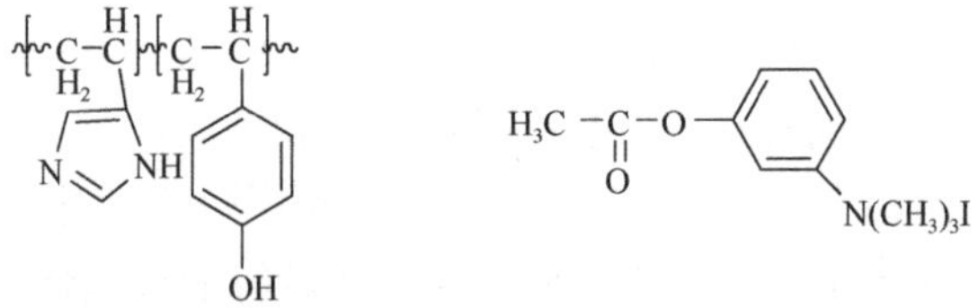

图 10-2　胰凝乳蛋白酶模型聚合物（A）及 3-乙酰氧基-N-三甲基碘化苯胺（B）

3. 模拟作用方式

蛋白酶是一类由氨基酸组成，以多肽链为骨架的生物大分子。人们利用高分子化合物作为模拟酶的骨架，引入活性功能基团来模拟酶的作用方式。例如，用分子量为 40 000～60 000 的聚亚乙基亚胺作为模型化合物的骨架，引入摩尔分数为10%的十二烷基和摩尔分数为 15%的咪唑基，合成一个硫酸酯酶模型（图 10-3）[10]。用这个模型聚合物催化苯酚硫酸酯类化合物的水解，其活性比天然的 II 型芳基硫酸酯酶高 100 倍。

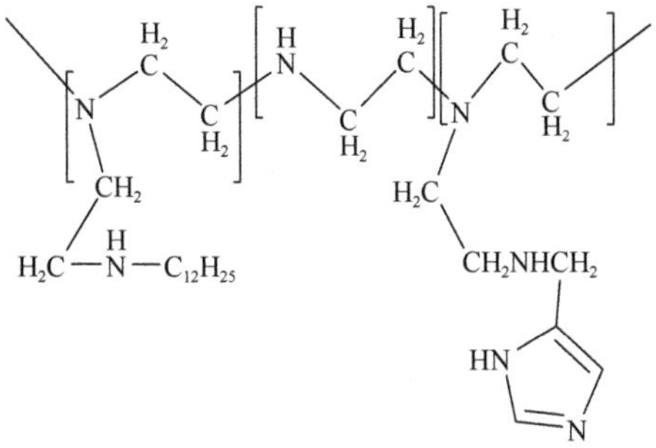

图 10-3 硫酸酯酶模型

4. 模拟酶与底物的作用

酶分子具有一定的空间构型，它与底物的作用在构型上有较严格的匹配关系，体现了酶的专一性。为了模拟酶的结合功能，近年来人们合成了许多冠醚化合物来模拟酶。冠醚空穴尺寸不同，其对底物的选择性也不一样。

5. 模拟酶的性状

在水溶液中，酶形成巨大的分子缔合体（胶束），构成同一分子内的疏水和亲水微环境。这种微环境中的化学反应的特殊性质，也是模拟酶的一个重要方面。利用组氨酸的衍生物十四酰组氨酸与十六酰烷基-三甲基溴化铵组成两种分子的混合微胶束，来催化乙酸对硝基苯酯的水解，其速率比组氨酸增加了 100 倍[10]。

（二）模拟酶的分类

模拟酶又称人工合成酶，是一类利用有机化学方法合成的比天然蛋白酶分子结构简单的非蛋白质分子。模拟酶是 20 世纪 60 年代发展起来的一个新的研究领域，同时也是仿生学的一个重要分支。诺贝尔奖获得者克拉姆（Cram）、佩德森（Pedersen）与莱恩（Lehn）提出了主-客体化学和超分子化学，奠定了模拟酶的重要理论基础[17-19]。

1. 根据 Kirby 分类法

（1）单纯酶模型：通过对天然酶活性的模拟来重建和改造酶活性。

（2）机理酶模型：通过对酶作用机制，诸如识别、结合和过渡态稳定化的认识来指导酶模型的设计和合成。

（3）单纯合成的酶样化合物：化学合成的具有酶样催化活性的简单分子。

2. 按照模拟酶的属性

1）环状糊精酶模型

环糊精（cyclodextrin，CD）是由多个 D-葡萄糖以 1,4-糖苷键结合而成的一类环状低聚糖。环状糊精酶模型见图 10-4。

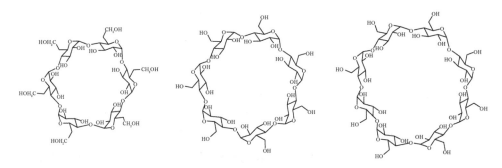

图 10-4　环状糊精酶模型

根据还原糖数量的不同，可分为 6 个、7 个及 8 个环状糊精三种，它们均是略呈锥形的圆筒，其伯羟基和仲羟基分别位于圆筒较小和较大的开口端。CD 分子外侧是亲水的，其羟基可与多种客体形成氢键，其内侧 C 上的氢原子和糖苷氧原子组成的空腔具有疏水性，因而能包容多种客体分子，非常类似酶对底物的识别。人工酶模型的主体分子虽有若干种，但环状糊精是迄今应用最广泛且较优越的主体分子。CD 及其修饰物能模拟α-胰凝乳蛋白酶催化带疏水基的羧酸酯、酰胺等的水解，具有酶的饱和动力学特征，并且表现出良好的底物选择性及立体选择性[20,21]。

环状糊精酶模型又可分为以下几种。

（1）水解酶的模拟：天然胰凝乳蛋白酶的活性中心是由组氨酸的咪唑基、天冬氨酸的羧基和丝氨酸的羟基组成的。天然胰凝乳蛋白酶的活性中心见图 10-5。

本德等利用 β-环糊精的空穴作为底物的结合部位，以连在环糊精侧链上的羧基、咪唑基及环糊精自身的一个羟基共同构成催化中心（图 10-6）[10]。

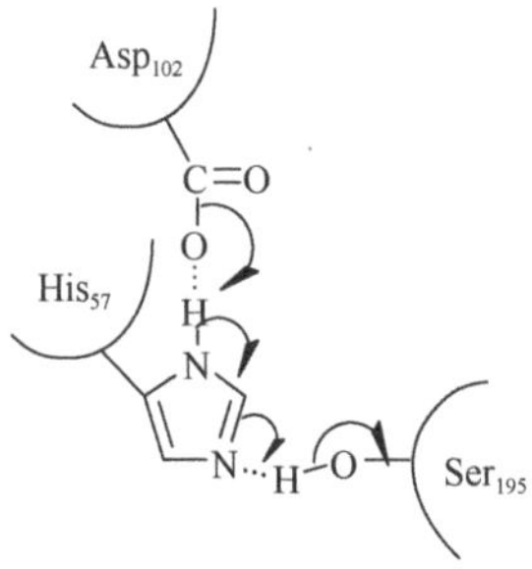

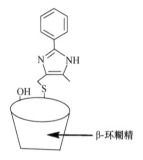

图 10-5　天然胰凝乳蛋白酶的活性中心

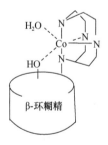

图 10-6　天然胰凝乳蛋白酶活性中心的模拟

用 CD 作为母体设计合成的水解酶（图 10-7）使乙酸对硝基苯酯水解速度增加 900 倍，磷酸对硝基乙酸苯酯的水解速度增加 2900～3700 倍。

图 10-7　CD 作为母体设计合成的水解酶

（2）转氨酶的模拟：磷酸吡哆醛与磷酸吡哆胺是转氨酶的辅酶，将磷酸吡哆胺连在 β-环糊精的 b-c 原子上，可以模拟转氨酶[22]。转氨酶的模拟见图 10-8。

（3）核糖核酸酶的模拟：布雷斯洛（Breslow）等设计合成了两种环糊精 A、B 模拟核糖核酸酶[23]。核糖核酸酶的模拟见图 10-9。

（4）桥联环糊精模拟酶模型：桥联环糊精拥有两个或两个以上的环糊精单元，可以通过疏水的环糊精空腔对底物的协同作用来达到对底物分子的多重识别。

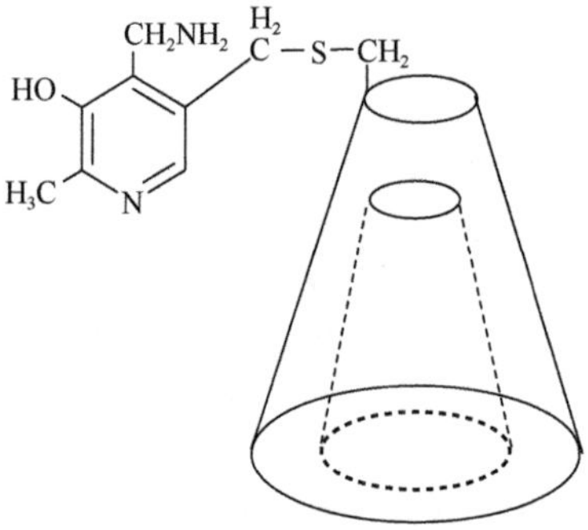

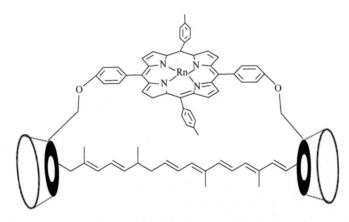

图 10-8　转氨酶的模拟

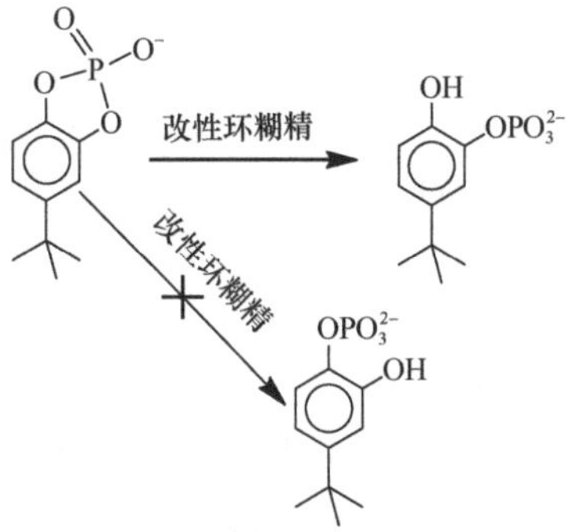

图 10-9　核糖核酸酶的模拟

桥联 CD 模拟胡萝卜素氧化酶：胡萝卜素氧化酶可以选择性地氧化 $C_{15}=C_{15}'$，桥联 CD 中引入能催化双键的金属卟啉作为活性中心（图 10-10）[22]。

图 10-10　桥联 CD 模拟胡萝卜素氧化酶

硒桥联环糊精模拟谷胱甘肽过氧化物酶（GPX）：谷胱甘肽过氧化物酶（GPX）

是一种水溶性四聚体蛋白质，4 个亚基相同或极为类似，每个亚基有一个原子硒。天然 GPX 因分子量大、不易获得、半衰期短而限制了其应用。GPX 模拟物是指含硒抗体酶、谷胱甘肽硫转移酶、生物印迹酶等，模拟 GPX 的物质。罗贵民等设计了硒桥联环糊精模拟 GPX。利用环糊精的疏水腔作为底物结合部位，硒巯基为催化基团，制备出双硒桥联环糊精（图 10-11）[24]。

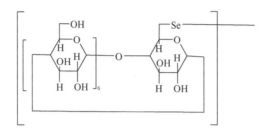

图 10-11　双硒桥联环糊精

2）冠醚酶模型

将多种杂原子引入冠醚环中形成了种类繁多的衍生物，如环状多胺（cyclic polyamine）、环状聚硫醚（cyclic polythioether）、氮杂冠醚（azacrown ether）、氮硫杂冠醚（azathiocrown ether）、穴醚（cryptand）、球形配体（spherand）等。莱恩（Lehn）研究了不同结构的大环多胺化合物，如氮杂冠醚对腺苷三磷酸（ATP）水解的催化作用，这一反应与生物体系里的 ATP 水解过程相似[21]。N_3 大环及其衍生物是较好的质子载体，它们的 Zn 配合物能较好地模拟金属酶-锌酶的某些催化功能[25]。二十四元六氮大环双核铜（I）配合物较好地模拟了木质素酶和 ω-羧化酶的氧化去甲基作用[26]。1967 年，佩德森（Pedersen）首次合成冠醚（二苯并-18-冠-6）[22]。冠醚酶模型见图 10-12。

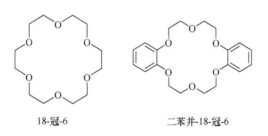

18-冠-6　　　　　　　　　　二苯并-18-冠-6

图 10-12　冠醚酶模型

（1）水解酶的模拟：冠醚环为结合部位，含醚侧臂或亚甲基为立体识别部位，侧臂末端为催化部位（图 10-13）。反应机制是利用冠醚化合物模拟水解酶的催化反应，实现对特定化合物的水解反应[22]。

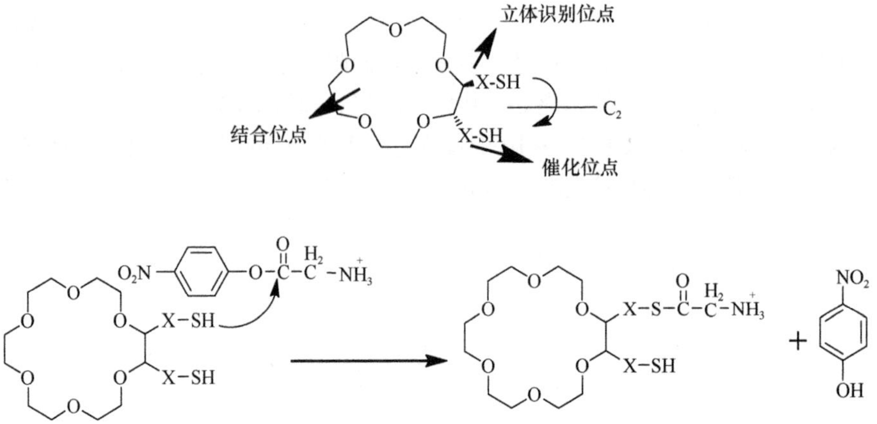

图 10-13　催化 α-氨基酸对硝基苯酯水解

（2）肽合成酶的模拟：佐佐木（Sasaki）合成了冠醚化合物 E 模拟肽合成酶（图 10-14）[22]。

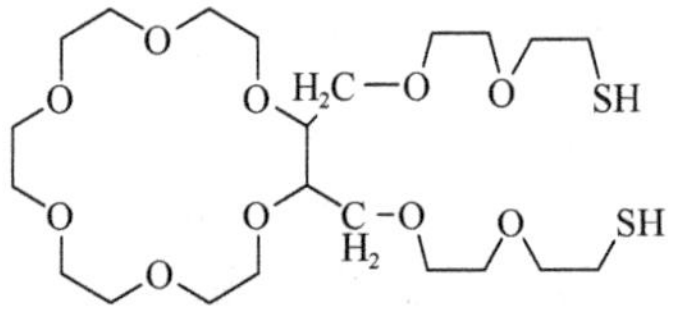

图 10-14　肽合成酶的模拟

　　冠醚化合物 E 模拟肽合成酶催化反应机理：冠醚环结合质子化的 α-氨基酸对硝基苯酯分子；冠醚环—SH 基进攻羧基形成非共价络合物，催化水解释放出对硝基酚，生成的双硫酯与底物分子相互靠近，容易发生分子内反应，完成肽链的延伸（图 10-15）。

　　（3）杂环化合物和卟啉类：超氧化物歧化酶（SOD）通过催化超氧阴离子自由基的歧化反应，有效控制体内活性氧数量，避免细胞与组织受到过量活性氧的损伤。根据分子中活性中心的金属离子不同，分为 CuZn-SOD、Mn-SOD 和 Fe-SOD 等。如 CuZn-SOD 模拟酶结构特征（图 10-16）[10]：咪唑桥联 Cu（II）和 Zn（II），Cu（II）和 Zn（II）之间距离 0.584 nm，与 SOD 中 0.63 nm 类似，Cu（II）的配位数和配位环境与 SOD 基本相同。

3）胶束模拟酶

　　胶束是水中表面活性物质聚集而成，其分子通常包含亲油基和亲水基两部分，亲油基是含有 8 个碳原子以上的碳链，亲水基是带电基团或极性基团。胶束在水溶液中提供了疏水微环境，可以对底物进行束缚。如果将催化基团如硫醇基、羟

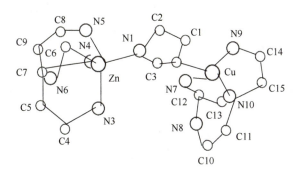

图 10-15　冠醚化合物 E 模拟肽合成酶催化反应机理

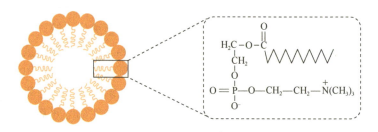

图 10-16　SOD 模拟物的晶体结构[（tren）Cu（im）Zn（tren）]（ClO$_4$）$_3$·CH$_3$OH

Tren. 三（2-氨基乙基）胺；im. 咪唑酸盐

基和一些辅酶共价或非共价地连接或吸附在胶束上，就有可能提供活性中心部位，使胶束成为具有酶活性的胶束模拟酶（图 10-17）。

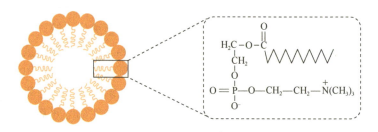

图 10-17　胶束模拟酶

（1）模拟水解酶的胶束酶模型：组氨酸的咪唑基常常是水解酶的活性中心必需的催化基团。如将表面活性剂分子连接上组氨酸残基或咪唑基团，就可能形成模拟水解酶的胶束（图 10-18）。这种酶模型比一般胶束酶优越，它既具备酶的疏水特性，同时又可以将催化基团引入疏水空腔，故其催化效率提高了 100 000 倍。

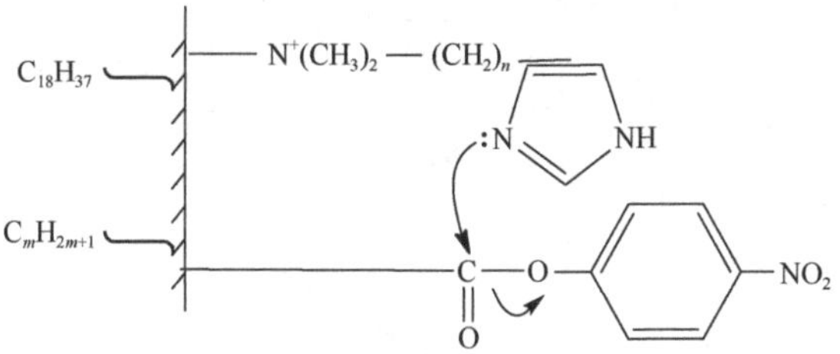

图 10-18　利用组氨酸模拟水解酶的胶束酶模型

研究发现：对于对硝基苯酚乙酸酯的水解反应的催化效率，能形成胶束的 N-十四酰基组氨酸比不能形成胶束的 N-乙酰基组氨酸高 3300 倍[22]。

（2）辅酶的胶束酶模型：疏水性维生素 B_6 长链衍生物与阳离子胶束混合形成的泡囊体系中在铜离子存在下可转化为氨基酸，可有效地模拟以维生素 B_6 为辅酶的转氨基作用，氨基酸的收率达 52%[22]。

（3）金属胶束酶模型：金属胶束是指带疏水键的金属配合物单独或与其他表面活性剂共同形成的胶束体系，其作用是模拟金属酶的活性中心结构和疏水性的微环境。该体系在模拟羧肽酶 A、碱性磷酸酯酶、氧化酶、转氨酶等方面取得很大成功[22]。胶束能够提供类似酶的疏水微环境。将金属酶的简单模型引入胶束体系，利用金属离子的特殊作用催化水解反应，而胶束所具有的疏水性微环境则对底物起包结作用。

4）肽酶

肽酶指通过模拟天然酶活性部位人工合成的具有催化活性的多肽，也是多肽合成的一大热点。1977 年达尔（Dhar）报道，人工合成的序列为 Glu-Phe-Ala-Glu-Glu-Ala-Ser-Phe 的多肽具有溶菌酶的活力，其活力为天然酶的 50%[27]。1990 年斯图尔德（Steward）等构建出一种由 73 个氨基酸残基组成的多肽，其对烷基酯底物的活力为天然胰凝乳蛋白酶的 1%[28]。阿塔西（Atassi）等已报道抗体酶主要活性部位残基的序列位置和分隔距离[29]。采用"表面刺激"合成法将构成酶活性部位位置相邻的残基以适当的空间位置和取向，通过肽键相连，而分隔距离则用无侧链取代的甘氨酸或半胱氨酸调节，这样就能模拟酶活性部位残基的空间位置和构象。

5）抗体酶

抗体酶又称催化抗体，是一种新型人工酶制剂，是抗体的高度选择性和酶的高度催化能力巧妙结合的产物，本质上它是一类具有催化活力的免疫球蛋白在其可变区被赋予了酶的属性。它是现代生物学与化学理论及技术交叉研究的成果。迄今已成功开发的抗体酶的催化反应类型有转酰基反应、水解反应、克莱森（Claisen）重排反应、酰胺合成反应、转酯反应、第尔斯-阿尔德（Diels-Alder）反应、光诱导反应、氧化还原反应、脱羧反应和顺反异构化反应等 10 种类型[30]。与天然酶相比较，抗体酶能催化一些天然酶不能催化的反应，有更强的专一性和稳定性。与非催化性抗体作用比较，抗体酶具有更高的反应特异性。

6）印迹酶

在自然界中，分子识别在生物体如酶、受体和抗体的生物活性方面发挥着重要作用，这种高选择性来源于与底物相匹配的结合部位的存在。如果以一种分子充当模板，其周围用聚合物交联，当模板分子除去后，此聚合物就留下了与此分子相匹配的空穴。如果构建合适，这种聚合物对这种分子具有选择性识别作用，这种技术被称为分子印迹，也称主客聚合作用或模板聚合作用。目前，已成功制备了具有水解、转氨、脱羧、酯合成、氧化还原等活性分子的印迹酶[22]。在人工模拟酶的研究中，印迹被证明是产生酶结合部位最好的方法。

分子印迹是指制备对某一特定分子（印迹分子）具有选择性的聚合物的过程。首先选定具备互补作用的印迹分子和单体，并在印迹分子-单体复合物周围发生聚合反应，然后用抽提法除去印迹分子，可对该分子进行识别，从而制备出催化聚合物。根据印迹分子的选取可分为：底物印迹高分子、过渡态印迹高分子、产物印迹高分子和与其他催化剂共同作用的共催化印迹高分子。

底物印迹高分子的催化基团被置于印迹识别位点区域。含氨基或羰基活性基团的印迹高分子大大促进 4-氟-4-苯基丁酮的脱 HF 反应[31,32]。以吲哚苯甲酰胺为模板分子制备的印迹高分子可催化茚的异构化反应[33]及苯甲酸酯的乙酰基转移反应。以钴离子和烷基咪唑形成的络合物为模板分子，通过表面印迹技术合成了模拟酶聚合物作为主体分子催化氨基酸酯的水解[22]。该主体分子对底物表现出特异亲和性，并用计算模型表征了印迹位点的结构。

过渡态印迹高分子主要起到稳定过渡态的作用，使反应活化能降低，从而加速反应的进行。以磷酸酯衍生物为单体制备的多产异构烷烃（MIP）催化聚碳酸酯的水解速度比无催化的水解速度快 100 倍[18,31,34]。以苯乙烯基脒为模板分子与以磷酸二苯酯和甲基丙烯酸甲酯为单体制备的 MIP 催化二苯基氨基甲酸酯的水解速率与相应生物酶的催化活性相近[35]。用中间产物的类似物作印迹分子制备的 MIP 使 Diels-Alder 成环反应速率提高了 270 倍。此时最终产物不再是印迹高分子最优识别物，从而使 MIP 的催化活性尽可能不受产物的抑制[36]。

共催化印迹高分子一般用各种辅助金属离子、辅酶的类似物作为模拟分子来制备。如用活泼的过渡态分子与 Co^{2+} 的复合物作模板制备的 MIP 模拟吲哚酶催化苯乙酮与苯甲醛缩合，其反应速率提高了 8 倍[22]。

参 考 文 献

[1] Shih T, Roelke R. Intimate Alliances: Plants and their Microsymbionts. The Plant Cell, 2011, 23(11).

[2] 高书宝, 张雨山, 张慧峰, 等. 提碘技术研究进展. 化学工业与工程, 2010, 27(2): 122-127.

[3] 吴坤. 食品微生物. 北京: 化学工业出版社, 2008.

[4] 张天超. 新型萤火虫荧光素酶底物的设计、合成和活性研究. 济南: 山东大学硕士学位论文, 2016.

[5] 谭家学. 高中生物学中有关能量的知识. 生物学教学, 2010, 35(12): 66-67.

[6] 崔海庆. 燃气轮机发电技术分析. 内燃机与配件, 2019, (23): 89-91.

[7] 刘万才, 刘振东, 朱晓明, 等. 我国昆虫性信息素技术的研发与应用进展. 中国生物防治学报, 2022, 38(4): 803-811.

[8] 李晶. 昆虫生长调节剂及驱虫应用. 饲料博览, 2018, (6): 89.

[9] 王夔. 生物无机化学研究的动向和趋势. 化学通报, 1985, (7): 1-8.

[10] 韩占江, 王伟华. 几种模拟酶的研究进展. 广东农业科学, 2008, (1): 61-63.

[11] 王翠. 纳米科学技术与纳米材料概述. 延边大学学报(自然科学版), 2001, 27(1): 66-70.

[12] Zheng C, Zheng A X, Liu B, et al. One-pot synthesized DNA-templated Ag/Pt bimetallic nanoclusters as peroxidase mimics for colorimetric detection of thrombin. Chem Commun, 2014, 50: 13103-13106.

[13] Wu L L, Wang L Y, Xie Z J, et al. Colorimetric detection of Hg^{2+} based on inhibiting the peroxidase-like activity of DNA-Ag/Pt nanoclusters. Rsc Adv, 2016, 6: 75384-75389.

[14] 吴亮亮. 基于 DNA-Ag/Pt 纳米簇模拟酶的比色检测方法研究. 无锡: 江南大学硕士学位论文, 2017.

[15] 邹柏舟, 刘跃, 王健, 等. DNA 增强金纳米颗粒过氧化物模拟酶活性检测 K^+. 中国科学(化学), 2014, 44(10): 1641-1646.

[16] Torabi S F, Lu Y. Small-molecule diagnostics based on functional DNA nanotechnology: a dipstick test for mercury. Faraday Discuss, 2011, 149: 125-135.

[17] Cram D J. The Design of Molecular Hosts, Guests, and Their Complexes (Nobel Lecture). Angew Chem Int Ed Engl, 1988, 27: 1009-1020.

[18] Pedersen C I. The Design of Molecular Hosts, Guests, and Their Complexes (Nobel Lecture). Angew Chem Int Ed Engl, 1988, 27: 1021.

[19] Lehn J M. The Design of Molecular Hosts, Guests, and Their Complexes (Nobel Lecture). Angew Chem Int Ed Engl, 1988, 27: 89.

[20] Bender M L, Komiyama M. Cyclodextrin Chemistry. Berlin: Springer-Verlag, 1978.

[21] Lehn J M. Supramolecular reactivity and catalysis. Appl Catal A-Gen, 1994, 113(2): 105-114.

[22] Pedersen C J. Cyclic polyethers and their complexes with metal salts. J Am Chem Soc, 1967, 89(26): 7017-7036.

[23] Breslow R, Anslyn E, Huang D L. Ribonuclease mimics. Tetrahedron, 1991, 47(14-15): 2365-2376.

[24] 罗贵民, 曹淑桂, 张今. 酶工程. 北京: 化学工业出版社, 2002.

[25] 林华宽, 寇福平. C—取代二氧三胺大环本体合成及其 Cu(II)配合物性质研究. 化学学报, 1998, 56 (3): 284-289.

[26] Yan Q G, Gao L Z, Chu W, et al. Partial oxidation of methane to syngas over Pt-Ni/Al$_2$O$_3$ Catalyst. Acta Chim Sinica, 1998, 56: 1021-1026.

[27] Dhar D. Lattices of effectively nonintegral dimensionality. J Math Phys, 1977, 18(4): 577-585.

[28] Partidos C D, Steward M W. Prediction and identification of a T cell epitope in the fusion protein of measles virus immunodominant in mice and humans. J Gen Virol, 1990, 71(9): 2099-2105.

[29]Atassi M Z. Surface-simulation synthesis of the substrate-binding site of an enzyme. Demonstration with trypsin. Biochem J, 1985, 226(2): 477-485.

[30] 汪诚斌. 抗体酶简介及研究进展. 科技资讯, 2012, (8): 1.

[31] Müller R, Andersson L I, Mosbach K. Molecularly imprinted polymers facilitating a β-elimination reaction. Macromol Chem, Rapid Commun, 1993, 14: 637-641.

[32] Beach J V, Shea K J. Designed catalysts. A synthetic network polymer that catalyzes the dehydrofluorination of 4-fluoro-4-(p-nitrophenyl) butan-2-one. J Am Chem Soc, 1994, 116: 379-380.

[33] Liu X C, Mosbach K. Studies towards a tailor-made catalyst for the Diels-Alder reaction using the technique of molecular imprinting. Macromol Rapid Commun, 1997, 18: 609-615.

[34] Ohkubo K, Urata Y, Hirota S, et al. Catalytic activities of novel L-histidyl group-introduced polymers imprinted by a transition state analogue in the hydrolysis of amino acid esters. J Mol Catal A: Chem, 1995, 101: L111-L114.

[35] Sellergren B. Molecularly imprinted polymers: man-made mimics of antibodies and their application in analytical chemistry. New York: Elsevier, 2001.

[36] Shannon R D, Vincent H, Kjekshus A, et al. Structure and Bonding: Chemical Bonding in Solids. Berlin: Springer-Verlag, 1974.

第十一章 纳 米 酶

纳米酶指一类具有酶学特性的纳米材料，具有催化活性强、稳定性好、成本低等优势。受益于纳米技术、生物技术、催化科学和计算机辅助设计的快速发展，高效纳米材料在模拟新的酶功能、调节酶活性、阐明催化机制以及拓宽其潜在应用方面取得了重大进展。到目前为止，全世界有 200 多个研究实验室积极致力于纳米酶的研究，表明了这一领域的重要性和影响力。

第一节 纳米酶的类型

纳米酶是一种基于纳米材料的人工酶。其通过模拟天然酶的催化位点或反应，已成功地作为传统催化酶的直接替代品。纳米酶根据其模拟的天然酶或反应进行分类，主要包括水解酶样纳米酶、过氧化物酶样纳米酶、超氧化物歧化酶模拟物、氧化酶样纳米酶、多酶模拟纳米酶/多功能纳米酶等。

（一）水解酶样纳米酶

水解酶催化一系列化学键的水解断裂。例如，核苷酶水解核苷酸的键，磷酸酶催化分子中磷酸基团的裂解，蛋白酶催化肽键水解，等等。由于对较大分子的降解作用，水解酶在生物系统和环境保护中起重要作用。到目前为止，基于碳、锆、金、铜等的纳米材料被用于模拟水解酶，如张耀东等以石墨烯为骨架，在其表面引入咪唑团簇，通过咪唑团簇与 Zn^{2+} 配位形成双核金属中心，进行有机磷水解酶的催化位点模拟，用于水解神经毒剂模拟物对氧磷[1]。此外，通过对核糖核酸酶（RNase）催化结构进行模拟，在纳米金表面引入 1,4,7-三氮杂环壬烷（1,4,7-triazacyclononane，TACN），通过 TACN 与 Zn^{2+} 配位，完成对 RNA 模拟底物 2-羟丙基-4-硝基苯基磷酸酯（2-hydroxypropyl-4-nitrophenyl phosphate，HPNPP）的催化水解[2]。磷酸三酯酶（phosphotriesterase，PTE）是一种含有金属离子中心的蛋白质酶，活性位点由 Zn-OH-Zn 组成，易于被金属有机框架（MOF）材料模拟，用于水解酯键。大量基于锆（Zr）的 MOF 材料被用于制备磷酸三酯酶样纳米酶，如 NU-1000、UiO-66 等，可催化 4-硝基苯基磷酸二甲酯（dimethyl 4-nitrophenyl phosphate，DMNP），能够很好地模拟磷酸三酯酶的活性催化位点，具有降解化学战剂（chemical warfare agent，CWA）的能力[3-5]。酯酶和蛋白酶作为生理转化活动中常见的水解酶类，也在不同程度上发展出具有同等功能的纳米酶。通过在金纳米颗粒表面连接十二肽，制备出具有催化羧酸酯水解活性的水解酯酶样纳米酶[6]。通过静电吸附作用将小肽序列组装至三甲基胺功能化的金纳米团簇上，可进行酯键裂解[7]。此外，李斌等通过构建基于金属Cu的MOF以及量子点的纳米材料，成功模拟天然胰蛋白酶活性[8,9]。

（二）过氧化物酶样纳米酶

过氧化物酶样纳米酶包括铁、钒、贵金属、碳、金属有机框架（MOF）。2007年，阎锡蕴等[10]首次揭示Fe_3O_4磁性纳米粒子具有内在过氧化物酶活性，可以催化3,3′,5,5′-四甲基联苯胺（TMB）、重氮氨基苯（DAB）及邻苯二胺（OPD）的氧化，模拟了辣根过氧化物酶（HRP）的活性，且相较于天然辣根过氧化物酶具有更高的温度和pH耐受力。此外，如Fe_3O_4（磁铁矿）、Fe_2O_3（赤铁矿）和掺杂铁氧体、铁硫属元素化物（FeS、Fe_3S_4、FeSe和FeTe等）、磷酸铁和普鲁士蓝（PB）及其氰基金属盐结构类似物也表现出优异的过氧化物酶活性。

天然钒卤代过氧化物酶（V-HPO）作为防污涂料的添加剂，被用于抑制海藻、菌类以及海洋微生物等在船体表面形成生物覆盖膜，降低船运业成本以及CO_2排放。2012年，特雷梅尔（Tremel）等报道称五氧化二钒（V_2O_5）纳米线可以模拟V-HPO，并在H_2O_2存在下将溴化物转化为水和HBrO[11]。随后在2014年，五氧化二钒（V_2O_5）纳米线被发现可以以谷胱甘肽过氧化物酶（GPX）的方式催化谷胱甘肽（GSH）生成谷胱甘肽二硫化物[12]。当五氧化二钒（V_2O_5）纳米线与GSH和谷胱甘肽还原酶（GR）共孵育时，未检测到五氧化二钒纳米线的抗氧化活性，证实了其拟酶活性是五氧化二钒特异性的。

金属有机框架（MOF）由于其多样的多孔结构被当作纳米酶而广泛用于生物医学应用。天然过氧化物酶催化反应通常通过一个多价金属离子（Fe^{2+}/Fe^{3+}，Cu^+/Cu^{2+}）来启动反应。而MOF可以锚定多个氧化还原偶联，使它们成为催化的活性反应位点[13]。通过将金属离子/簇（如Fe^{2+}和Cu^{2+}）与有机配体配位，可以构成具有过氧化物酶样催化活性的MOF。这一过氧化物酶样的催化机制类似芬顿反应，即过氧化氢首先被吸附到MOF表面，O—O键分解产生•OH自由基。

（三）超氧化物歧化酶模拟物

失调的活性氧（ROS）会对生命系统造成氧化损伤。在自然界中，超氧化物歧化酶（SOD）通过歧化反应将$O_2^{\cdot-}$转化成H_2O_2和O_2，消除作为ROS一员的超氧阴离子$O_2^{\cdot-}$。为了克服天然SOD的局限性并更好地对抗氧化应激，各种纳米材料被用来模拟 SOD。模拟 SOD 的纳米酶包括基于铈的氧化铈纳米酶、基于碳的纳米酶以及基于黑色素（melanin）的纳米酶等。2006 年，研究发现氧化铈纳米颗粒可以作为氧缓冲液，作为 SOD 拟酶清除放射治疗产生的超氧自由基[14]。氧化铈纳米颗粒可以避免由辐射或光产生的超氧自由基和其他活性氧（ROS）引起的细胞损伤和视网膜病变。此外，自从发现富勒烯作为自由基海绵以来，富勒烯及其衍生物也被用于清除自由基并保护神经元免受氧化损伤。2004 年，杜根（Dugan）等制备的具有 SOD 活性的 C_{60} [C（COOH）$_2$]$_3$ 与 C_3 形成对称性的（C_{60}-C_3）材料被证明比 C_{60} 具有更好的抗氧化活性并能提供更有效的保护[15]。除富勒烯及其衍生物外，亲水性碳簇（HCC）以及聚乙二醇化的二萘嵌苯二酰亚胺如聚乙二醇（PEG）-HCC 的分子类似物也被证明是 SOD 模拟物[16]。

（四）氧化酶样纳米酶

天然的氧化酶在氧分子（或其他氧化试剂）的协助下可以催化底物进行氧化，生成氧化产物和 H_2O/H_2O_2/O_2^{-}。模拟氧化酶的纳米酶包括基于金的纳米颗粒、基于铜、钼等的金属复合物纳米酶，以及基于金属-MOF 的纳米酶等。2004 年，罗西（Rossi）等报道了金纳米颗粒的氧化酶模拟活性[17]。D-葡萄糖被选择性地氧化为 D-葡萄糖酸，而不产生任何果糖异构体。金纳米颗粒首先吸附表面的水合葡萄糖分子，然后以亲核的方式攻击溶解氧，产生一分子葡萄糖酸和一分子过氧化氢。而其他类似大小（3～5 nm）的金属纳米颗粒（包括 Cu、Ag、Pd 和 Pt）没有显示出氧化酶模拟活性。随后研究发现，当三苯基磷离子功能化时，它们可以在细胞水平上靶向线粒体，并在没有亚硫酸盐氧化酶的情况下解毒亚硫酸盐[18]。2015 年，研究发现具有沸石结构的铜交换沸石（微孔铝硅酸盐矿物）可以模拟甲烷单加氧酶的功能并将甲烷氧化为甲醇[19]。甲烷分子可能首先攻击铜-氧化物复合物，产生—CH_3 和一个与 Cu 结合的—OH 基团；随后，生成甲醇。Cu 和 Fe 是甲烷单加氧酶活性位点中的两种重要金属元素。含铁的沸石经 N_2O 活化后，具有类似的将甲烷氧化为甲醇的作用[20]。此外，聚吡咯/碳点-Cu_2O 复合物可以模拟多种氧化酶活性，包括葡萄糖氧化酶（GOx）、HRP、乳糖酶和细胞色素 c 氧化酶等。

（五）多酶模拟纳米酶/多功能纳米酶

某些纳米材料（如 Pt 和 CeO_2）可以模拟两种或更多种类型的酶，并且这种多种酶模拟活性使得它们在其未来应用中更加有效。如 CeO_2 纳米粒子具有 SOD、过氧化氢酶、过氧化物酶和氧化酶样活性，在不同条件下，其表现出的酶样活性也不同[21]。基于黑色素的纳米酶（MeNP）具有 SOD、过氧化氢酶在内的多种拟酶活性[22]。普鲁士蓝（PB）、[Fe$_2$(CN)$_6$]$^-$以聚乙烯吡咯烷酮（PVP）作为稳定剂形成普鲁士蓝纳米颗粒（PBNP）[23]。PBNP 具有类似多种酶的活性，包括过氧化物酶、过氧化氢酶和 SOD。在 pH 约 4.0 的条件下，当过氧化氢存在时，PBNP 可以催化 TMB 和 2,2′-联氮双（3-乙基苯并噻唑啉-6-磺酸）二铵盐（ABTS）的氧化，并且这种类似过氧化物酶的活性高于之前报道的 Fe$_3$O$_4$ 纳米颗粒。随着 pH 环境从酸性转向中性，过氧化物酶的模拟酶特性减弱。同时也产生了 O$_2$，证明 PBNP 也具有过氧化氢酶样活性。

第二节　工程纳米酶的活性和选择性

为了使纳米酶成为天然酶更好的替代品，应优先考虑其活性和选择性。

（一）大小

纳米材料的许多特性是与大小有关的，只有当尺寸缩小到一定程度时，才会出现某些特定属性。因此，通过调节纳米酶的尺寸大小可以进行纳米酶的活性调节。纳米材料由于较大的表面积与体积比而暴露更多的活性位点，因此大多数研究表明，较小尺寸的纳米材料具有更好的催化活性。如具有氧化酶样催化活性的 CeO$_2$ 纳米粒子，其催化活性随纳米粒子的尺寸减小而增加[24]。2008 年，顾宁等对四氧化三铁磁性纳米粒子（MNP）的过氧化物酶样催化活性进行尺寸大小依赖性研究。通过比较不同直径的四氧化三铁 MNP，发现纳米酶的活性随着纳米颗粒尺寸的减小而增加[25]。然而，较大的尺寸有时会比较小的尺寸更好。2012 年，研究人员在研究氧化铁（α-Fe$_2$O$_3$）纳米粒子活性影响因素时，发现对于一维棒状结构的纳米粒子，较低的比表面积具有更高的活性[26]。

（二）形状和形态

除纳米材料的尺寸外，纳米材料的形状和形态在其催化性能中也起关键作用。2011 年，朱俊杰等通过类似的水热过程制成三种不同结构的 Fe$_3$O$_4$ 纳米材料，包括团簇球、八面体和三角形板。研究发现，Fe$_3$O$_4$ 纳米材料的过氧化物酶活性具有结构依赖性，不同的 Fe$_3$O$_4$ 纳米结构具有不同的比表面积和暴露的晶面，表现出不同程度的过氧化物酶样活性，其活性大小顺序为团簇球>三角形板>八面体[27]。2012 年，张盾等在实验过程中合成了不同形状（片、球、线、复合、棒）的 MnO$_2$ 纳米材料，并比较了其氧化酶样活性。发现其中 MnO$_2$ 纳米球和 MnO$_2$ 纳米线的活性较高，但 MnO$_2$ 纳米球的催化稳定性不如 MnO$_2$ 纳米线。此外，彭咏康等于

2022 年研究发现，可以通过调控 CeO_2 纳米酶的形貌来调控酶促反应的选择性，不同形貌下的 CeO_2 纳米酶具有不同的磷酸酶/过氧化物酶活性[28]。

（三）组成

用一种或多种活性纳米材料掺杂另一种元素是调节纳米酶活性的经济有效的方法。双金属纳米合金不仅能有效利用贵金属，且其具有的协同效应和电子效应使其表现出了更好的催化性能。研究者将纳米材料 Ag 与纳米材料 Au、Pd、Pt 进行掺杂，通过调节掺杂比例进行活性调节，设计合成了一系列双金属（AgM）合金掺杂纳米材料[29]。朱俊杰等利用金纳米粒子修饰的球形 Fe_3O_4 聚集体，使得在界面处形成特殊电子结构，其过氧化物酶活性和稳定性高于纯 Fe_3O_4[27]。但并非所有的掺杂都是提高活性的，对于 CeO_2 纳米酶来讲，钛的掺杂降低了 CeO_2 纳米粒子的超氧化物歧化酶样催化活性，但不降低其氧化酶样活性[30]。

（四）其他

大多数反应发生在纳米酶的表面上。额外的表面涂层或纳米酶的修饰可通过改变表面电荷和微环境以及活性位点的暴露来影响它们的活性。通常，额外的涂层或改性将屏蔽活性位点，从而降低催化活性。离子和分子也可以改变纳米酶活性。与天然酶的抑制及激活作用类似，某几种离子或分子可改善纳米酶的活性，而某些离子（如 Ag^+ 和 Hg^{2+}）和其他分子可以与纳米酶反应而抑制它们的催化活性。如磷酸盐阴离子可以捕获 Ce^{3+}，从而增加 CeO_2 纳米酶过氧化氢酶样活性[31]。此外，与天然酶类似，纳米酶的活性通常是对 pH 和温度有依赖性的。酸性条件有利于提高过氧化物模拟酶活性，而中性和碱性 pH 可提高 SOD 和过氧化氢酶活性[32]。

第三节　应　　用

许多纳米酶已经被证明与它们所模仿的天然酶具有竞争关系。对纳米酶的深入理解使其在生物医学中具有更广泛的应用，从生物标记物的体外生物传感到各种疾病的体内成像和治疗。

（一）体外传感

纳米酶因其独特的物理、化学以及生物特性而被广泛地应用于体外传感器，如检测过氧化氢、葡萄糖、核酸、蛋白质、离子等。

1. 过氧化氢/葡萄糖检测

过氧化氢（H₂O₂）检测在生物学、医学、环境保护和食品工业等许多领域具有重要意义。由于过氧化氢参与了过氧化物酶及其模拟物的催化反应，因此通过某些比色底物的颜色变化可以直接测量过氧化氢的浓度。四氧化三铁磁性纳米粒子（Fe₃O₄ MNP）作为典型的过氧化物酶模拟酶，被用于 H₂O₂ 和葡萄糖的检测[33]。监测底物被 H₂O₂ 氧化时的信号变化。根据不同类型的底物，可以设计基于比色、荧光、电化学和拉曼信号的不同测试方法。例如，罗丹明 B、CdTe 量子点等被用于开发基于荧光的传感器[34]。

葡萄糖检测在临床和食品分析中具有重要意义，在提高生活质量方面起着关键作用。葡萄糖氧化酶（GOx）由于具有较高的特异性和效率，通常用于葡萄糖检测。在 GOx 存在下，葡萄糖与分子氧的催化氧化产生过氧化氢。利用过氧化物酶模拟物进行葡萄糖检测具有高稳定性、低成本等优势。因此，可以基于 H₂O₂ 的检测方法发展葡萄糖的检测方法。

2. 核酸和蛋白质检测

核酸（如 DNA 和 RNA）检测在人类遗传学、临床诊断、细胞学等领域中起着至关重要的作用。目前，研究者已开发了多种用于核酸检测的纳米酶。2010 年，曲晓刚等利用碳基纳米酶 [单壁碳纳米管（SWNT）、氧化石墨烯（GO）等] 进行天然 HRP 的模拟，构建出无标记的单核苷酸检测系统[35]，如图 11-1 所示。其在过氧化氢存在下催化过氧化物酶底物 TMB 发生反应，产生颜色变化，可以完成双链 DNA 及碱基突变错配 DNA 的检测。其原理是：单链 DNA（ssDNA）是灵活多变的，其核苷酸碱基可通过 p-p 堆积、疏水作用以及范德瓦耳斯力与单壁

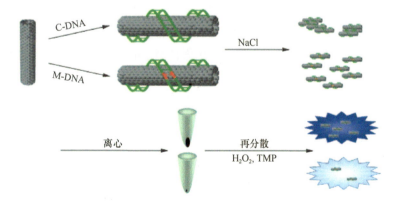

图 11-1 基于碳基纳米酶无标记的单核苷酸检测系统
TMP. 三聚磷酸钠；C-DNA. 捕获 DNA；M-DNA. 突变 DNA

碳纳米管（SWNT）形成非共价相互作用。相比之下，双链 DNA（dsDNA）与单壁碳纳米管形成的相互作用较 ssDNA 弱。在高盐浓度下，单壁碳纳米管容易发生聚集；而 ssDNA 在 SWNT 表面的吸附会增加单个 SWNT 的静电排斥，并抵抗盐诱导的 SWNT 聚集。相反，dsDNA 则不能抑制盐诱导的 SWNT 聚集。

此外，已报道了一种利用聚合酶链反应（PCR）技术与氧化酶模拟物磁性纳米粒子（magnetic nanoparticle，MNP）偶联检测 DNA 的比色法[36]。如图 11-2 所示。

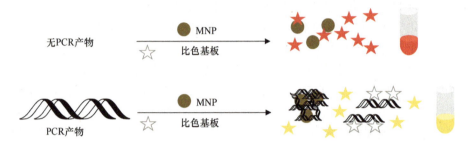

图 11-2　将氧化酶模拟物 MNP 与 PCR 技术相结合，用于目标 DNA 的比色检测
图中各颜色（无色、红色、黄色）的五角星代表显色物质

除碳基纳米材料和磁性纳米粒子外，单层（ML）以及双层（BL）的 MoS_2 纳米孔也被用于识别和区分单核苷酸[37]。

对于蛋白质检测，纳米酶被广泛应用于免疫测定，即利用抗体和抗原之间的特异性识别。免疫检测方法是将抗体与纳米酶结合。作为最常用的生物标志物检测方法之一，ELISA 通常使用辣根过氧化物酶（HRP）来氧化 TMB，以产生颜色变化并进行随后的定量。HRP 作为一种基于蛋白质的酶，对反应环境具有特定要求，成本较高。相比之下，纳米酶对环境 pH 和温度有更好的耐受性，更多被作为 HRP 的替代。2015 年，阎锡蕴等基于过氧化物酶模拟 Fe_3O_4 MNP 开发了一种用于埃博拉病毒诊断的纳米酶试纸条[38]，如图 11-3 所示。与标准胶体金纳米试纸条相比，纳米酶试纸条可以通过在 H_2O_2 存在下催化过氧化物酶底物的氧化来放大信号，检测的灵敏度提高了 100 倍，检出限低至 1 ng/mL 埃博拉病毒（EBOV）。除了抗体与抗原之间的特异性识别，特异性识别也包括适配体和相应的靶标。

3. 离子检测

纳米酶作为天然酶的替代，已被用于环境中重金属离子以及阴离子的检测。有研究报道，一种具有过氧化物酶性质的新型层状二硫化钼（MoS_2）纳米片被用于制备基于荧光检测的 Fe^{2+} 生物传感器，用于 0.005～0.20 μmol/L 范围内 Fe^{2+} 的灵敏度和选择性检测[39]。基于组氨酸修饰的四氧化三铁（His-Fe_3O_4）过氧化物酶样纳米酶，可以简单、低成本地完成 Ag^+ 的检测，其检测限为 18 fg/mL[40]。利用

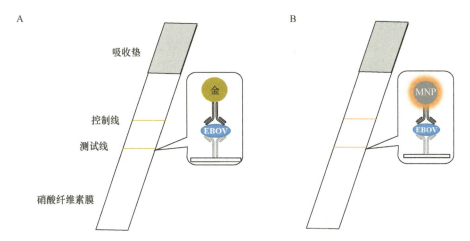

图 11-3 基于 Fe_3O_4 MNP 的埃博拉病毒诊断纳米酶试纸条

AuNP 和 Hg^{2+} 之间的强亲和力,借助底物硼氢化钠以及 4-硝基苯酚,可以通过 AuNP 完成环境中 Hg^{2+} 的检测,检测限为 1.45 nmol/L[41,42]。此外,一种具有类过氧化物酶催化活性的 CoOxH-GO 纳米酶已被用于 CN^- 的有效检测。其检测原理是基于 CN^- 对 CoOxH-GO 纳米酶催化活性的显著抑制作用[43]。

4. 其他

除了上述的分析传感之外,纳米酶基于其本身性质或者与某种识别物质相偶联,可完成多种靶标的生物传感检测。例如,Fe_3O_4 MNP 具有过氧化物酶性质,在过氧化氢存在下可以催化底物 ABST 的氧化,还原型谷胱甘肽(GSH)作为一种必需的营养物质和抗氧化剂,竞争性地抑制 ABTS 催化氧化,其抑制作用依赖于 GSH 的浓度[44]。基于此,陈兴国等于 2010 年开发了一种简单的 GSH 测定方法,线性范围为 3.0~30.0 mmol/L,对几种硫醇具有良好的选择性和回收率。同时,该方法也被用于检测肺腺癌上皮细胞系(A549)中的 GSH[45]。与之类似,对乳制品中的三聚氰胺进行了测定,其中三聚氰胺是纳米酶的底物(ABTS)的竞争剂[46]。此外,当 CeO_2 纳米粒子与叶酸相偶联,可以特异性识别肿瘤细胞,其靶向作用是基于叶酸受体存在于各种肿瘤中,但在脉络膜丛、肺、甲状腺和肾脏外的大多数正常组织中缺失[46]。

(二)体内传感

葡萄糖的连续检测对于揭示其在神经元保护和各种疾病诊断中的作用具有重要意义。2016 年,魏辉等开发了用于脑葡萄糖的离线检测平台[47]。通过将纳米酶固定在微流体芯片的通道中来构建在线监测平台,如图 11-4 所示,以基于 INAzyme

的传感平台连续监测活体大鼠脑缺血为例。受益于在线平台，可以监测脑葡萄糖的动态变化。监测过程中，观察到全局缺血后大鼠脑葡萄糖含量降低至49.1%±12.7%，与离线结果50.2%±8.3%匹配良好。进一步再灌注使其恢复至基础水平的98.4%±10.1%。这种在线检测平台展示了其在体内传感中的实际应用，并可能有助于探索不明疾病的机制。

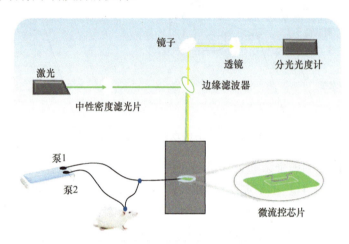

图 11-4　基于 INAzyme 的传感平台连续监测活体大鼠脑缺血

此外，2020 年，林雨青等开发了一种利用五氧化二钒（V_2O_5）纳米片串联酶活性测定大鼠脑葡萄糖的在线光学检测平台[48]。该在线光学检测平台（OODP）可连续监测大鼠大脑的葡萄糖水平，并具有良好的稳定性和高选择性，在 0.2～5 mmol/L 的宽线性检测范围内，记录了平静/缺血模型中脑葡萄糖的变化。其中，五氧化二钒纳米片具有双酶活性，即葡萄糖氧化酶（GOx）活性和过氧化物酶活性，可以作为"串联纳米酶"。如图 11-5 所示，在每个泵中分别装入人工脑脊液（aCSF）/葡萄糖标准液、五氧化二钒纳米片和 TMB 溶液，并以相同的流速灌注到 OODP 中。在这种基于毛细管的微流控系统中，葡萄糖[来自标准样品/微透析液（microdialysate）]首先与具有 GOx 样活性的五氧化二钒分散体混合，产生葡萄糖酸和过氧化氢。随后其与 TMB 溶液混合，具有类过氧化物酶活性的五氧化二钒催化 TMB 氧化生成蓝色产物。最后，对蓝色产物连续成像。毛细管中溶液的所有图像在亮场模式下捕获，并使用倒置荧光显微镜和软件进行实时光强转换。连续记录光强曲线，用于葡萄糖的定量分析。

（三）成像

基于纳米酶的催化性质，其催化反应产生的有色或荧光产物可用于成像。例

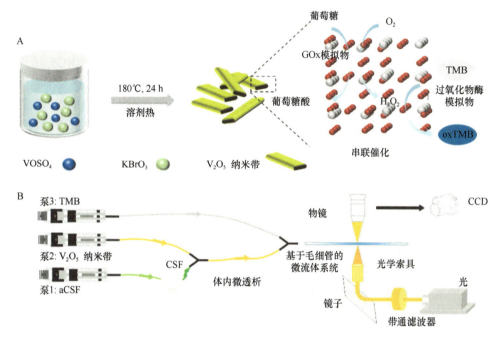

图 11-5　基于五氧化二钒（V_2O_5）纳米带的串联酶光学检测平台（OODP）

如，2012 年阎锡蕴等合成了磁性蛋白纳米颗粒（M-HFn）作为靶向和可视化肿瘤组织的新试剂。通过在重组人重链铁蛋白壳内包封过氧物酶模拟 MNP 来制备磁性蛋白纳米颗粒（M-HFn），如图 11-6 所示[49]。HFn 壳可以通过肿瘤细胞表面过表达的转铁蛋白受体靶向肿瘤组织，而不需要额外的识别配体。同时，其不需要加入额外的造影剂，氧化铁和催化过氧物酶底物的氧化，可产生用于可视化肿瘤组织的有色产物。在 H_2O_2 和重氮氨基苯存在下，M-HFn 显示出强烈的棕色，用于可视化肿瘤组织。基于 M-HFn 构筑染色平台的方法具有高特异性、灵敏度和准确性。

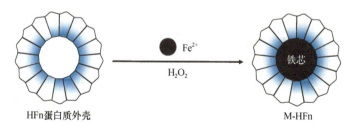

图 11-6　磁性蛋白纳米颗粒（M-HFn）制备

（四）抗炎/抗菌/抗病毒

过量的 ROS 通常会导致无法控制的炎症，这是大多数疾病的潜在发病机制。

具有清除 ROS 能力的纳米酶可以减轻炎症反应，避免相关疾病的发生[50]。大量研究表明，具有多种酶活性的纳米酶是优异的抗炎剂。研究表明，具有类似 SOD 和过氧化氢酶活性的 CeO_2 纳米酶由于其自催化性质而表现出优异的 ROS 清除能力[51]。此外，在蒙脱石表面生长的氧化铈可以通过清除 ROS，减少促炎细胞因子，增加抗炎细胞因子，有效减轻炎症反应[52]。由于双氧化态（Mn^{2+} 和 Mn^{3+}）的存在，Mn_3O_4 纳米颗粒也表现出超氧化物歧化酶和过氧化氢酶活性，具有清除 O_2^- 和·OH 的能力[53]。

此外，ROS 可以攻击核酸、蛋白质、多糖、脂质等生物分子，因此释放 ROS 的纳米酶具有优良的抗菌性能[54]。将 O_2 或 H_2O_2 转化为 ROS 的氧化酶或过氧化物酶活性将赋予纳米酶抗菌活性。与传统的纳米材料相比，抗菌纳米材料的作用是多方面的，这使得细菌难以产生耐药性，且抗菌纳米材料具有更高的生物安全性，其作为一种有效的抗菌材料具有广泛应用前景[55,56]。如 MoS_2 纳米酶，通过降低 pH 激活其过氧化物酶活性，从而使二硫化钼的表面电荷从负变为正。活化的 MoS_2 纳米酶催化 H_2O_2 的分解，产生的·OH 破坏了细胞的完整性，从而达到了抗菌效果[57]。此外，通过光驱动的碳点制备具有氧化酶活性的纳米酶，可以通过光敏作用杀死大肠杆菌和金黄色葡萄球菌[58]。超薄石墨氮化碳（g-C_3N_4）AuNP 作为过氧化物酶样纳米酶，可有效催化 H_2O_2 分解为·OH，杀死耐药的革兰氏阴性菌和革兰氏阳性菌[59]。

此外，有报道称氧化铁纳米酶（IONzymes）通过诱导包膜脂质过氧化和破坏邻近蛋白的完整性（包括血凝素、神经氨酸酶和基质蛋白 1 的完整性），可以有效地灭活甲型流感病毒（IAV）。且 IONzymes 对 12 种亚型（H1～H12）的 IAV 具有广谱抗病毒活性[60]。

（五）神经疾病治疗及细胞保护

CeO_2 纳米材料作为一种 SOD 模拟物表现出神经保护活性。研究发现，用 CeO_2 纳米材料预处理培养的视网膜神经元细胞，可以消除过氧化氢诱导的活性氧中间体的积累[14]。其中，活性氧中间体清除活性归因于 Ce^{3+}/Ce^{4+} 氧化还原对的转换。此外，动物研究表明，纳米酶在玻璃体内注射后可保护大鼠视网膜感光细胞免受光诱导的变性。

研究发现，羧基富勒烯作为 SOD 模拟物可以保护神经细胞免受自由基损伤，是有效的神经保护抗氧化剂。1996 年，羧基富勒烯作为新型自由基清除剂被首次报道，其可有效降低培养皮质神经元的兴奋毒性和凋亡[61]。随后的研究发现 C_{60}-C_3 纳米酶比其他富勒烯衍生物在神经元保护方面更有效，并可进一步扩展到其他神经退行性疾病，包括帕金森病[62,63]。2009 年，研究发现超顺磁性氧化铁纳米颗粒

（superparamagnetic iron oxide nanoparticle，SPIO NP）可以有效地标记人骨髓间充质干细胞（hMSC），并显著诱导 hMSC 增殖[64]。该超顺磁性氧化铁纳米颗粒在体外和细胞内表现出过氧化物酶样活性，其可能是通过模拟过氧化物酶活性消除细胞内 H₂O₂ 进而促进细胞生长，如图 11-7 所示。

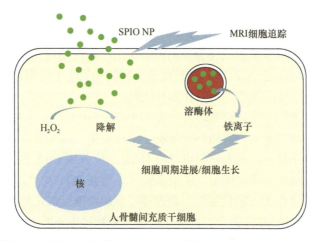

图 11-7　超顺磁性氧化铁纳米颗粒用于标记人骨髓间充质干细胞并显著诱导 hMSC 增殖

三氧化钼（MoO_3）纳米酶作为一种亚硫酸盐氧化酶模拟物，被发现可用于细胞解毒。用三苯基膦离子修饰后，尺寸约为 2 nm 的三氧化钼纳米酶可以主动靶向线粒体，缓解亚硫酸盐氧化酶缺乏引起的氧化应激[18]。2012 年，有研究人员将聚乙二醇（PEG）功能化的亲水碳簇作为抗氧化剂来预防创伤性脑损伤[65]。具有多种拟酶活性的聚乙二醇化黑色素纳米颗粒（PEG-MnNP）在缺血性脑损伤预防中应用。PEG-MnNP 经颅内注射后，可清除脑损伤部位附近大量的活性氧和氮物质。在侧脑室局部给予 PEG-MnNP 可有效减小梗死面积[22]。

（六）癌症治疗

ROS 也可能对癌细胞有害。根据 ROS 产生的不同方式，治疗癌症的纳米酶可大致分为两类：①纳米酶作为过氧化物酶或氧化酶模拟物在催化过程中产生 ROS；②在光敏剂和过氧化氢酶模拟物存在下，通过光照产生 ROS，其中纳米酶的关键作用是产生 O_2 以提高光动力疗法（PDT）效率。

对于第一种类型，施剑林等于 2017 年开发了一种使用 GOx 和磁性氧化铁纳米颗粒来治疗体内癌症的联合疗法[66]。他们构建了一种顺序协同纳米酶系统，其中可降解二氧化硅纳米颗粒携带 GOx 和超小四氧化三铁纳米颗粒。由于肿瘤微环境以高浓度的葡萄糖和轻度酸性的环境为特征，当这种纳米酶通过高通透性和滞留（EPR）效应到达肿瘤部位时，GOx 首先消耗葡萄糖产生过氧化氢，然后被过氧化物酶样四氧化三铁纳米颗粒催化，在肿瘤细胞附近产生剧毒的羟基自由基，进而达到癌症治疗的目的。

此外，2018 年，研究者开发了一种氮掺杂的多孔碳纳米酶，通过 ROS 调节来治疗癌症[67]。氮掺杂多孔碳纳米球（N-PCNS）表现出氧化酶、过氧化物酶、过氧化氢酶和超氧化物歧化酶的活性，它们可以调节体内的 ROS。用铁蛋白进一步修饰的 N-PCNS 可以通过受体介导的内吞作用被靶向递送到溶酶体中。然后，溶酶体的酸性环境促进 N-PCNS 进行过氧化物酶和氧化酶模拟活动以产生 ROS 并消耗氧气，导致肿瘤细胞的毒性作用和缺氧。

对于第二种类型，传统的光动力疗法（PDT）应用光产生的 ROS 来抑制肿瘤的生长。然而，癌细胞的缺氧微环境限制了治疗效果，这为具有过氧化氢酶样活性的纳米酶提供了机会，因为它们可以将 H_2O_2 原位分解成 O_2 和 H_2O。具有过氧化氢酶样活性的纳米酶通常用于产生更多氧气以增强 PDT 功效。如锰铁氧体纳米颗粒（MFN）可以作为过氧化氢酶，通过芬顿反应加速过氧化氢的分解[68]。传递到肿瘤部位后，负载 MFN 的介孔二氧化硅纳米颗粒可以不断产生 O_2，缓解缺氧，使 PDT 治疗更有效。

除了 ROS 之外，在最近的一些研究中，生物正交纳米酶还通过将前药转化为毒性药物来激活前药而用于癌症治疗。

（七）环境保护及其他

开发高效、稳定和低成本的催化剂来去除废水中的污染物，对我们的环境和健康非常重要。将纳米酶作为污染物去除的催化剂具有低成本、易于制备、高稳定性、低环境影响、可回收性等明显的优点。

如前所述，纳米酶被用于离子检测，其在检测有毒污染物如 Hg^{2+}、Ag^+ 以及杀虫剂方面具有广泛的应用。例如，用邻苯二胺作为被氧化的物质，以钯-金（Pd-Au）双金属纳米酶作为催化剂，进行马拉硫磷的检测，灵敏度高（60 ng/mL）。该 Pd-Au 纳米酶的过氧化物酶活性随着马拉硫磷浓度的增加而被选择性猝灭，因此可用于一种低毒杀虫剂的检测[69]。一种聚苯胺纳米线功能化的还原性氧化石墨烯（PANI/rGO）可作为过氧化氢酶样纳米酶，用于卡那霉素的检测[70]。

此外，各种研究表明纳米酶可以通过类似芬顿反应的反应来去除污染物，用于水治理和环境保护。例如，以铁磁性纳米颗粒为催化剂的苯酚去除率高达85%[71]。随后发展的铁磁性壳聚糖纳米酶（MNP@CTS），比传统的铁磁性纳米酶对降解苯酚具有更强的催化活性。MNP@CTS 在最适条件下（pH = 2~10），5 h 内可去除水溶液中超过 95% 的苯酚。更重要的是，MNP@CTS 非常稳定，可以循环使用至少 10 个周期[72]。氧化锌（ZnO）纳米棒和 ZnO/CuO 纳米复合材料可用于水中染料的光催化降解[73]。

如前所述，研究发现 V_2O_5 纳米线可以作为钒卤代过氧化物酶模拟物，具有阻止海洋生物污染的能力。当存在溴离子和过氧化氢时，V_2O_5 纳米线可以催化溴离子的氧化形成 HOBr，HOBr 有着强大的抗生物污染活性。此外，具有过氧化物酶样活性的纳米酶也可用于对抗生物污染。研究表明，过氧化物酶模拟物 Fe_3O_4NP 可以有效抑制生物膜的形成[74]。除了过氧化物酶模拟纳米酶外，还报道了一种抗生物膜 DNase 模拟纳米酶，这种模拟 DNase 的纳米酶可有效切割细胞外聚合物中的细胞外 DNA，从而抑制生物膜的形成并分散形成的生物膜[75]。

许多研究将纳米酶用来构建逻辑门。有研究报道，通过将天然酶与热响应二氧化铈纳米酶结合，开发出无标记、可复位的比色逻辑门，包括 "AND"、"OR" 和 "INHIBIT"。例如，使用功能逻辑门通过用金属离子定制 AuNP 的过氧化物酶样活性来选择性检测 Pb^{2+} 和 Hg^{2+} [76]。

参 考 文 献

[1] Ma X, Zhang L, Xia M, et al. Mimicking the active sites of organophosphorus hydrolase on the backbone of graphene oxide to destroy nerve agent simulants. Acs Appl Mater Interfaces, 2017, 9(25): 21089-21093.

[2] Manea F, Houillon F B, Pasquato L, et al. Nanozymes: Gold-Nanoparticle-Based Transphos-phorylation Catalysts. Angew Chem Int Ed Engl, 2004, 43: 6165-6169.

[3] Katz M J, Mondloch J E, Totten R K, et al. Simple and compelling biomimetic metal-organic framework catalyst for the degradation of nerve agent simulants. Angew Chem Int Ed Engl, 2014, 126: 507-511.

[4] Mondloch J E, Katz M J, Isley W C 3rd, et al. Destruction of chemical warfare agents using metal-organic frameworks. Nat Mater, 2015, 14: 512-516.

[5] Chen H, Liao P, Mendonca M L, et al. Insights into catalytic hydrolysis of organophosphate warfare agents by metal-organic framework NU-1000. J Phys Chem C, 2018, 122: 12362-12368.

[6] Pengo P, Baltzer L, Pasquato L, et al. Substrate modulation of the activity of an artificial nanoesterase made of peptide-functionalized gold nanoparticles. Angew Chem Int Ed Engl, 2007, 46: 400-404.

[7] Zaramella D, Scrimin P, Prins L J. Self-assembly of a catalytic multivalent peptide-nanoparticle complex. J Am Chem Soc, 2012, 134: 8396-8399.

[8] Li B, Chen D, Nie M, et al. Carbon Dots/Cu_2O composite with intrinsic high protease-like activity for hydrolysis of proteins under physiological conditions. Part Part Syst Char, 2018, 35: 1800277.

[9] Li B, Chen D, Wang J, et al. MOFzyme: Intrinsic protease-like activity of Cu-MOF. Sci Rep, 2014, 4: 6759.

[10] Gao L, Zhuang J, Nie L, et al. Intrinsic peroxidase-like activity of ferromagnetic nanoparticles. Nat Nanotechnol, 2007, 2 (9): 577-583.

[11] Natalio F, André R, Hartog A F, et al. Vanadium pentoxide nanoparticles mimic vanadium

haloperoxidases and thwart biofilm formation. Nat Nanotechnol, 2012, 7: 530-535.

[12] Vernekar A A, Sinha D, Srivastava S, et al. An antioxidant nanozyme that uncovers the cytoprotective potential of vanadia nanowires. Nat Commun, 2014, 5: 5301.

[13] Nath I, Chakraborty J, Verpoort F. Metal organic frameworks mimicking natural enzymes: a structural and functional analogy. Chem Soc Rev, 2016, 45: 4127-4170.

[14] Chen J, Patil S, Seal S, et al. Rare earth nanoparticles prevent retinal degeneration induced by intracellular peroxides. Nat Nanotechnol, 2006, 1: 142-150.

[15] Ali S S, Hardt J I, Quick K L, et al. A biologically effective fullerene (C60) derivative with superoxide dismutase mimetic properties. Free Radical Biol Med, 2004, 37: 1191-1202.

[16] Samuel E L, Marcano D C, Berka V, et al. Highly efficient conversion of superoxide to oxygen using hydrophilic carbon clusters. Proc Natl Acad Sci USA, 2015, 112: 2343-2348.

[17] Comotti M, Della Pina C, Matarrese R, et al. The catalytic activity of "naked" gold particles. Angew Chem Int Ed Engl, 2004, 43: 5812-5815.

[18] Ragg R, Natalio F, Tahir M N, et al. Molybdenum trioxide nanoparticles with intrinsic sulfite oxidase activity. ACS Nano, 2014, 8: 5182-5189.

[19] Grundner S, Markovits M A, Li G, et al. Single-site trinuclear copper oxygen clusters in mordenite for selective conversion of methane to methanol. Nat Commun, 2015, 6: 7546.

[20] Snyder B E, Vanelderen P, Bols M L, et al. The active site of low-temperature methane hydroxylation in iron-containing zeolites. Nature, 2016, 536: 317-321.

[21] Wei H, Wang E. Nanomaterials with enzyme-like characteristics (nanozymes): next-generation artificial enzymes. Chem Soc Rev, 2013, 42: 6060-6093.

[22] Liu Y, Ai K, Ji X, et al. Comprehensive insights into the multi-antioxidative mechanisms of melanin nanoparticles and their application to protect brain from injury in ischemic stroke. J Am Chem Soc, 2017, 139: 856-862.

[23] Zhang W, Hu S, Yin J J, et al. Prussian blue nanoparticles as multienzyme mimetics and reactive oxygen species scavengers. J Am Chem Soc, 2016, 138: 5860-5865.

[24] Asati A, Santra S, Kaittanis C, et al. Oxidase-like activity of polymer-coated cerium oxide nanoparticles. Angew Chem Int Ed Engl, 2009, 121: 2344-2348.

[25] Fang F P, Zhang Y, Ning G. Size-dependent peroxidase-like catalytic activity of Fe_3O_4 nanoparticles. Chin Chem Lett, 2008, 19: 730-733.

[26] Chaudhari K N, Chaudhari N K, Yu J S. Peroxidase mimic activity of hematite iron oxides (α-Fe_2O_3) with different nanostructures. Catal Sci Technol, 2012, 2: 119-124.

[27] Liu S, Lu F, Xing R, et al. Structural effects of Fe_3O_4 nanocrystals on peroxidase-like activity. Chemistry, 2011, 17: 620-625.

[28] Tan Z, Wang Y, Zhang J, et al. Shape Regulation of CeO_2 Nanozymes Boosts Reaction Specificity and Activity. Eur J Inorg Chem, 2022: e202200202.

[29] Fischer J D, Holliday G L, Rahman S A, et al. The Structures and Physicochemical Properties of Organic Cofactors in Biocatalysis. J Mol Biol, 2010, 403: 803-824.

[30] Zhu A, Sun K, Petty H R. Titanium doping reduces superoxide dismutase activity, but not oxidase activity, of catalytic CeO_2 nanoparticles. Inorg Chem Commun, 2012, 15: 235-237.

[31] Singh S, Dosani T, Karakoti A S, et al. A phosphate-dependent shift in redox state of cerium oxide nanoparticles and its effects on catalytic properties. Biomaterials, 2011, 32: 6745-6753.

[32] Li J, Liu W, Wu X, et al. Mechanism of pH-switchable peroxidase and catalase-like activities of gold, silver, platinum and palladium. Biomaterials, 2015, 48: 37-44.

[33] Wei H, Wang E. Fe_3O_4 magnetic nanoparticles as peroxidase mimetics and their applications in H_2O_2 and glucose detection. Anal Chem, 2008, 80: 2250-2254.

[34] Yuan G, Wang G, Huang H, et al. Fluorometric method for the determination of hydrogen peroxide and glucose with Fe_3O_4 as catalyst. Talanta, 2011, 85: 1075-1080.

[35] Song Y J, Wang X H, Zhao C, et al. Label-free colorimetric detection of single nucleotide polymorphism by using single-walled carbon nanotube intrinsic peroxidase-like activity. Chemistry, 2010, 16: 3617-3621.

[36] Park K S, Kim M I, Cho D Y, et al. Label-free colorimetric detection of nucleic acids based on target-induced shielding against the peroxidase-mimicking activity of magnetic nanoparticles. Small, 2011, 7: 1521-1525.

[37] Sen P, Gupta M. Single nucleotide detection using bilayer MoS_2 nanopores with high efficiency. RSC Adv, 2021, 11: 6114-6123.

[38] Duan D, Fan K, Zhang D, et al. Nanozyme-strip for rapid local diagnosis of Ebola. Biosens Bioelectron, 2015, 74(5): 134-141.

[39] Hu J, Zhuang Q, Wang Y, et al. Label-free fluorescent catalytic biosensor for highly sensitive and selective detection of the ferrous ion in water samples using a layered molybdenum disulfide nanozyme coupled with an advanced chemometric model. Analyst, 2016, 141: 1822-1829.

[40] Li W, Fan G C, Gao F, et al. High-activity Fe_3O_4 nanozyme as signal amplifier: A simple, low-cost but efficient strategy for ultrasensitive photoelectrochemical immunoassay. Biosens Bioelectron, 2019, 127: 64-71.

[41] Chen Z, Zhang C, Gao Q, et al. Colorimetric signal amplification assay for mercury ions based on the catalysis of gold amalgam. Anal Chem, 2015, 87: 10963-10968.

[42] Li W, Chen B, Zhang H, et al. BSA-stabilized Pt nanozyme for peroxidase mimetics and its application on colorimetric detection of mercury (II) ions. Biosens Bioelectron, 2015, 66: 251-258.

[43] Lien C W, Unnikrishnan B, Harroun S G, et al. Visual detection of cyanide ions by membrane-based nanozyme assay. Biosens Bioelectron, 2018, 102: 510-517.

[44] Ma Y, Zhang Z, Ren C, et al. A novel colorimetric determination of reduced glutathione in A549 cells based on Fe_3O_4 magnetic nanoparticles as peroxidase mimetics. Analyst, 2011, 137: 485-489.

[45] Ding N, Yan N, Ren C, et al. Colorimetric determination of melamine in dairy products by Fe_3O_4 magnetic nanoparticles-H_2O_2-ABTS detection system. Anal Chem, 2010, 82: 5897-5899.

[46] Sudimack J, Lee R J. Targeted drug delivery via the folate receptor. Adv Drug Del Rev, 2000, 41: 147-162.

[47] Cheng H, Zhang L, He J, et al. Integrated nanozymes with nanoscale proximity for *in vivo* neurochemical monitoring in living brains. Anal Chem, 2016, 88: 5489-5497.

[48] Ding Y, Ren G, Wang G, et al. V_2O_5 nanobelts mimick tandem enzymes to achieve nonenzymatic online monitoring of glucose in living rat brain. Anal Chem, 2020, 92: 4583-4591.

[49] Fan K, Cao C, Pan Y, et al. Magnetoferritin nanoparticles for targeting and visualizing tumour tissues. Nat Nanotechnol, 2012, 7: 459-464.

[50] Munir S, Shah A A, Rahman H, et al. Nanozymes for medical biotechnology and its potential applications in biosensing and nanotherapeutics. Biotechnol Lett, 2020, 42: 357-373.

[51] Li X, Qi M, Sun X, et al. Surface treatments on titanium implants via nanostructured ceria for antibacterial and anti-inflammatory capabilities. Acta Biomater, 2019, 94: 627-643.

[52] Zhao S, Li Y, Liu Q, et al. An orally administered $CeO_2@$ montmorillonite nanozyme targets inflammation for inflammatory bowel disease therapy. Adv Funct Mater, 2020, 30: 2004692.

[53] Yao J, Cheng Y, Zhou M, et al. ROS scavenging Mn_3O_4 nanozymes for *in vivo* anti-inflammation. Chem Sci, 2018, 9: 2927-2933.

202 | 酶化学

[54] Tang Y, Qiu Z Y, Xu Z B, et al. Antibacterial Mechanism and Applications of Nanozymes. Prog Biochem Biophys, 2018, 45: 118-128.

[55] Magiorakos A P, Srinivasan A, Carey R B, et al. Multidrug-resistant, extensively drug-resistant and pandrug-resistant bacteria: an international expert proposal for interim standard definitions for acquired resistance. Clin Microbiol Infect, 2012, 18: 268-281.

[56] Rai M K, Deshmukh S D, Ingle A P, et al. Silver nanoparticles: the powerful nanoweapon against multidrug-resistant bacteria. J Appl Microbiol, 2012, 112: 841-852.

[57] Niu J, Sun Y, Wang F, et al. Photomodulated nanozyme used for a gram-selective antimicrobial. Chem Mater, 2018, 30: 7027-7033.

[58] Zhang J, Lu X, Tang D, et al. Phosphorescent carbon dots for highly efficient oxygen photosensitization and as photo-oxidative nanozymes. ACS Appl Mater Interfaces, 2018, 10: 40808-40814.

[59] Wang Z, Dong K, Liu Z, et al. Activation of biologically relevant levels of reactive oxygen species by Au/g-C$_3$N$_4$ hybrid nanozyme for bacteria killing and wound disinfection. Biomaterials, 2017, 113: 145-157.

[60] Qin T, Ma R, Yin Y, et al. Catalytic inactivation of influenza virus by iron oxide nanozyme. Theranostics, 2019, 9: 6920.

[61] Dugan L L, Gabrielsen J K, Yu S P, et al. Buckminsterfullerenol free radical scavengers reduce excitotoxic and apoptotic death of cultured cortical neurons. Neurobiol Dis, 1996, 3: 129-135.

[62] Dugan L L, Turetsky D M, Du C, et al. Carboxyfullerenes as neuroprotective agents. Proc Natl Acad Sci U S A, 1997, 94: 9434-9439.

[63] Dugan L, Lovett E, Quick K, et al. Fullerene-based antioxidants and neurodegenerative disorders. Parkinsonism Relat Disord, 2001, 7: 243-246.

[64] Huang D M, Hsiao J K, Chen Y C, et al. The promotion of human mesenchymal stem cell proliferation by superparamagnetic iron oxide nanoparticles. Biomaterials, 2009, 30: 3645-3651.

[65] Bitner B R, Marcano D C, Berlin J M, et al. Antioxidant carbon particles improve cerebrovascular dysfunction following traumatic brain injury. ACS Nano, 2012, 6: 8007-8014.

[66] Huo M, Wang L, Chen Y, et al. Tumor-selective catalytic nanomedicine by nanocatalyst delivery. Nat Commun, 2017, 8: 357.

[67] Rosenblum D, Joshi N, Tao W, et al. Progress and challenges towards targeted delivery of cancer therapeutics. Nat Commun, 2018, 9: 1410.

[68] Kim J, Cho H R, Jeon H, et al. Continuous O$_2$-evolving MnFe$_2$O$_4$ nanoparticle-anchored mesoporous silica nanoparticles for efficient photodynamic therapy in hypoxic cancer. J Am Chem Soc, 2017, 139: 10992-10995.

[69] Singh S, Tripathi P, Kumar N, et al. Colorimetric sensing of malathion using palladium-gold bimetallic nanozyme. Biosens Bioelectron, 2017, 92: 280-286.

[70] Zeng R, Luo Z, Zhang L, et al. Platinum nanozyme-catalyzed gas generation for pressure-based bioassay using polyaniline nanowires-functionalized graphene oxide framework. Anal Chem, 2018, 90: 12299-12306.

[71] Zhang J, Zhuang J, Gao L, et al. Decomposing phenol by the hidden talent of ferromagnetic nanoparticles. Chemosphere, 2008, 73: 1524-1528.

[72] Jiang J, He C, Wang S, et al. Recyclable ferromagnetic chitosan nanozyme for decomposing phenol. Carbohydr Polym, 2018, 198: 348-353.

[73] Saravanan R, Karthikeyan S, Gupta V, et al. Enhanced photocatalytic activity of ZnO/CuO nanocomposite for the degradation of textile dye on visible light illumination. Mater Sci Eng C Mater Biol Appl, 2013, 33: 91-98.